El laberinto sentimental

José Antonio Marina

El laberinto sentimental

EDITORIAL ANAGRAMA
BARCELONA

Ilustración: lookatcia

Primera edición en «Argumentos»: mayo 1996
Primera edición en «Compactos»: diciembre 1999
Decimoquinta edición en «Compactos»: enero 2025

Diseño de la colección: Julio Vivas y Estudio A

Pau Claris, 172
08037 Barcelona

ISBN: 978-84-339-2760-6
Depósito legal: B. 20973-2024

Printed in Spain

Liberdúplex, S. L. U., ctra. BV 2249, km 7,4 - Polígono Torrentfondo
08791 Sant Llorenç d'Hortons

A Pilar

INTRODUCCIÓN

«A la gente le gusta sentir. Sea lo que sea», escribió Virginia Woolf en su diario. Hay que darle la razón y escandalizarse después por habérsela dado. ¿Cómo vamos a desear sentir en abstracto, acríticamente, al por mayor, cuando sabemos que algunos sentimientos son terribles, crueles, perversos o insoportables? La contradicción existe y sospecho que irremediablemente. Nos morimos de amor, nos morimos de pena, nos morimos de ganas, nos morimos de miedo, nos morimos de aburrimiento, y, a pesar de la eficacia letal de los afectos, la anestesia afectiva nos da pavor.

El sentimentalísimo Antonio Machado nos contó que le hacía sufrir la espina de una pasión. Por fin consiguió arrancársela, y cuando esperábamos un suspiro de alivio, oímos de él sólo una queja: ¡Ya no siento el corazón! Paradójica relación del poeta con sus afectos, que resumió en una copla:

> Ni contigo ni sin ti
> tienen mis penas remedio.
> Contigo porque me matas,
> y sin ti porque me muero.

Esta contradicción alumbra y oscurece nuestras vidas. Freud, otro sentimental, erró al pensar que todo lo que hace el ser humano lo hace para aliviar la tensión. No es verdad que aspiremos a esa tranquilidad beatífica. Queremos estar simultáneamente satisfechos e insatisfechos, ensimismados y alterados, en calma y en tensión. Bexton demostró con sus experimentos que somos incapaces de soportar la privación de estímulos mucho tiempo. Somos insaciables consumidores de emociones. Sin embargo, aunque adictos al estremecimiento, nos horrorizaría estar siempre estremecidos. La rutina nos aburre, pero la novedad nos asusta. Si fuera un cínico, diría que la cultura no es más que un educado intento de resolver un problema insoluble: cómo estar al mismo tiempo tranquilos y exaltados. La ruleta rusa, la montaña rusa, el vodka ruso, la novela rusa y la revolución rusa, por poner ejemplos de una sola familia léxica, lo intentaron con mejor o peor fortuna.

Las contradicciones de la vida afectiva me llenan de perplejidad. ¿Qué otra cosa pueden producir las clásicas paradojas del amor, al menos del amor que cantan los poetas? La gran Safo habló con estusiasmada melancolía de la confabulación de los opuestos en que el amor consiste: «Otra vez Eros, que desata los miembros, me hacía estremecerme, esa bestezuela amarga y dulce, contra la que no hay quien se defienda.» La pequeña Safo, renegrida y abandonada, con razón estaba confusa: «No se qué hacer: mi pensamiento es doble.» Dobles han sido, al parecer, los sentimientos de todos los amantes semióticos, de los que he de decir que no me fío mucho. Las descripciones típicas y tópicas del amor insisten en la contradicción: «Mostrarse alegre, triste, humilde, altivo, / enojado, valiente, fugitivo, / satisfecho, ofendido, receloso», eso es el amor según Lope de Vega. Para Quevedo, «es hielo abrasador, es fuego helado / es herida que duele y no se siente, / es un soñado bien, un mal presente, / es un breve descanso muy cansado». En fin, que Safo, Lope de Vega, Quevedo y muchos más que me guardo por no parecer reiterativo y archiculto, estaban hechos un lío.

Con razón lo estaban, porque lo más íntimo en nosotros resulta lo más lejano. No entendemos lo que nos pasa. «No sé lo que significa que yo esté tan triste», gime Heine en un poema, y le comprendo. Nos *encontramos* tristes, alegres, deprimidos, furiosos, como si nos hubiéramos perdido previamente. No sentimos lo que queremos sentir. Somos recelosos cuando quisiéramos ser confiados, deprimidos cuando alegres, espantadizos cuando valerosos. Nos angustian necios miedos que no tienen ni razón ni remedio. Sufrimos dolores verdaderos por la carencia de bienes falsos. Leo en un libro sobre la anorexia: «¿Se saben delgadas pero se sienten gordas?» ¿Qué nos ocurre? ¿Albergamos en nuestro organismo psicológico un organismo sentimental autónomo y parasitario como un huésped no querido? La sabiduría popular afirma esa esquizofrenia inevitable, hasta con música de zarzuela: «A un lado la cabeza y al otro el corazón.» Pascal, que era más fino pero menos gracioso, lo dijo a su manera: «El corazón tiene sus razones que la razón no comprende.» Aquejados de esta normal enajenación, no acabamos de saber en qué orilla queremos vivir, pero lo cierto es que siempre acabamos volviendo a nuestro varadero sentimental.

Si después de lo dicho digo ahora que pretendo elaborar una ciencia de la inteligencia afectiva, supongo que el lector me escuchará con la misma incredulidad que si le prometiera una «geometría del cuadrado redondo», o una «metalurgia del hierro de madera». Espero que al final del libro haya cambiado de opinión.

¿Para qué empeñarse en conocer los sentimientos? Me dan ganas de decir: porque es lo único que de verdad nos interesa. Y lo diría si no estuviera seguro de que es una falsedad. La verdad va en dirección opuesta. No es que nos interesen nuestros sentimientos, es que los sentimientos son los órganos con que percibimos lo interesante, lo que nos afecta. Todo lo demás resulta indiferente. Ya veremos que a veces el interés del sujeto revierte sobre el propio sentir y se detiene en él morosamente. Entonces observa sus palpitaciones afectivas con pasión y fonendoscopio, como un cardiólogo que auscultara su propio corazón.

Podría leerse la historia de nuestra cultura, desde los griegos hasta nosotros, como un intento de contestar a una sola pregunta: ¿Qué hacemos con nuestros sentimientos? Es tremendo que el nombre con que designamos la ciencia de las enfermedades –patología– signifique en realidad «ciencia de los afectos», pues esto es lo que significa *pathos* en griego. Según esta perspicaz lengua, padecemos nuestros sentimientos. Son fuerzas, dioses, bestezuelas que desde fuera nos atacan. El léxico castellano guarda claros vestigios de esta concepción belicosa. Las emociones nos ahogan, zarandean, hunden, inflaman. Incluso un sentimiento tan pacífico como la calma nos invade. Nadie elige su amor, ni su odio, ni su envidia, y sin embargo nos identificamos con ellos, son lo mas íntimo, espontáneo, propio. De nuevo tropezamos con la paradoja. En el centro de nuestra personalidad, en el corazón del corazón, habita un inventor de ocurrencias propias que tal vez nos tiranicen como si fueran extrañas. *«Je est un autre»,* escribió Rimbaud, que sabía de qué iba la cosa. Cierto, cierto, ¡pero qué desconcierto, qué inquietud al descubrirlo! Nuestros sueños de grandeza, nuestras pretensiones de libertad, se miran con desánimo sus tristes pies de barro.

A la vista de tanta violencia y quiebra íntima, no es de extrañar que para los fundadores de la psiquiatría la locura fuera un desarreglo emocional. En ella se manifiestan, dice Pinel, *«les passions humaines devenues très véhémentes ou aigües par des contrarietés vives».* Esquirol, después de recomendar sabiamente al filósofo que visite «las casas de los locos», escribe: «Mil necesidades han dado origen a nuevos deseos; y las pasiones que éstos generan son la fuente más fecunda de los desórdenes físicos y morales que afligen al hombre.» La obra de donde tomo esta cita se titula *Des passions considérées comme causes, symptômes et moyens curatifs de l'aliénation mentale.* Se publicó en París en el año 1805.

Espero que a estas alturas el lector haya comprendido por qué este libro trata del laberinto sentimental. Le invito a explorarlo, advirtiéndole que es una expedición de espeleología íntima. Creo haber encontrado una salida. Tal vez sea una gatera solamente, pero a una ciencia que empieza no se le pueden pedir portaladas. Me interesa que el lector actúe como juez, observe con lupa las pruebas que le ofrezco, evalúe los testimonios, intente reconocer en su propia afectividad las cosas que he descrito y pronuncie un veredicto justo. Si no es verdad que he encontrado una salida, me conviene saberlo cuanto antes, porque no hallo aliciente alguno en estar de por vida perdido en el laberinto.

Creo que he revisado la bibliografía más importante sobre el tema, aunque procure disimularlo. No quiero abrumar con ella al lector, pero, dado el desconcierto que hay en estos estudios, me ha parecido útil proporcionarle una guía bibliográfica, unas cartas náuticas para que pueda navegar por su cuenta.

He incluido, sin citar la procedencia, algunos textos de mis otros libros, de modo que en algunos momentos el lector no va a saber qué libro está leyendo. Es una broma inocente para demostrar que entre todos mis escritos existen múltiples galerías abiertas por las que se puede pasar de uno a otro. El lector que me conozca ya conoce mi desdén por los cachitos de pensamiento, y mi convicción de que una teoría válida debe tener carácter sistemático. Como trabajo previo para esta obra *casi* escribí una *Autobiografía de Sartre,* que *casi* he transcrito, así que el lector tiene *casi* dos libros por el precio de uno. Una advertencia más. *El laberinto sentimental* se compone de tres capítulos y siete jornadas. Si tiene paciencia ya se enterará de por qué.

Lo que veo al final de estas investigaciones es una larga tarea teórica y práctica, para al fin desaprender los miedos, aprender a amarse y también a no tomarse demasiado en serio, para reivindicar como propiedad y creación del hombre toda la belleza y la nobleza que hemos prestado a las cosas, y arrepentirnos, ciertamente, de la miseria y el horror que son también herencia nuestra. Al comprender nuestra vida sentimental se hace necesario emprender una *reforma del entendimiento humano,* que a su vez nos obligará a un cambio en los sistemas educativos. Bien a las claras se ve que éstas son palabras mayores. Lo que pretendo es hablar con palabras menores de esas palabras inmensas. Para ser más sincero: me gustaría hablar con palabras inmensas de esas palabras inmensas.

1. LOS SENTIMIENTOS, EXPERIENCIA CIFRADA

1

Es de noche y la tormenta ha roto sobre el mar. Hay mar montañosa y cielos despeñados. Los estallidos de la luz y de las olas revelan un universo en gresca, gesticulante y rebelado. He escogido un buen momento para comenzar a escribir este libro. En los *Meteorológicos,* Aristóteles habló de la «pasión de la naturaleza» a propósito del trueno, del huracán y del terremoto. La noche está agitada. Yo también lo estoy porque iniciar una obra es riesgo, diversión, flirteo, navegación de altura y marisqueo. Contemplando esta mar arbolada, encabritada, me acuerdo de Luis Vives, que llama a las pasiones *alborotos anímicos.* La naturaleza muestra su labilidad emocional. Este dinamismo es lo que nos permite usarla como metáfora de la vida apasionada. Área de tempestades y de calmas: eso es el mar. Eso es también nuestra conciencia sentimental.

Tal vez el lector piense que no hay que ponerse tan sentimental para hablar de los sentimientos, y que tengo que distinguir entre lo que es el mar y lo que yo siento al ver el mar, si no quiero enredarme en una maraña biográfica. Precisamente, lo que quiero es distinguir. Mientras escribo estoy en tierra, es decir, a salvo, y puedo contemplar, pensar, explicar tan furioso estruendo. Lo que ocurre ante mí es un suceso físico que las ciencias físicas explican con complicadas y bellas ecuaciones, pretendiendo dar cuenta de lo que realmente le está sucediendo al mar. Pero ¿dicen todo lo que está ocurriendo? Para un navegante la tormenta no es el resultado de una conjunción de fuerzas, sino una amenaza. Para mí, que estoy protegido y asubio, es un espectáculo avasallador, que me fascina desde hace horas. El mar es una masa de agua sometida a fuerzas gravitatorias, sin duda, pero esto sólo puedo saberlo en el sosiego y la tranquilidad, cuando considero el mar desde lejos.

En primera instancia, la mar es la gran provocadora de miedos, encantamientos y pesadillas. Nuestro contacto básico con la realidad es sentimental y práctico. Ante todo, las cosas son «lo que son para mí». Su esencia es el aroma con que embalsaman o envenenan mi vida. Sólo tras una hercúlea torsión de la mirada nos pudo interesar lo desinteresado, «lo que las cosas son en sí», su esencia sin olor, su sustancia sin sabor. Tuvo que ser una pasión poderosísima la que nos obligó a valorar la objetividad. Uno de esos amores que exigen al amado interminables pruebas de su amor, para poder estar tranquilos.

Conozco las cosas y las siento. Conozco la astronomía y la música feliz de las esferas. Esta doble relación con la realidad está en el origen de este libro. Al hablar de sentimientos no hablo sólo de experiencias subjetivas, sino también del mundo revelado por ellas. ¿Qué son esas propiedades que convierten el mar en una provocación sentimental? Me llaman desde fuera –eso es lo que significa provocar–, sacándome de mis casillas. Pero no serían capaces de hacerlo si no me hablaran en una lengua que entiendo y que me afecta. Yo elijo el idioma en que otro me va a convencer. Yo confiero a una mujer el poder de que me fascine irremediablemente.

Algunos especialistas van a decirnos que las emociones, los sentimientos, los fenómenos afectivos, son hechos neuronales o bioquímicos. Es como decir que la tempestad que observo es un fenómeno físico. Por supuesto que es verdad, pero una verdad insuficiente e incompleta. Los sentimientos son modos de sentir, fenómenos conscientes, experiencias. Lo que haya por debajo habrá que verlo. Ya no será el sentimiento, sino su desencadenante o, tal vez, su significado. Por de pronto, vamos a ver lo que hay en la superficie.

Y lo que hay es que los sentimientos nos dicen algo sobre nosotros y sobre el mundo en que vivimos. Para los seres inanimados, la realidad entera carece de interés, utilidad o belleza. Ni siquiera este alta mar tan cercano que amenaza con tragarla, aterra a la tierra. La costa sigue acostada a su lado, tan tranquila. Los vientos no castigan al agua, ni es el amor lo que encrespa las mareas.

La realidad bruta nos es inhabitable. Sólo podemos vivir en una realidad interpretada, convertida en casa, dotada de sentido, humanizada. El agua es H_2O, pero para nosotros, que sentimos sed, posee un *sentido* nuevo. Es motivo, preocupación, espejismo, metáfora. La sed transfigura un fragmento de la realidad, permitiendo que el agua aparezca dotada de un valor. En un planeta muerto, sin bebiente alguno, el agua habría perdido todas sus propiedades vitales, los valores que muestra pavoneándose ante nuestra conciencia sentimental.

Al revestirse de significados la realidad se hace interesante, atractiva, repelente y, sobre todo, innumerable. Hay muchas cosas que ver, oír, hacer y contar sobre la tierra. Diecinueve mil lenguas habitan el aire enmarañado y ni siquiera utilizándolas todas podría enumerar lo que aparece. Las cosas transmiten al escucho mensajes no entendidos. Todo está enredado de esperanzas y citas, ofensas y desaires, y se ve a la venganza alborotar la noche como un placer efímero. Un viejo sueña cerámicas austeras tumbado en una hamaca y para conjurar el miedo fiestas de vida y muerte abrillantan el claro de la selva. En los troncos de las almas, afanosos sentimientos florecen como orquídeas, incansables. Oigo un clarín. Tal vez sea un aviso de que, si sigo haciendo literatura, el tema o yo, no sé, volveremos al chiquero.

2

Decididamente abandonaré la poesía y volveré a la ciencia, que es lo mío. Para ayudarme voy a ver lo que dicen los expertos sobre los sentimientos. Pero ¿quiénes son los expertos en materia emocional? Mis tres candidatos preferidos son: los moralistas, los literatos y la tribu de los *psi.* Tal vez habría que añadir a todos los que han hecho de la seducción su oficio: donjuanes, timadores, expertos en publicidad o agitadores de masas. Recuerde el lector que el primer tratado sistemático sobre las pasiones –la *Retórica* de Aristóteles– fue escrito para enseñar a persuadir.

Los moralistas han afinado siempre mucho en el estudio de los sentimientos porque en ellos encontraban el principio y el fin de nuestro comportamiento. Actuamos para mantener un estado afectivo o para conseguirlo. Aristóteles les dedicó páginas espléndidas en sus *Éticas.* Escribió, además, un *Perí Pathón* perdido, que en su catálogo Diógenes sitúa ¡entre las obras lógicas! Aristóteles no deja de sorprenderme.

Los platónicos, estoicos, cínicos, epicúreos anduvieron preocupados sin saber qué hacer con las pasiones, si erradicarlas, educarlas, olvidarlas, atemperarlas o arrojarse a sus brazos. Lo mismo nos pasa a todos. Martha C. Nussbaum lo ha contado muy bien en *The Therapy of Desire* (Princeton, 1994). Séneca escribió un tratado sobre la felicidad y otro sobre la ira, pero toda su obra es una patética meditación sobre el miedo, escrita con desesperada valentía. El *Tratado de las pasiones, de* Tomás de Aquino, incluido en la *Suma teológica,* integra con paciencia de buey y vista de águila todos los contenidos de la tradición eclesiástica: teología y confesionario, mística y casuística. Pensador víctima de famas pendulares, ahora pasa por horas bajas tan injustamente como gozó de horas de exaltación pusilánime. Descartes, Spinoza, Hume. Tres caracteres, tres finalidades, tres tratados. Me quedo, sin duda, con Spinoza, el judío de tristes ojos y de piel cetrina que explicó los teoremas de Dios, salvo para el capítulo final en que, como verá el lector, me aproximo a Hume. Kant aparece en todas partes, con su genialidad ubicua, y en su memoria, Rousseau.

Juan Luis Vives clasificó los afectos, estudió su dinamismo, elaboró incluso una teología de las emociones, pero, sobre todo, las describió. El hombre, dijo, es «un animal difícil». A diferencia de los animales, los humanos se hacen «intolerables a los otros y encuentran a los otros intolerables». Los afectos se ocupan de ello. No me ha importado nada darme un garbeo por la Universidad de Glasgow para escuchar a Adam Smith, cuya amalgama de filosofía moral, política, derecho y teoría de los sentimientos me resulta tan sugestiva.

He acudido a los moralistas y también a los inmoralistas franceses –muestra máxima del genio literario francés, según Sartre, que era uno de ellos– para aprender de su agudeza y de su desconfianza. Además, selecciono a Gracián por su análisis del disimulo, a Nietzsche por habernos enseñado lo que era el resentimiento y por considerar que el hombre es, ante todo, un creador de valores; a Jankélévitch por su descripción del aburrimiento y de las virtudes; y a Max Scheler, en fin, por sus copiosos esfuerzos para fundar la ética sobre una fenomenología de los sentimientos. Hay más, pero no es cosa de eternizarse mencionándolos.

3

Los escritores son la segunda categoría de expertos. Siempre se han ocupado de los sentimientos y, además, es nuestra afición a sentir lo que nos lleva al arte. La literatura europea entra en escena hablando de una pasión: «De Aquiles, hijo de Peleo, canto, ¡oh, diosa!, la cólera feroz.» Así comienza la *Ilíada.* Desde entonces no ha parado de conmovernos, alegrarnos, divertirnos, en una palabra, de apasionarnos, contándonos las pasiones humanas. Gracias a los escritores sabemos que los sentimientos son fenómenos históricos. Ni todas las épocas han sentido los mismos sentimientos, ni los han valorado de la misma manera.

El griego antiguo experimentó la pasión como algo misterioso y aterrador. Las grandes tragedias cuentan el desenlace de pasiones violentas. Cuando Teognis llama a la esperanza y al miedo «demonios peligrosos», o Sófocles habla de Eros como de «un poder que inclina al mal a la mente justa, para su destrucción», no hacen más que repetir la creencia homérica de que los sentimientos no forman parte del Yo, sino que tienen vida y energías propias. Pueden forzar al hombre a un comportamiento que le es ajeno, enajenándole. Agamenón se ve obligado a robarle a Aquiles su esclava favorita. «Zeus y el destino y la Erinia que anda en la oscuridad pusieron en mi entendimiento fiera *ate* el día en que arbitrariamente arrebaté a Aquiles su premio. ¿Qué podía hacer yo?» *Ate,* esa coacción divina, ese anublamiento de la mente, le obligó a hacer lo que hizo. Un argumento parecido da Gorgias de Leontinos en su *Defensa de Helena.* Si el culpable fue un dios, dotado de poder divino, ¿cómo podría haberle resistido Helena? Y si se trata de una enfermedad humana, no es pecado, sino infortunio.

Más tarde las pasiones perdieron su carácter mitológico de fuerzas demoníacas, pero quedaron encerradas dentro de la estructura personal como un quiste imposible de asimilar. Su poder no es menos enigmático y sobrecogedor por haber dejado de ser sobrenatural. Medea pide compasión a su yo pasional *(thymós)* como a un amo implacable, pero en vano: «Conozco la maldad que voy a cometer, pero el *thymós* es mas fuerte que mis propósitos, el *thymós,* la raíz de las peores acciones del hombre.» Siglos después San Pablo va a decir algo semejante: «Hago el mal que no quiero y no hago el bien que quiero.» No habla de *thymós* sino de *sark,* de la carne. Da igual: se trata del mismo principio poderosísimo y devastador.

La cultura europea ha retocado sin parar el mundo afectivo. Las pasiones se sentimentalizan. De hecho, la palabra *sentimiento* no aparece hasta el siglo XVIII. Ante la pasión, el Yo estaba inerme o casi, pero con el sentimiento es diferente. Al fin y al cabo no es más que la conciencia del propio Yo. Expresiones tremendas, como «la furia me arrebató», dejan lugar a otras más reflexivas, como «me siento furioso». El sentimiento, conjugado ahora en esta remansada voz media, refluye sobre el propio sujeto, del que apenas parece salir, y se convierte en lo más propio y personal, en un mundo delicioso, equívoco, un poco sofocante: la intimidad.

Pondré como ejemplo la evolución de la melancolía. Para los antiguos médicos griegos era una locura furiosa que hacía vagar por los montes a sus víctimas, aquejadas de una misantropía saturnina y terrible. A veces les hacía creer que estaban hechas de quebradizo barro o que no tenían cabeza. En el Renacimiento se retoma una vieja tradición platónica y la melancolía se convierte en locura creadora, patrimonio del genio. Pronto sufriría otra transmutación. En la época de Shakespeare es ya una tristeza indolente, elegante y a la moda. Stephen, el personaje de *Every Man in his Humour,* quiere aprender a melancolizarse. «¿Tienes un taburete que sirva para estar melancólico? ¿Lo hago bien? ¿Estoy lo bastante melancólico?», pregunta a su primo. Los románticos toman la melancolía a grandes tragos, como una droga. Victor Hugo la define como el placer de ser desdichado. Baudelaire la tiñe de aburrimiento y la convierte en *spleen.*

Con tanto refinamiento, las pasiones dejan de ser experiencias que se sienten, para ser fenómenos que se autoanalizan. Las penas de amores que hacían derramar lágrimas a Salicio y Nemoroso, y desnutrían a sus ovejas, se convierten ahora en sutiles tormentos cuidadosamente degustados, auscultados, precisados, incitados, mimados por el autor de *En busca del tiempo perdido,* quien en *La prisionera* cuenta los celos del protagonista, que tiene a Albertine en casa, una Albertine a la que ya no quiere, que le aburre, y que sólo le interesa porque le fastidia: «Podía causarme sufrimiento, nunca alegría. Y sólo por el sufrimiento subsistía mi fastidioso apego a ella. Tan pronto como desaparecía y con ella la necesidad de calmar aquel sufrimiento, que requería toda mi atención como una distracción atroz, sentía que no era nada para mí, como nada debía de ser yo para ella.»

Los sentimientos pierden su transitividad. Para Proust, el amor nunca sale del reducto íntimo. Fuera están, como mucho, los pretextos del amor: «Nos habíamos resignado al sufrimiento, creyendo amar fuera de nosotros, y nos damos cuenta de que nuestro amor es función de nuestra tristeza, y de que el objeto de ese amor no es sino en pequeña parte la muchacha de la negra cabellera.» Sentir sentimientos sencillos y no decepcionantes comienza a ser una vulgaridad.

El problema está en saber si todo este material nos sirve para elaborar la ciencia que buscamos o sólo para redactar un catálogo de pasiones dispersas. Parece que cada cual cuenta la feria según le ha ido en ella. Proust describe un amor vertiginoso que aspira a una posesión fulgurante y efímera, pero otros autores nos hablan de amores menos mercuriales. Para Kierkegaard la posesión verdadera es obra de la paciencia. Lo que nos permite reconocer el amor es su capacidad de disfrutar con la repetición. Saint-Exupéry dice algo parecido al contar la historia de un hombre que perdió el zorro que había domesticado. Viendo su tristeza, los amigos le aconsejan que busque otro, pero él se niega: «Hace falta demasiada paciencia. No para cazarlo, sino para amarle.»

Dejemos así las cosas, por ahora. La literatura ha sido siempre manual de educación sentimental, y debería continuar siéndolo. Maquiavelo, experto en tejemanejes emocionales, recomendaba a los jóvenes que fueran al teatro para comprender los mecanismos del afecto. En el prólogo de *Clizia* dice: «Las comedias se escriben para instrucción y deleite de los espectadores. Resulta verdaderamente instructivo para cualquier hombre, y muy especialmente para los más jóvenes, conocer la avaricia de un viejo, la exaltación de un enamorado, los engaños de un criado, la glotonería de un parásito, la miseria de un pobre, la ambición de un rico, las zalamerías de una meretriz, la escasa fe de los hombres.»

4

La tribu *psi* –psicólogos, psiquiatras, psiconeurólogos, psicoterapeutas, psicoantropólogos, psicolingüistas– se ha ocupado de los sentimientos a rachas. Los más asiduos han sido los profesionales de la salud. La dictadura conductista expulsó los privados aconteceres afectivos fuera del recinto académico. No era decente degradar la sublimidad científica ocupándose de tales bobadas.

Las leyes de la herencia hicieron que en mi juventud leyera las obras de los pioneros de la psicología sentimental. De mi abuelo Juan Marina, a quien no conocí, heredé una nutrida y desequilibrada biblioteca, unos anacrónicos molinos bataneros en la ribera del Tajo y un montón de papeles. La biblioteca se componía de libros de derecho y de psicología. Mi abuelo fue un escritor prolífico y disperso, autor de libros tan heterogéneos que me cuesta trabajo encontrar entre ellos alguna ilación. *La legítima vidual usufructuaria, Gramática latina, La flexión verbal francesa* son algunos de sus títulos. Escribió también una *Ética* y un libro sobre la *Psicología contemporánea.*

Había sido compañero de estudios de Unamuno –un Unamuno jovencísimo con cara de aguilucho espelechando, a juzgar por la fotografía que figuraba en la orla universitaria–, con quien, según mi padre, se había carteado. Busqué ese supuesto epistolario, que no encontré, pero encontré en cambio apuntes para una psicología de los sentimientos. Comprendí entonces por qué abundaban tanto los libros sobre ese tema en su biblioteca, y así, cuando ni remotamente se me había ocurrido escribir esta obra, acabé leyendo *La logique des sentiments* y el *Essai sur les passions,* de Theodule Ribot; los *Principes de Psychologie,* de Höffding; los trabajos sobre las emociones de William James y C. G. Lange, y trozos de una voluminosa obra en dos tomos cuyo título me atrajo más que su contenido: *Psichologie des Idées-Forces,* de Alfred Fouillée. Todas estaban publicadas por Félix Alcan, Éditeur, en una colección de pastas verdes, descoloridas ya por el tiempo.

Leí también a un autor por el que siento todavía admiración, Paul Janet, un psiquiatra originalísimo que tuvo la desgracia de ser contemporáneo de Freud, ese genio descomunal que hizo sombra a todos sus colegas a fuerza de talento y agresividad.

Los libros que he citado estaban subrayados y llenos de anotaciones de mi abuelo. Algunas se referían a personas desconocidas para mí, a las que mencionaba con iniciales. Cuando las leí me resultaron tan intrigantes que intenté reconstruir las historias a partir de aquellas informaciones fragmentarias. Eran comentarios breves, al hilo del texto. Uno, por ejemplo, decía: «Tal vez esto explique la incapacidad que tiene G. M. de querer a nadie.» No recuerdo ahora de qué hablaba aquel libro.

Durante los dos primeros tercios de este siglo la psicología se desentendió de la vida afectiva, mientras que la psiquiatría y la neurología conservaron su interés. En los años treinta, algunos psicólogos –por ejemplo Duffy y Meyer– predijeron que el término desaparecería de la psicología, predicción que estuvo a punto de cumplirse en los setenta. La *Experimental Psychology*, de Woodworth y Scholberg (1954), una obra clásica, referencia obligada en aquellos años, incluía tres capítulos dedicados a la emoción, de un total de veinticuatro. En 1971, cuando Kling y Riggs publicaron la siguiente edición, ninguno de sus veintiún capítulos estaba dedicado a ese tema. El término «emoción» ni siquiera figuraba en el índice. Otro clásico, el *Charmichel's Manual of Child Psychology*, en su edición de 1970 eliminó el capítulo dedicado a la emoción que existía en la edición anterior.

Para los lectores que no estén en el ajo, diré que la psicología es una ciencia joven, impetuosa, vulnerable a las modas y a la que se seduce con facilidad. Hay, por ejemplo, un estilo europeo y un estilo americano de hacer psicología. Éste confía más en el sujeto, aquél es receloso y escarmentado. Sherry Turkle ha contado en un magnífico libro las diferentes lecturas de Freud que hicieron los psicoanalistas americanos y franceses. A diferencia de los franceses, los americanos creían en la plasticidad del individuo y en su capacidad para adaptarse. Esto fue un dogma básico compartido incluso por el conductismo. La psicología psicoanalítica del yo se empeñó en armonizar el freudismo con el optimismo americano. El mismo Freud comentó que a los estadounidenses les parecía todo demasiado sencillo.

En Estados Unidos el psicoanálisis fue casi monopolizado por los médicos, que subrayaron su aspecto terapéutico. En Francia, por el contrario, fue aceptado primero por artistas y escritores y acabó perdiendo su interés por curar. Lacan ni siquiera creyó que hablar de salud mental tuviera un sentido. Conviene que el lector tenga detrás de la oreja, como una mosca sabia, esta diferencia de temples científicos.

En los introitos de este siglo, la psicología introspectiva se batió en retirada. Mientras la filosofía contemplaba el mediodía de la conciencia, los psicólogos la empujaban a un precipitado ocaso. El fuego cruzado del inconsciente freudiano y el consciente conductista consumó un fusilamiento injustificado. El afán imperialista del conductismo barrió no sólo a sus enemigos naturales –la conciencia y la introspección–, sino a todos sus compañeros de viaje: la cognición, la motivación, la memoria, la percepción. La fragmentariedad ha sido el pan de cada día de las teorías psicológicas. Pan para hoy y hambre para mañana, claro. La motivación prosperó con el psicoanálisis, que descuidó la cognición y el aprendizaje. El aprendizaje prosperó con el conductismo, que olvidó la motivación y la cognición. La cognición, la memoria y la percepción prosperaron con la Gestaltpsychologie, que olvidó la motivación. La psicología cognitiva ha privilegiado la cognición, por supuesto, pero hasta hace poco dejó de lado la emoción, el sujeto y algunas minucias más. Parece que las teorías psicológicas construyen una casa demasiado pequeña, y algún miembro de la familia tiene que dormir siempre al sereno.

En los últimos años el panorama ha cambiado. Hay un intenso y vivo interés por el mundo afectivo. Sus protagonistas: Arnold, Lazarus, Tomkins, Ekman, Izard, Mandler, Frijda, Ortony, Oatley, Johnson-Laird, Zajonc, Pribram, Davidson, Le-Doux, Leventhal, Lang, Scherer, Averill, Harré, Harris, etcétera, etcétera, etcétera.

En la bibliografía anglosajona suele citarse a un tal Maranón o Māranon por sus experiencias con adrenalina. Se trata, claro está, de Gregorio Marañón, con una tilde errática. Juan Rof Carballo se adelantó al interés actual por el mundo afectivo, porque publicó en 1952 su *Cerebro interno y mundo emocional.* Rodríguez Delgado estudió la localización de los centros cerebrales de la emoción. Me complace citar a estos investigadores españoles.

Los filósofos españoles se han interesado siempre por los sentimientos. Ortega, Unamuno, Zubiri, García Bacca, Marías, Gurméndez han publicado libros sobre este tema, de desigual valor.

Todas las investigaciones recientes pueden ordenarse en cuatro grandes grupos: evolutivo, psicofísico, dinámico y constructivista. Cada uno está puesto bajo la advocación de un gran personaje: Darwin, James, Freud, G. H. Mead. Los problemas que intentan resolver son los mismos: ¿Las emociones y los sentimientos son acontecimientos biológicos, psicológicos, sociales o todo a la vez? ¿Son innatos o aprendidos, genéticos o culturales, particulares o universales? ¿Favorecen o entorpecen nuestro ajuste al medio? ¿Pueden estudiarse científicamente?

Además de con estas tres fuentes de información cuento, como siempre, con el filón del lenguaje. En él están presentes las creencias de cada sociedad sobre los fenómenos afectivos. No sólo en el léxico sino en otros inventos del lenguaje, como por ejemplo los campos metafóricos. Hay una plástica de los sentimientos bastante estable en todos los idiomas. La felicidad, la exaltación, lo bueno, el control, el altruismo están arriba. La depresión, el vicio, lo malo están abajo. La felicidad es ancha, expansiva, mientras que la tristeza es estrecha.

¿Sigue el lector queriendo entrar en este laberinto?

5

Nuestra primera relación con el mundo es afectiva. No nacemos neutrales. Somos seres necesitados, a medio hacer, pedigüeños que esperamos recibir la plenitud del entorno, hacia el que vivimos forzosamente abiertos y expectantes. Antes de conocer cosas concretas nos hallamos en un estado de ánimo, en una disposición afectiva. Tiempo habrá de buscar la objetividad, de enfriar el conocimiento. En el origen hay unos seres sensibles, activos, carentes, a quienes muchas cosas les afectan: nosotros. El placer, el dolor, los deseos y los proyectos nos hacen vivir en estampida. Somos expulsados, retenidos, encelados por guiños, arrumacos, ofensas y amenazas.

Nos encontramos en la encrucijada de todos nuestros caminos mentales, en el laberinto donde se entrecruzan conocimiento, afecto y acción. Todo influye sobre todo en una enredada causalidad recíproca que dificulta enormemente el análisis, por eso los problemas sentimentales parecen círculos sin salida. ¿Me gusta una cosa porque es bella o es bella porque me gusta? Los sentimientos modifican el pensamiento, la acción y el entorno; la acción modifica el pensamiento, los sentimientos y el entorno; el entorno influye en los pensamientos, los sentimientos y la acción; los pensamientos influyen en el sentimiento, la acción y el entorno. Hay que tener cierto gusto por la complejidad para meterse a desenredar este lío.

Me parece que el estudio de los sentimientos es un buen modo de comenzar, porque nos va a permitir entrar en la sala de máquinas de la subjetividad, en nuestro reducto más íntimo. Más tarde explicaré al lector que la experiencia sentimental es un mensaje que nos llega desde las profundidades, pero ahora ya es tiempo de que enuncie la primera tesis de este libro: *los sentimientos son el balance consciente de nuestra situación.* Son una amalgama subjetiva y objetiva, un resumen de urgencia, un lenguaje cifrado que hay que aprender a descifrar, un SOS o un «¡enhorabuena!» o un «tal vez» o un «¡ay de mí!», cuya superficie conocemos y cuyo fondo ignoramos. En ese balance, como en el balance de una empresa, intervienen varias partidas: el estado físico, la marcha de nuestros deseos y proyectos, el sistema de creencias, nuestras experiencias anteriores, y algunas otras que después describiré en detalle.

(Tal vez algún lector piense que convertir la vida sentimental en un balance contable es una grosería. Incluso puede haber alguno que me eche en cara los versos de Ricardo León:

> Amar es todo, conocer no es nada.
> ¿Quién la razón de la razón conoce?
> Deléitate en los brazos de tu amada,
> sin descender al fondo de tu goce.

No trato de destripar ni a la mujer, ni al goce, ni a nada. Ni siquiera intento tomar la medida del alma humana. Puestos a citar poemas, prefiero uno de Rilke: «¿Quién no se sentó temeroso ante el telón de su corazón?» El mundo sentimental es brillante y oscuro, cálido y gélido, tierno y violento, geométrico y embarullado. O sea, que también yo he caído en la descripción paradójica. No se puede decir de esta agua no beberé.)

Uso la metáfora del balance porque me parece iluminadora y porque no se me ocurre ninguna mejor. Me sirve para subrayar que el estado sentimental informa lacónicamente de una situación compleja. Añadiré que el balance sentimental es continuo. Vivir es un argumento inacabable y cada instante acarrea nuevos datos para esa contabilidad afectiva. Nuestros sentimientos pueden cambiar con gran rapidez durante una conversación. Pasamos de la incertidumbre a la calma, de la calma a la sorpresa, de la sorpresa a la furia, de la furia al arrepentimiento, del arrepentimiento al afán de hacernos perdonar. Deshojamos miedos y esperanzas. Hay sujetos más o menos lábiles, cuyos balances se alteran de diferentes maneras, unos con un soplo y otros ni con un ciclón, pero de esto hablaremos más tarde.

Shakespeare, que se ganó la vida hablándonos –muy bien, por cierto– de los procesos sentimentales, nos proporciona muchos ejemplos de este dinamismo del balance. En el drama de su nombre, Ricardo III encuentra en una calle de Londres a lady Ana, que acompaña el féretro de su esposo, asesinado por Ricardo. Al verle, Ana le increpa con vehemente elocuencia: «¡Horrible demonio, en nombre de Dios, vete y no nos conturbes más!» Ricardo responde con lisonjas, fingiendo admiración y amor por lady Ana: «Vuestra belleza es la causa que me incitó en el sueño a emprender la destrucción del género humano con tal de que pudiera vivir una hora en vuestro seno encantador.» Ana recela, Ricardo insiste, ella desprecia, él se lamenta, Ana duda pero ya no rechaza, tan sólo exclama: «¡Quién conociera tu corazón!» Ricardo expresa su arrepentimiento y pide a lady Ana que le permita llevar el cadáver de su marido hasta la sepultura. La viuda acepta tan falaz ofrecimiento. Ricardo queda solo en escena, sorprendido y orgulloso de su triunfo: «¡Yo, que he matado a su esposo y a su padre, logro cogerla en un momento de odio implacable en su corazón, con maldiciones en su boca, teniendo a Dios y a su conciencia y a ese ataúd contra mí! ¡Y yo sin amigos que amparen mi causa, a no ser el diablo en persona y algunas miradas de soslayo! ¿Y aún la conquisto? ¡El universo contra la nada!»

Cada suceso altera, tal vez demasiado levemente para ser percibido con claridad, el balance sentimental. Esto sucede en todas las edades. Alan Sroufe ha mostrado que el bebé también experimenta esta evaluación continua, que le hace cambiar la risa en llanto cuando la estimulación se prolonga, o llorar por lo mismo que le había divertido unos momentos antes, si en el intervalo ha sucedido algo significativo. Por ejemplo, una madre levanta a su niño de algo más de un año cogiéndole por los tobillos. El niño juega y se ríe. La madre le abandona unos instantes, lo que irrita al bebé, vuelve, le tranquiliza y reanuda el juego. Pero cuando le coge otra vez por los tobillos, el niño llora. El aumento de la tensión provocado por la ausencia hace intolerables los estímulos que antes eran placenteros.

Hay una gota que hace rebosar el vaso del sentimiento. A causa de esta contabilidad continua, los fenómenos afectivos tienen una peculiar relación con el tiempo. La duración puede alterarlos. Una situación excitante puede convertirse en aburrida si se prolonga. En castellano, la furia que dura mucho tiempo se convierte en *rencor,* magnífica palabra, de la misma raíz que *rancio,* y que significa «furia envejecida, enranciada, enconada».

El estado sentimental presente va a entrar, como un ingrediente más, en la determinación del próximo sentimiento. Albert Bandura ha escrito que «la acción residual de un sentimiento se funde con el siguiente». La excitación sexual favorece la aparición de la ira y la agresividad, por ejemplo. Stein y Levin suponen que en la aparición de cada sentimiento influyen el tipo de actividad cognitiva en curso, el nivel de arousal físico, el estado emocional y el tipo de actividad emprendido.

Nada nuevo bajo el sol. Spinoza había dicho lo mismo hace tres siglos largos: «Ocurre con frecuencia que, mientras disfrutamos de la cosa que apetecíamos, el cuerpo adquiere, en virtud de ese disfrute, una nueva constitución, por la cual es determinado de otro modo que lo estaba, y se excitan en él otras imágenes de las cosas, y el alma comienza al mismo tiempo a imaginar y desear otras cosas» *(Ética,* III, prop. 59).

Todos los elementos en conjunción pueden producir un sentimiento porque la conciencia es la gran totalizadora. Elabora síntesis sin parar. Una síntesis es la conciencia del tiempo. Otra, la que del flujo perceptivo, cambiante, interrumpido y reanudado saca árboles, montañas y ríos permanentes. Al entender una frase la comprendemos, es decir, la captamos toda de una vez. Cuando experimentamos alivio, la molestia aminorada se mantiene como punto de referencia. Si nos hartamos de la conducta de alguien es porque hemos unificado sus comportamientos sucesivos.

Sin darnos cuenta, cada vez que percibimos la comicidad de una situación estamos realizando una formidable labor de integración. Francoise Bariaud ha estudiado la génesis del humor en el niño, la manera como aprende a reírse de un chiste. En él capta una incongruencia, desde luego, pero no toda incongruencia le divierte. Percibe una novedad, pero algunas novedades le asustan. Sólo cuando lo incoherente, lo novedoso se dan en un ambiente de seguridad afectiva, en el que algunos indicios le advierten que no se está en plan serio, el niño se ríe. Y algo muy parecido hacemos los adultos (F. Bariaud: *La genèse de l'humour chez l'enfant,* PUF, París, 1983).

6

No todos los sentimientos se dan en el mismo nivel, por eso hay algunos contradictorios y otros que pueden convivir. El lenguaje habla de sentimientos profundos, utilizando una metáfora sugestiva. También ha inventado palabras para designar afectos superficiales. *Capricho,* por ejemplo, que es un deseo tornadizo. O *rabieta,* que es una furia escandalosa y epidérmica. O *arrebato,* un pronto violento y efímero.

Son veleidosos los que cambian frecuentemente de sentimiento, opinión o conducta. A ellos se oponen los constantes. Hay un amor veleidoso y un amor constante. Pero ahora no me refiero tanto a la labilidad afectiva como a sus diferentes grados de profundidad. El amor a una persona permanece aunque la superficie esté enfurruñada. Continuaré usando la metáfora económica para decir que hay balances continuos y balances de ciclo largo. Al hablar del amor trataré esto con más detenimiento.

Por su carácter de resumen, los sentimientos son una puerta de acceso a nuestra intimidad no consciente. Si el análisis sentimental fuera capaz de poner en claro las diferentes partidas que componen el balance, los ingredientes de esa mixtura afectiva, podríamos entrever la estructura de la personalidad. Esto lo comprendió con gran susto Gracián: «Son las pasiones los portillos del ánima. El más práctico saber consiste en disimular; lleva riesgo de perder el que juega a juego descubierto.»

Hay, sin embargo, que saberlos entender porque otra de las tesis de este libro afirma que *los sentimientos son experiencias cifradas.* Nos cuesta trabajo admitir que los sentimientos, una evidencia tan descarada, tan firme, tan inevitable, sean de naturaleza críptica. ¿Cómo no voy a saber si estoy enamorado, furioso, aterrado o melancólico? No hay más remedio que distinguir: una cosa es la claridad de la experiencia y otra muy distinta la claridad del significado de la experiencia. Analice el lector el significado de los celos. El celoso sabe, sin duda, lo que siente. Siente angustia ante la posibilidad, real o ficticia, de que un rival le arrebate el objeto de su amor, y este angustioso sentimiento interpreta la realidad a su manera. Todo se vuelve amargamente significativo para el celoso, implacable y destructivo hermeneuta, porque cada gesto, cada olvido, cada palabra, cada ausencia de palabra, se convierte en prueba, corroboración, demostración de sus sospechas y de su desdicha.

«Nunca los celos, a lo que imagino», escribe Cervantes, «dejan el entendimiento libre para que pueda juzgar las cosas como ellas son: siempre miran los celosos con antojos de allende, que hacen las cosas pequeñas grandes, los enanos gigantes y las sospechas verdades.» Hay en los celos un complejo entramado de sentimientos: el apego profundo y desconfiado hacia la persona querida, el malestar provocado por el supuesto éxito del rival, el temor de perder o tener que compartir una posesión. Analizar los celos parece fácil, porque ¿cómo va a ser difícil analizar una pasión tan transparente?

Pues las apariencias engañan. A pesar de tanta claridad, sigo pensando que los celos son un mensaje cifrado, el balance de complejas operaciones realizadas en la oscuridad de lo que he llamado «inteligencia computacional». La malignidad y el ingenio lo supieron desde hace siglos. La Rochefoucauld dice, con su brillante cinismo de *salonnard,* lo mismo que dicen los psiquiatras contemporáneos: «En los celos hay más amor propio que amor.» Lo repite Beaumarchais en una de sus comedias: «–¿Por qué tantos celos? / –Como todos los maridos, querida, únicamente por orgullo.»

Los celos no nos cuentan una historia de amor, sino de posesión e inseguridad. Para Castilla del Pino, todo celoso es inseguro en uno o varios parámetros de su identidad, si bien tan «celosamente» ocultos que sólo mediante alguna suerte de provocación puede hacérsele ostensible. Esta inseguridad es resultado de una imagen depreciada de sí mismo; inseguridad respecto de la posibilidad del logro del objeto eróticamente deseado y, si ha sido éste el caso, de la posibilidad de retenerlo. No digo que ésta sea la única explicación posible de los celos. Sólo me interesa, por ahora, subrayar que la necesidad de estas explicaciones muestra a las claras que no es oro todo lo que reluce.

Podría poner otros muchos ejemplos para justificar la distinción entre la claridad aparente de la experiencia y la oscuridad real del mensaje. ¿Qué hay en el fondo de la envidia? Todos sabemos que consiste en la tristeza por el bien ajeno. Pero ¿por qué unas personas la sienten y otras no? ¿Por qué la sienten hacia una persona concreta y no hacia otras? He conocido a una persona de gran rectitud moral cuya vida estuvo esclavizada por una envidia irreprimible, de la que se avergonzaba sin poderla evitar, y que procuraba compensar comportándose con una generosidad desorbitada respecto al envidiado. Nunca llegué a saber qué mensaje portaba ese sentimiento.

7

Ya he enunciado varias tesis. Los sentimientos son un balance de nuestra situación. Son un balance continuo. Son un balance continuo, pero realizado a varios niveles de profundidad. Son un balance continuo, realizado a varios niveles de profundidad y que incluye un mensaje cifrado. Para terminar esta primera descubierta del tema añadiré una última tesis. Los sentimientos son punto de llegada y punto de partida. Son resumen y propensión. Resultan de la acción pasada y preparan la acción futura. *Los sentimientos inician una nueva tendencia.* Disponen para la acción o para la inacción, que es también un modo de comportarse.

El miedo incita a la huida, el amor al acercamiento, el asco al vómito, la vergüenza al ocultamiento. La alegría anima a mantener la acción, la tristeza al retiro, la furia prepara para el ataque, la ternura propende a las caricias.

Sospecho que este asunto tiene gran importancia para comprender la conducta humana. El sentimiento es una experiencia consciente, que sintetiza los datos que tenemos acerca de las transacciones entre mis deseos, expectativas o creencias, y la realidad. Son una síntesis, algo nuevo, como son nuevas las configuraciones perceptivas, las cualidades de forma, que emergen de los datos sensibles. No existen con independencia de la experiencia consciente. Pues bien, las tendencias sentimentales, las que emergen del sentimiento, también dependen del acontecimiento consciente. Sólo aparecen si el sentimiento aparece. Se sitúan en un segundo nivel de nuestra afectividad, más cercano, menos oculto, más explícito, tal vez más nuestro. Ya hablaremos.

8

Toda ciencia tiene que precisar su terminología y también sus criterios de verdad. La ciencia de la afectividad inteligente también. El léxico sentimental es muy confuso en todas sus lenguas. En inglés, por ejemplo, se usan sin demasiadas cautelas *affect, feeling, emotion, passion, mood.* Greimas ha intentado organizar la nomenclatura pasional francesa, analizando los siguientes términos: *sentiment, emotion, inclination, penchant, susceptible de, temperament, caracter, humeur.*

La palabra castellana más antigua para designar las variables afectivas es *pasión,* que Covarrubias define como «perturbación del ánimo que Cicerón llama afecto». Añade un rasgo de intensidad y vehemencia, que se ha mantenido. Vives usó *affectus. Sentimiento* y *emoción* son palabras tardías.

Hay que establecer una terminología precisa que nos sirva para hablar de estos fenómenos sin equívocos. Hemos de atender a lo que las distintas lenguas nos proponen sin confiar en ellas del todo. ¿Cuántas palabras necesitamos? Tantas como géneros o especies de experiencias necesitemos nombrar. Primero tendremos que describir cuidadosamente la experiencia afectiva, sólo entonces conoceremos nuestras necesidades terminológicas. Pero, para poder entendernos desde el principio, voy a proponer los siguientes términos:

En primer lugar, necesitamos un término genérico que incluya todas las experiencias que impliquen evaluación, agrado o desagrado, atracción o rechazo, preferencias. *Pasión,* a pesar de su rancio abolengo, no nos sirve porque en la actualidad tiene un significado muy bien definido. *Sentimiento* tampoco, por una razón semejante. Me inclino, pues, por *afecto, afectividad, fenómenos afectivos.* La nomenclatura afectiva queda así:

- *Afecto* y sus derivados: conjunto de todas las experiencias que tienen un componente evaluativo –a saber, doloroso/placentero, atractivo/repulsivo, agradable/desagradable, bueno/malo, estimulante/deprimente, activador/desactivador.

  Sus especies principales son: *sensaciones de dolor y placer, deseos, sentimientos.*

- *Sensaciones de dolor y placer:* experiencias estrictamente físicas. Melzack ha señalado que el dolor tiene tres componentes –sensorial, afectivo y cognitivo– y que cada uno depende de sistemas neuronales distintos. Lo digo para advertir de la dificultad de hacer distinciones muy rigurosas.

• *Deseos:* conciencia de una necesidad, de una carencia o de una atracción. Normalmente van acompañados de sentimientos, que los amplían y dan urgencia.

• *Sentimientos:* bloques de información integrada que incluye valoraciones en las que el sujeto está implicado, y al que proporcionan un balance de situación y una predisposición a actuar. Sinónimos: *feeling, affect, sentiment.*

Los sentimientos pueden clasificarse por su intensidad, duración, profundidad, pero estas distinciones están hechas dentro de un continuo, lo que hace difícil marcar límites muy definidos. Creo que es útil usar los siguientes términos:

• *Estados sentimentales:* sentimientos duraderos, que permanecen estables, mientras cambian otros sentimientos simultáneos más efímeros. Incluso aquí es conveniente introducir una distinción entre lo que propongo llamar *hábitos sentimentales* (por ejemplo, el amor o el odio), que tienen una permanencia configuradora de la personalidad, y *estados de ánimo,* el humor, *mood,* que tiene duración, pero menos consistencia.

• *Emoción:* sentimiento breve, de aparición normalmente abrupta y manifestaciones físicas conscientes (agitación, palpitaciones, palidez, rubor, etcétera).

• *Pasión:* sentimientos intensos, vehementes, tendenciales, con un influjo poderoso sobre el comportamiento.

Vuelvo a repetir que esta taxonomía es provisional y tiene una finalidad meramente práctica. En el diccionario sentimental que seguirá a este libro ya daremos una versión más elaborada y precisa.

Por lo que respecta a los criterios de verdad, me someto a los que usan las demás ciencias. La teoría que expongo ha de estar de acuerdo con la experiencia dirigida, es decir, con las observaciones metódicas, tiene que formar un sistema con una teoría más general de la subjetividad humana, ser compatible con los conocimientos que brindan otras ciencias, permitir predicciones, ser capaz de abrir nuevas líneas de investigación y ser corroborada por aplicaciones prácticas, que en este campo serían, fundamentalmente, educativas y clínicas.

Considerar los sentimientos como un balance, resultado de la síntesis de partidas que pueden determinarse, permite, por de pronto, la falsabilidad de la teoría. El lector ya sabe que el que haya algún procedimiento para comprobar la falsedad de una teoría suele considerarse un requisito imprescindible para poder afirmar su verdad. No puedo, por ejemplo, decir si la teoría de Rilke sobre los ángeles es verdadera. Los poemas en que la expone son bellísimos:

> ¿Quién, si yo gritase, me oiría desde los coros
> de los ángeles? Y si uno de repente me tomara
> sobre su corazón: me fundiría ante su más potente
> existir. Pues lo bello no es más que el comienzo
> de lo terrible, quc todavía soportamos
> y admiramos tanto, porque, sereno, desdeña
> destrozarnos. Todo ángel es terrible.

No se me ocurre ningún procedimiento para demostrar que Rilke no tiene razón, luego tampoco puedo afirmar seriamente que la tenga. La teoría de los sentimientos que propongo, en cambio, será falsa si se puede demostrar que las partidas del balance que después estudiaré no existen, o no influyen en los sentimientos, o son otras diferentes.

Pero todavía estamos en los inicios. Hay que recoger información de fuentes diversas, limpiarla de ruidos, contrastarla. Hoy el mar ha aparecido radiante, grande como la luz, haciendo guiños que animan a navegar. Para seguir trabajando, y descansar al mismo tiempo después de este capítulo, invito al lector, sobre todo si es lectora, a viajar a países lejanos en busca de sentimientos exóticos.

2. SENTIMIENTOS EXÓTICOS

1

Todos tenemos el alma dividida entre la abstracción y el matiz, el cielo platónico y el Rastro, la alta matemática y la cuenta de la vieja, lo estructural y lo folclórico, pero los antropólogos más que el resto de los mortales. Puede consumirles la pasión por lo peculiar o inflamarles el ansia de encontrar universales culturales. La emoción de lo singular suele ser tan fuerte que muchos caen en un relativismo que no es más que entusiasmo por las diferencias. Se encrespan ante lo que consideran una mutilación salvaje de la realidad y no les falta razón. Charles Osgood, después de laboriosas investigaciones, sostuvo que todos los pueblos evalúan los objetos de acuerdo con tres dimensiones universales: bueno/malo, fuerte/ débil, rápido/ lento. Pero, en un nivel de abstracción tan rotundo, las diferencias entre «Dios» y «motocicleta» desaparecen porque ambos son buenos, poderosos y rápidos.

Las relaciones entre lo universal y lo singular han sido siempre conflictivas y constituyen uno de los más serios problemas de la ciencia actual. ¿Hay enfermedades o enfermos? ¿Hay individuos o categorías? ¿Hay sentimientos universales o sólo sentimientos particulares, únicos, distintos, inclasificables? Para saber a qué atenernos he decidido viajar.

Hay muchos investigadores que subrayan la diversidad cultural de los sentimientos. Consideran que son construcciones sociales y que, por lo tanto, es inútil buscar una internacional de la emoción.

Vamos a ver de cerca alguno de los sentimientos autóctonos, intraducibles, originalísimos, para comprobar si lo son tanto. Hay, sin duda, algunas respuestas afectivas sorprendentes. Los tangú de Nueva Guinea se negaron a jugar al fútbol si no se cambiaban antes las reglas del juego. A los tangú –gente extravagante, sin duda– no les gusta que haya ganadores y perdedores, por lo que hubo que cambiar la finalidad del partido. Lo importante era empatar, y jugaban hasta que lo conseguían. A veces durante varios días.

Nuestro viaje para coleccionar sentimientos va a comenzar en Japón. Según Takeo Doi, la palabra *amae* designa una emoción específicamente japonesa. Más aún, es «la esencia de la psicología japonesa y la clave para comprender la estructura de su personalidad». Al leer esto me embargó el desaliento, porque recordé que Heidegger confesó que no había conseguido saber lo que significaba la palabra japonesa *iki* –algo así como «el resplandecer sensible por cuyo vivo arrebato algo de lo suprasensible llega a traslucir»– a pesar de hablar sobre ella durante años con su discípulo el conde Shuzo Kuki. ¿Seré capaz de entender algo?

Amae es un sustantivo derivado de *amaeru,* un verbo intransitivo que significa «depender y contar con la benevolencia de otro, sentir desamparo y deseo de ser amado». El diccionario *Daigenkai* lo define como «apoyarse en el amor de otra persona o depender del afecto de otro». Es obvio que el prototipo de este sentimiento es la relación del niño con su madre. No la de un recién nacido que vive aún en un limbo vacío de distinciones, sino la de un niño que ya sabe que su madre existe con independencia de él. Sentirse distinto y necesitar de ella produce un cálido anhelo de acercamiento: *amae.*

Este sentimiento que toma el amor de otro como garantía de seguridad implica una actitud pasiva. Según Doi, su importancia en la sociedad japonesa se relaciona con un espíritu generalizado de dependencia, lo que nos advierte que al estudiar una cultura es difícil comprender un sentimiento aislado, porque cada uno forma parte de un entramado afectivo muy complejo, lleno de sinergias y reciprocidades, en el que intervienen las creencias, los valores, las esperanzas y los miedos de esa sociedad. Takeo Murae comenta: «Al contrario que en Occidente, no se anima a los niños japoneses a enfatizar la independencia y la autonomía individuales. Son educados en una cultura de la interdependencia: la cultura del *amae:* el ego occidental es individualista y fomenta una personalidad autónoma, dominante, dura, competitiva y agresiva. Por el contrario, la cultura japonesa está orientada a las relaciones sociales, y la personalidad tipo es dependiente, humilde, flexible, pasiva, obediente y no agresiva. Las relaciones favorecidas por el ego occidental son contractuales, las favorecidas por la cultura *amae* son incondicionales.»

Nos vamos del Japón, pero sin salir del Pacífico. El incansable azul, el desmemoriado mar, nos lleva hasta Hawái. Oímos continuamente la palabra *aloha.* ¿Significa algo o es sólo un reclamo publicitario: surf, sol, palmeras y *aloha?* Parece un término ómnibus donde cabe cualquier cosa. Algunos autores lo traducen por «amor», enfrentándose con la opinión de otros que lo identifican como un sentimiento más elusivo y misterioso. Según Andrews, *aloha* designa un complejo sentimental; amor, afecto, gratitud, amabilidad, compasión, pena. Anna Wierzbicka no cree que signifique «amor», porque quien lo siente no tiene ningún lazo especial con la otra persona, ni desea hacer nada por ella. Expresa tan sólo unos vagos buenos deseos hacia otros, sin ningún compromiso y sin gran intensidad. Esta autora añade un comentario interesante: *aloha* se ha superficializado. Al convertirse en un tic para turistas ha perdido empaque. Carece del tono compasivo que guardan otras palabras análogas en lenguajes polinesios –por ejemplo, *arofa,* en Tahití– y se ha convertido en una cortesía rutinaria y vana. Los sentimientos tienen también su momento de esplendor histórico y su ocaso. Tal vez *aloha* se ha desfigurado como una sinfonía tocada con un silbato.

De las surtientes playas de Hawai nos vamos a las llanuras heladas. ¿Qué sienten los esquimales? Sobre todo, frío. Jean Briggs ha descrito su mundo emocional en el libro *Never in Anger: Portrait of an Eskimo Family* (Harvard University Press, 1970). Los esquimales, muy razonablemente, se amontonan para conseguir calor. La proximidad les protege del frío exterior y del frío íntimo. Entre los sentimientos esquimales, Briggs menciona *iva,* palabra que significa literalmente «estar junto a alguien bajo la misma manta». Aunque se refiere a una acción, tiene una evidente dimensión emocional. Los niños pequeños reciben *iva* al ser metidos en la cama con sus tíos, tías, abuelos o primos. Es una especie de adopción que establece un fuerte vínculo sentimental.

El léxico esquimal valora mucho las distancias cortas. *Niviuq* significa «querer besar», expresa el deseo de tocar o estar físicamente cerca de alguien o de algo, en especial de los seres pequeños. Se consideran seres *niviuq-naqtuk,* además de los niños, las muñecas, los pájaros y otras cosas menudas. *Unga* es el deseo de estar con una persona querida y la agradable experiencia de su proximidad. *Naklik* significa la otra cara del amor: hacer cosas buenas a quien se quiere. Según los esquimales, los niños pequeños sienten *unga,* pero sólo poco a poco van sintiendo *naklik.* Sospecho que sucede igual en todas las culturas.

La suavidad con que los esquimales utkus crían a sus hijos es la causa de que más tarde sientan un profundo miedo a cualquier relación íntima o no íntima. En la vida diaria no cabe el enfado, ni mucho menos el conflicto violento, pero tampoco la acción social colectiva.

Volvamos a las aguas cálidas. Clifford Geertz ha escrito páginas muy sugestivas sobre las diferencias culturales. Cada cultura define un modelo propio de humanidad. Se lo repetiré al lector para que no se le olvide. En Java la gente dice llanamente: «Ser humano es ser javanés.» Los niños pequeños, los ignorantes, los locos o los inmorales son considerados *adurung djawa,* «aún no javaneses». Un adulto capaz de obrar respetando un sistema de etiqueta muy sofisticado, dotado de profundo sentido estético para la música, la danza, el drama y los diseños textiles, atento a las sutiles solicitaciones de lo divino, es *sampundjawa,* «ya javanés».

Java tiene también su propia flora sentimental. Hildred Geertz dice que *sungkan* es una exclusiva javanesa. «Hablando toscamente, *sungkan* es un sentimiento de educado respeto ante un superior o un igual desconocido, una actitud de reserva, una represión de los propios impulsos y deseos para no alterar la serenidad de alguien que puede ser espiritualmente más elevado. Si una persona importante viene a mi casa y se sienta a mi mesa, yo me siento en un rincón: eso es *sungkan.* Si un huésped viene a mi casa y yo le invito a comer, le diré: No sientas *sungkan,* es decir, actúa como si estuvieras en tu casa.»

En el proceso de javanización de un niño javanés, *sungkan* es la más ultrajavanesa clase de respeto, la que mejor va a configurarle como ser humano, más allá del miedo, la vergüenza o la culpa. Es un signo de refinamiento, una elaborada actitud emocional que tarda años en adquirirse. Tener miedo o vergüenza es una vulgaridad.

Terminaremos nuestro viaje en las Filipinas. Michelle Rosaldo ha estudiado la cultura de los ilongot, en cuyo corazón aparece el concepto de *liget.* Puede traducirse como «energía, furia, pasión», y designa el impulso vital presente en cualquier acción apasionada, sea realizar un trabajo o matar a un enemigo. Indica vitalidad, fiereza, ánimo para competir, deseo de triunfar. Es una emoción ambigua y peligrosa, porque produce caos y orden, desastres y beneficios, pérdida de razón o aumento de perspicacia. Puede llevar al hombre más allá de sus límites como la *űbris* griega. Es el *liget* lo que engendra a los niños. También está presente en algunas fuerzas de la naturaleza y en algunos objetos inanimados: la pimienta, el licor, la tormenta, el viento, la lluvia o el fuego, cosas todas enérgicas y peligrosas.

De este turismo semántico podemos sacar algunas conclusiones fragmentarias e insuficientes como son todas las instantáneas fotográficas. Hay diversidad sentimental, pero no una proliferación caótica. Ocurre con las creaciones sentimentales lo mismo que con las creaciones lingüísticas. Hay muchos sentimientos como hay muchas lenguas. Se diferencian enormemente, pero tienen muchos puntos en común. Es muy posible que haya estructuras sentimentales básicas, universales, que cada cultura modifica, relaciona y llena de contenidos diferentes. Cambian los desencadenantes, las intensidades, la consideración social de los sentimientos, como cambia en cada lengua la segmentación léxica. De la misma manera que las palabras forman un sistema lingüístico, los sentimientos de una cultura forman un sistema afectivo. Cada sociedad define una «personalidad sentimental», un modelo que intenta fomentar, que sirve para distinguir entre sentimientos adecuados o inadecuados, buenos o malos, normales o anormales.

2

Tendremos que viajar de nuevo para comprobar si es verdad lo que acabo de decir, que cada cultura diseña una personalidad sentimental. Para comprobarlo nos vamos a Nueva Guinea, con Margaret Mead, una mujer atrevida, poco convencional, muy interesante y muy discutida como científica.

Sexo y temperamento no es lo que el título sugiere. Es un bello libro de antropología con el que Margaret Mead quiso responder a una pregunta: ¿Lo que llamamos feminidad y masculinidad son caracteres biológicos o productos culturales? Para averiguarlo se fue, ni corta ni perezosa, a estudiar tres tribus de Nueva Guinea: los arapesh, los mundugumor y los tchambuli. A pesar de vivir relativamente cerca, a menos de doscientos kilómetros, las diferencias son sorprendentes. A ella la sorprendieron al conocerlas, a mí me sorprendieron al leer su libro, y espero que al lector le sorprendan ahora.

Los arapesh son un pueblo cooperador y amistoso que carece de organización política. Los hombres conciben la responsabilidad, el mando, la preeminencia social como deberes onerosos que cumplen por obligación y de los que se desentienden alegremente cuando pueden endosárselos a sus hijos. Trabajan juntos, todos para todos, prefiriendo participar en actividades iniciadas por los demás. El beneficio propio parece detestable. «Sólo había una familia en el poblado», cuenta Margaret Mead, «que demostraba apego por la tierra, y su actitud resultaba incomprensible para todos los demás.» Se caza para mandar la comida a otro. «El hombre que come lo que él mismo caza, aunque sea un pajarillo que no dé para más de un bocado, es el más bajo de la comunidad, y está tan lejos de todo límite moral que ni se intenta razonar con él.»

Hay un grupo destinado a un menester engorroso e incómodo. Son los «grandes hombres» que organizan una gran fiesta cada tres o cuatro años. Se elige a un niño y se le educa para que sea agresivo y arrogante, por exigencias del papel, lo que es visto más como una condena que como un privilegio.

Para los arapesh el mundo es un jardín que hay que cultivar. Mi alma de horticultor no puede dejar de conmoverse ante esta poética concepción del mundo. El deber de los niños y del ñame es crecer. El deber de todos los miembros de la tribu es hacer lo necesario para que los niños y el ñame crezcan. Cultivo de los niños, cultura del ñame, o al revés. Hombres y mujeres se entregan a tan maternal tarea con suave entusiasmo. Los niños son el centro de atención. La educación entera es educación sentimental. No hace falta que el niño aprenda cosas, pues lo importante es suscitar en él un sentimiento de confianza y seguridad. Hacerle bondadoso y plácido, eso es lo importante. Se le enseña a confiar en todo el mundo. Los niños pasan temporadas en casa de sus familiares, para que se acostumbren a pensar que el mundo está lleno de parientes.

Esta sociabilidad querida, buscada, fomentada, se manifiesta en la sorprendente explicación que dan del tabú del incesto: «Los arapesh no contemplan el incesto como una tentación repulsiva y horrorosa, sino que les parece una estúpida negación de la alegría que se experimentará al aumentar, por medio del matrimonio, el número de personas a las que se puede amar y en las que se puede confiar.»

Nadie muestra interés en que el niño crezca rápidamente. Tal vez hayan comprendido una característica esencial de la especie humana, que es tener una larga infancia. No se estimula el afán competitivo y se sienten intolerablemente heridos en sus sentimientos por una palabra áspera. Una burla se considera expresión de hostilidad y un hombre adulto se echará a llorar ante una acusación injusta. A la vista está que son unos «sentimentales».

Dividen a los seres humanos en dos grupos: los parientes, que son todos los habitantes del poblado, y los extraños, los habitantes de la llanura, que viven «junto a las tierras del río», violentos, temibles, perversos y hechiceros. De vez en cuando una mujer de la llanura se acerca al poblado de los arapesh, dominante, sensual, agresiva, y algún arapesh incauto cae fascinado por tan poderosos hechizos, condenándose así a una vida que no le corresponde y para la que no está preparado.

Las costumbres matrimoniales también están enderezadas a evitar sobresaltos. Los niños se prometen a los cinco o seis años. El hombre-niño trabaja para hacer que su mujer-niña crezca, de la misma manera que hará con sus hijos. La organización social se basa en esta analogía entre esposas e hijas. La esposa crece en la familia del marido sabiendo ya que su novio/niño/adolescente trabaja para ella. Se acostumbra a aceptar todo pasivamente a cambio de sentirse segura en la vida. La mujer arapesh pasa suavemente de su familia a la del marido, casi sin darse cuenta.

Es posible que se trate de esto: de evitar sobresaltos, y que crean que el gran beneficio que la paz acarrea es la previsibilidad del futuro. También los javaneses piensan que los daños emocionales no están producidos por la gravedad de un suceso, sino por su carácter súbito. Es el choque con lo imprevisto, y no el sufrimiento, lo que más temen. Basta acomodar el espíritu a una desgracia para que el sentimiento de pesar se aminore. Recomiendo al lector que tenga esto presente para entender algunas cosas que le explicaré dentro de medio centenar de páginas.

3

A ciento sesenta kilómetros de los pacíficos arapesh viven los mundugumor, que han creado una cultura áspera, incómoda, malhumorada. Todo parece fastidiarles, lo que no es de extrañar porque su organización fomenta un estado de cabreo perpetuo. Habitualmente sólo las mujeres se reúnen, mientras que los hombres se observan de lejos con desconfianza. Los niños son educados para sentirse incómodos ante los mayores. Las voces enojadas son la música de fondo de la vida. Los mundugumor creen a pies juntillas que hay una hostilidad natural entre todos los miembros de un mismo sexo, que son incompatibles y sólo pueden relacionarse por mediación del sexo opuesto.

Ocurre, sin embargo, que la relación con el sexo opuesto y la organización familiar están cuidadosamente diseñadas para provocar irremediablemente conflictos. La estructura básica de parentesco se llama *rope* y es una máquina perfecta de intrigas y de odios. La madre y el padre encabezan familias distintas. El *rope* del padre está compuesto por sus hijas, sus nietos, sus bisnietas, sus tataranietos, es decir, una generación femenina y otra masculina. El *rope* materno está contrapeado. Ambas familias se odian, no por casualidad, sino por los ritos de casamientos. Los mundugumor cambian una novia por una hermana, por lo que cada hermano ve en sus hermanos unos rivales que le van a disputar sus hermanas para canjearlas por una o más esposas. Para avivar más esta hoguera de odios también tienen como enemigo a su padre, que puede cambiar una de sus hijas por una esposa joven para él mismo. En reciprocidad, los hijos son también un peligro para el padre, que ve su crecimiento como el crecimiento de unos enemigos. En cada choza mundugumor hay una esposa enfadada y unos hijos agresivos, listos para reclamar sus derechos y mantener en contra del padre sus pretensiones sobre las hijas, única moneda para comprar una novia. No es de extrañar que la noticia de un embarazo se reciba con disgusto. El padre sólo quiere hijas para ampliar su *rope.* Un hombre quiere aliados para poder coaccionar y amedrentar en los días de su poderío físico, y no hijos que vendrán después de él y se burlarán de su vejez, orgullosos de su fuerza. La madre, claro está, quiere un hijo por lo mismo. Una mujer que concibe un hijo ha herido a su marido en su punto más vulnerable. Ha engendrado un enemigo y el padre siente que su decadencia ha comenzado.

La educación de los niños es una minuciosa preparación para este mundo sin amor. Todo lo que para los arapesh era motivo de satisfacción es motivo de irritación para los mundugumor. Llevan a los niños en canastillas incómodas, los amamantan a la carrera y de mal humor, el proceso de destete está acompañado de bufidos e insultos, se enfadan con los hijos, con los enfermos, con los que se mueren, con los que viven, porque todos molestan. No hay lugar para la tranquilidad o la alegría. Los tratamientos sociales son complicados, llenos de prohibiciones, precauciones y susceptibilidades. Es difícil no cometer descortesías con un protocolo tan complicado y un pueblo tan irritable. Todos los mundugumor saben que por una u otra razón tendrán que pelear con su padre, con sus hermanos, con la familia de su mujer, con su propia mujer. Las niñas ya saben que serán el origen de las peleas. Ése será su dudoso privilegio.

Las uniones sexuales son rápidas y violentas. El carácter ideal es común para ambos sexos pues se espera que tanto hombres como mujeres sean agresivos, celosos y estén siempre en perpetua competencia, dispuestos a vengar cualquier insulto. En fin, que parecen occidentales.

4

Tras su estancia con los mundugumor, Margaret Mead visitó un tercer pueblo, los tchambuli. De nuevo cambia el paisaje sentimental. Hay una inversión de los papeles sociales. Las mujeres se ocupan de las cuestiones económicas, pescan, tejen, comercian, administran el dinero, mientras los hombres viven para el arte y el espectáculo. Las mujeres los tratan con amabilidad, tolerancia y aprecio. Disfrutan con los juegos masculinos, con su coquetería y con los espectáculos teatrales que organizan para ellas. Como son las dueñas del dinero obsequian y regalan a sus maridos, a cambio de languidecientes miradas y suaves palabras. Las mujeres trabajan en grupo, charlando divertidas. En cambio, entre los hombres hay celos, desconfianza y malentendidos. El interior de una casa tchambuli muestra a ojos vistas su organización social. Las mujeres firmemente instaladas en el centro de la habitación, mientras que los hombres se sitúan junto a las paredes, cerca de las puertas, con un pie en la escalera, sintiéndose poco queridos, apenas tolerados, y dispuestos siempre a refugiarse en la casa de los hombres, donde preparan su propia comida, recogen su leña, viven como solteros, en un estado de mutua desconfianza y de común incomodidad.

Hasta tal punto han teatralizado toda su vida sentimental, que Margaret Mead confiesa «una sensación de irrealidad, pues incluso la expresión del enojo y del temor se convierten en una figura de danza. Fuera de estas ritualizaciones es difícil saber lo que sienten». En una ocasión, después del rapto de una muchacha tchambuli por otra tribu, Margaret Mead pregunta a su familia: «¿Estáis furiosos por el robo de vuestra hermana?» «No sabemos todavía», contestaron, «los ancianos no nos han dicho nada.» Esta actitud me recuerda el comentario de Sartre, quien por cierto también concebía las emociones como una representación: «Cuando de niño me encontraba a solas, sin público, no sabía lo que tenía que sentir.»

5

¿Y qué podríamos decir de nuestra cultura? En este momento, la cultura occidental presiona para favorecer la insatisfacción y la agresividad. Nuestra forma de vida, la necesidad de incentivar el consumo, la velocidad de las innovaciones tecnológicas, el progreso económico, se basa en una continua incitación al deseo. Éste es el gran tema psicológico de nuestra época, tal vez. En 1883, Zola publicó *Au bonheur des dames.* Treinta años antes se había inaugurado en París Bon Marché, una tienda precursora de la revolución comercial. En su novela, Zola llama «traficantes de deseos» a los propietarios de los grandes almacenes. Durante milenios, la humanidad ha desconfiado de los deseos. En el *Tao-Te-Ching* de Lao-tsê puede leerse: «No hay mayor culpa / que ser indulgente con los deseos. / No hay mayor mal / que no saber contenerse. / No hay mayor daño / que alimentar grandes ansias de posesión.» Para la ética griega, la *pleonexía,* la proliferación de los deseos, la avidez, era radicalmente mala. Ahora, en cambio, tenemos la idea de que sentirnos satisfechos es esterilizador. Sólo la insatisfacción, la pulsión de los deseos, incita a la invención, la industria, la creación. Así pues, parece que estamos condenados al estancamiento o a la ansiedad irremediable.

Para complicar más las cosas, hemos unido la impaciencia a la búsqueda de la satisfacción de nuestros deseos. Estamos olvidando que la capacidad de aplazar la gratificación es el fundamento del desarrollo de la inteligencia y del comportamiento libre. Walter Mischel ha estudiado la resistencia a la compulsión como predictor del nivel de inteligencia. Admirando como admiro la perspicacia de los distintos idiomas, no me extraña que el danés establezca una bella conexión entre *mod* (coraje, ánimo), *taalmod* (paciencia, ánimo de aguantar), *longmod* (magnanimidad). Como expliqué en *Ética para náufragos,* en el origen de nuestra vida libre, de nuestra creación ética, hay un acto de valor.

La impaciencia, al no respetar el tiempo de las cosas –los horticultores sabemos que hay un tiempo para sembrar y un tiempo para recoger, y también un tiempo para luchar contra la arañuela roja, mi pesadilla–, introduce un cambio en los ritmos comunicativos que altera, sin duda, la vida emocional. El deseo impaciente se llama en castellano *ansia,* y la ansiedad parece ser también una característica de nuestra cultura. Además, la prisa se opone a la ternura. No hay ternura apresurada. La ternura entrega el control del tiempo a la propia manifestación del sentimiento. Ya ve el lector que cuando digo que los sentimientos forman sistema no lo hago a humo de pajas. Aún hay más. Sartre describió la relación de la prisa con la violencia. El apresurado lo quiere todo ahora, y la efracción, la violencia, es el camino más corto. ¿Para qué guardar las formas, que siempre son lentas?

El progreso, que nos obligó a fomentar el deseo, va a servir de coartada para la agresividad. Al parecer, la lucha, la competencia, es el único motor para el avance de la humanidad. El mismo Kant, tan respetuoso con los imperativos de la Razón, tan desconfiado respecto de los sentimientos, afirma que el medio de que se sirve la naturaleza para desarrollar todas las disposiciones del hombre es el antagonismo, a través del cual se ve inducido, contra su voluntad, a pasar de la barbarie a la civilización. «El hombre desea la concordia, pero la naturaleza sabe mejor que él lo que es bueno para su especie: ella desea la discordia (...) Demos pues gracias a la naturaleza por la intratabilidad que genera, por la envidiosa emulación de la vanidad, por la codicia nunca saciada de bienes y también de dominio. Sin ellas, todas las excelentes disposiciones naturales innatas en la humanidad permanecerían eternamente adormecidas sin desarrollarse.»

Como defensa ante esta conspiración del progreso y la violencia, la sociedad posmoderna ha buscado la solución en lo que he llamado la «utopía ingeniosa», que aspira a jugar con todas las cosas, buscando una libertad desvinculada, poco comprometida, sin pretensiones. Creo que el intento ha fracasado.

6

Al revisar nuestra colección de sentimientos, dos cosas aparecen claras. Hay gran diversidad dentro de marcos constantes. Tenemos, pues, que explicar tanto las semejanzas como las diferencias. ¿Por qué sentimos de maneras tan distintas? ¿Por qué, sin embargo, los sentimientos humanos se parecen tanto?

Empezaré hablando de las semejanzas. Incluso ahora, cuando aún sabemos tan poco sobre los sentimientos, podemos suponer que los sentimientos son provocados por situaciones que forzosamente experimentan todos los seres humanos. Nuestros problemas y esperanzas son muy parecidos: sobrevivir, disfrutar, estar cerca de los seres que queremos, evitar el peligro, enfrentarnos con los obstáculos, contar con los demás, ponernos a salvo de los otros. Como ha escrito Geertz, un reputado antropólogo, «los problemas, siendo existenciales, son universales; sus soluciones, siendo humanas, son diversas» *(La interpretación de las culturas,* Gedisa, 1992, p. 301).

No pretendo que ésta sea una relación exhaustiva. Por ahora sólo me interesa mostrar que la universalidad de ciertas emociones tiene una razón de ser: nuestra condición de seres necesitantes y en precario. Los estudios de Ekman corroboran la existencia de rasgos comunes en la vida emocional. Hay expresiones afectivas que son comprendidas inmediatamente por todas las culturas. Hay un lenguaje universal de la emoción: la risa, el llanto, las expresiones de miedo, furia y asco, forman parte de él. Espero haber convencido al lector de que no somos sentimentalidades irrepetibles, sino que la especie humana tiene necesidades comunes, que le plantean problemas comunes, y que registra afectivamente con sentimientos comunes.

Ahora tengo que explicar las diferencias. Los sentimientos suelen tener desencadenantes y ambos forman una estructura, en la que se determinan recíprocamente. Un peligro o una amenaza provoca miedo; la novedad, sorpresa; el cumplimiento de un deseo, satisfacción o alegría. Pero cada una de estas categorías de desencadenantes puede concretarse de manera distinta en cada cultura. Cada sociedad en cada momento histórico pasa sus miedos peculiares. En algunas culturas, el ofrecimiento de ayuda provoca furia; en otras, deferencia, respeto, dependencia y gratitud. Ser el centro de atención puede causar vergüenza y miedo en ciertos ambientes, y satisfacción y orgullo en otros. Las experiencias de pérdida, que nos producen infelicidad o tristeza, despiertan en los samoanos una indiferencia tranquila. A los arapesh les produce horror dejar restos de comida, porque pueden ser utilizados por enemigos suyos para hechizarles.

Es posible que haya algunos desencadenantes universales, sobre todo en los niños. Los esquimales y los tahitianos se enfurecen muy pocas veces, pero los niños de seis meses se enfadan con la misma frecuencia que los niños de otros países si, por ejemplo, les inmovilizamos. Pero en general el contenido de los desencadenantes varía y es una de las causas de las diferencias sentimentales.

Otras distinciones más sutiles están producidas por las redes semánticas en que cada sentimiento se incluye. Hoffstätter ha señalado que el concepto de *lonesomeness* (soledad) tiene para los norteamericanos una significación diferente de la que tiene para un alemán el correspondiente vocablo traducido, *Einsamkeit.* Mientras un alemán puede sentirse orgulloso de su *Einsamkeit,* un norteamericano asocia *lonesomeness* más bien con angustia y ausencia de amor. En un estudio de Yoshida y sus colaboradores se comprueba que para los japoneses *curiosidad* e *indecencia* son conceptos próximos. Carroll Izard comparó las actitudes de norteamericanos, ingleses, alemanes, suecos, franceses, griegos y japoneses respecto de ocho emociones. Algunas diferencias son muy interesantes. La mayoría de los norteamericanos temen sobre todo a las emociones *temor-horror,* mientras que la mayoría de los japoneses temen más a *asco-desprecio.*

Otras diferencias notorias proceden de las evaluaciones y regulaciones sociales de los sentimientos. Cada cultura favorece unos afectos y repudia otros, los interpreta de distinta manera, o prescribe cuál debe ser su intensidad. Para un ilongot, estar furioso pone en peligro la estabilidad social; para un esquimal, es una experiencia infantil; para un americano, puede ser un modo de afirmar su virilidad.

Muchos sentimientos están relacionados con roles acuñados por la sociedad, incluidos los roles masculinos y femeninos. La tribu africana de los maasi, según Hatfield, ha especificado una situación llamada *murano,* en la que el miedo está deliberadamente suprimido. Es el carácter del guerrero. Un guerrero maasi es *api* (afilado), palabra que significa también «espada» y «lanza». Fuerte, terrible, cortante, así tiene que ser el guerrero, como su espada. La metáfora no es exclusiva de este pueblo, porque para los japoneses «conservar brillante la espada» significa «no abandonarse», «mantener bien dispuestas todas las facultades morales». La valentía de los maasi es una valentía institucionalizada, propia sólo de los guerreros, «que tienen que actuar como si el miedo no existiera». Una vez que por su edad ya no pueden guerrear, su condición de *api* desaparece.

Dentro de una misma cultura, los sentimientos pueden cambiar según las edades biográficas –ya hemos visto cómo el niño esquimal va abandonando la furia al hacerse adulto– y también según las épocas históricas. Philips Aries ha estudiado la evolución del sentimiento hacia la infancia. Sostiene que la familia tardó mucho en tener una función afectiva y que la valoración del niño es un sentimiento muy tardío. En Inglaterra, hasta 1815 no era delito robar un niño, a no ser que estuviese vestido, en cuyo caso el delito se cometía respecto de la ropa. Niños de siete años, e incluso menos, eran ahorcados públicamente por delitos que hoy consideraríamos irrelevantes, como haber robado una falda o un par de botas. Estos datos muestran, por un parte, que no se daba al niño ningún valor, y por otra que se le consideraba plenamente responsable de sus actos.

Anna Wierzbicka ha llamado la atención sobre el cambio histórico de un sentimiento. La palabra polaca *tesknota* designaba antiguamente una tristeza vaga, pero en la actualidad significa «tristeza causada por la separación». Aparentemente –escribe– fue sólo después de la división de Polonia al final del siglo XVII, y especialmente después de la derrota de 1830 y de la gran emigración que siguió, cuando esta palabra cambió de significado. Cuando se considera que a partir de entonces la mejor y más influyente literatura polaca se desarrolló en el extranjero, entre los exiliados políticos, y que estaba dominada por el tema de la nostalgia, no puede dejarse de pensar que el nuevo significado de la palabra *tesknota* es un reflejo de la historia de Polonia y de las preocupaciones nacionales predominantes.

En los diccionarios españoles del siglo XIX se puede constatar una intensificación del sentimiento de nostalgia, palabra que, por cierto, aparece por primera vez en el *Diccionario* de Núñez de Taboada, en 1825. En el delicioso *Diccionario* de Domínguez (1846) se puede leer que la nostalgia es «especie de enfermedad causada por un deseo violento de volver a la patria, al país natal. El nostálgico comienza a sentir un decaimiento y tristeza que le consume lentamente, después suele presentarse una fiebre hética que conduce por lo regular a la muerte».

Espero haber convencido al lector de que el mundo sentimental es variado y constante. Hay unos sentimientos universales que derivan de los modos posibles de enfrentarse con la realidad y con uno mismo. Pero esos sentimientos se modulan de distinta manera en las diferentes culturas, en los distintos momentos históricos de una cultura o en los distintos miembros de cada cultura. El problema que se plantea es si sabremos atender a lo común sin olvidar lo particular.

7

En un bello poema titulado «Altiva música de la tormenta», Walt Whitman quiere apropiarse de todas las músicas:

> Escucha, ¡oh alma mía!, no las pierdas, es a ti a quien se dirigen.
> Todas las canciones de los países conocidos suenan a mi alrededor,
> los aires alemanes de la amistad, el vino y el amor,
> las baladas, las alegres jigas y danzas irlandesas, las coplas inglesas,
> las canciones de Francia, las melodías escocesas y, por sobre todas,
> las composiciones sin par de Italia.

Algo semejante quisiera hacer yo con los sentimientos humanos. Este libro tendría que estar escrito en un espacio virtual, tan virtual como el universo de las músicas, o como este azul, magnífico y cortés, donde aparecen islas afortunadas, continentes, espeluznantes peces y maremotos.

(Vuelvo, esta vez no metafóricamente, del espacio virtual. He conectado con una de las múltiples redes de comunicación que funcionan actualmente, además de Internet. Un grupo de personas de nacionalidad diferente hablaban acerca de un sentimiento que no sé si es un sentimiento todavía. Un cibernauta inglés afirmó que *cosiness* era un sentimiento exclusivamente inglés. Suele traducirse por «lo acogedor». Ha habido varias protestas contra esta reivindicación de exclusividad. Un cibernauta holandés ha dicho que la palabra *gezellig* significaba lo mismo. Desde Alemania, un flamenco germanizado ha intervenido para criticar a su compatriota. Al parecer, *gezellig* etimológicamente significa «amigo», por eso nadie puede estar *gezellig* si está solo, y en cambio puede estar *cosy* si está sentado en un cómodo sillón con una copa de jerez y a solas. Consideraba que *gezellig* está entre *cosy* y el alemán *gemütlich,* que, por lo visto, sólo se siente en compañía.

He intervenido para decir que en castellano distinguimos entre *acogedor,* que es una propiedad de personas, que significa «lo que nos recibe agradable, cómoda, cálidamente», y que por extensión se atribuye a cosas, a una casa, por ejemplo, y *sentirse acogido,* que es un sentimiento. Un cibernauta galés ha sugerido que la palabra inglesa deriva de la gaélica *cosh,* que significa un pequeño hueco donde puede uno sentirse cómodo. He pensado, pero no lo he dicho, que en castellano coger tiene dos significados distintos: «agarrar» y «caber», aunque ésta sea una acepción popular.

Desde Finlandia, otro cibernauta ha propuesto *kodikas,* palabra derivada de *koti,* que significa «casa». Puede aplicarse a las habitaciones, los muebles, las personas. Una chica *kodikas* es tranquila y agradable. He pasado un rato divertido en el espacio virtual.)

No crea el lector que al hablar tanto de palabras me dejo llevar tan sólo por mis aficiones. El lenguaje es un medio imprescindible para conocer los sentimientos ajenos y para comprenderlos. Sospecho que el léxico sentimental forma parte de los sentimientos mismos. Con frecuencia nuestras experiencias afectivas son confusas, precisamente por su complejidad, y nos sentimos inquietos y desorientados mientras no sabemos cómo nombrar nuestro sentimiento. ¿Es que el hecho de atribuirle un nombre aumenta el conocimiento de lo que sentimos? Puede que sí y puede que no. Al nombrar algo, lo que hacemos es relacionar una experiencia con el saber acumulado bajo el nombre que hemos aplicado. Si a mis sentimientos por una persona los llamo amor, estoy introduciendo mi sentimiento en una red semántica, que me va a permitir anticipar ciertas cosas y dar otras por supuestas.

Ahora, de lo cósmico vamos a lo privado, del gran despliegue de las culturas a la minúscula historia de un recién nacido, de los mares violentos o desmayados al recogido ámbito de una maternidad. Vamos a estudiar la biografía de los sentimientos.

3. BIOGRAFÍA DE LOS SENTIMIENTOS

1

Hay un brusco agitarse y el roce de algo que se escurre blandamente, lubrificado por aguas espesas. *Hay* un urgente impulso hacia adelante. *Hay* un tacto desconcertado, el paso de una frontera elástica, un escozor doloroso, una luz hiriente, una agitación desconocida y rítmica, algo que se abre paso desde dentro, un grito. El espacio se onduló amorosamente. Mucho tiempo después supe que había sido acunado. Entonces no sabía nada porque no había nadie aún que pudiera saber. *Yo* llegué después, cuando esa conciencia pegada a las sensaciones, que era luz en la luz, tacto en el tacto, calor en la ternura, identidad del sentiente y lo sentido, fue independizándose, distanciándose de las impresiones, que empezaban a ser cosas. Grandes ritmos lo organizaban todo: el desasosiego y la calma, la vigilia y el sueño. Por fin aparecieron los rostros, las palabras, el divertido sonar de un sonajero, las canciones de cuna, los besos, las sonrisas, tan divertidas de imitar, y también el *Yo* como centro del paisaje. Primero había estados agradables o molestos, luego hubo visiones que atraían o aburrían, después vi objetos, al fin me vi a mí mismo viendo objetos: había reflexionado.

Así, puedo imaginar el brusco aparecer de mi conciencia, mi nacimiento, como la apertura de un mundo afectivo en el que lo cognitivo no se diferenciaba todavía de lo emocional, ni lo propio de lo ajeno. Para mí fui tan sólo un irrestañable flujo consciente en el que estoy navegando todavía. Para los demás era un niño que asomaba por el ojal materno su cabeza renegrida, asustado y confuso como un náufrago emergiendo de un mar escondido.

Lo que nació el día que yo nací fue un universal concreto. Un miembro de una especie, con las características genéticas de esa especie, individualizadas por la mediación de mis padres, y que iba a seguir individualizándose a lo largo de toda su vida. Al acercarnos a la biografía de los sentimientos vamos a encontrar, como nos sucedió al aproximarnos a las distintas culturas, invariantes y diferencias. La vida afectiva de un niño pasa por varias etapas, posiblemente universales, pero que en cada biografía se articulan de una manera diferente para dar lugar a personalidades distintas.

Todos nacemos a medio hacer, trama a la espera de una urdimbre que la complete, con necesidades que ignoramos, anticipando a ciegas un mundo desconocido pero del que dependemos, tan mal definidos que no sabemos siquiera distinguir lo que está dentro de lo que está fuera. Aún no ha llegado el tiempo de las palabras, ni de jugar a las casitas, ni de convertir los muebles en campos de aviación. No hay nada que designar ni nadie con quien jugar. Algo que se disuelve en la boca con sabor agridulce, eso es todo lo que hay.

A partir de ese fulgor consciente, de esa candela íntima, el niño va a comenzar la gran creación simultánea de sí mismo y del mundo. El cerebro del recién nacido pesa unos cuatrocientos gramos, pero crece tan rápidamente que al terminar el primer año ya pesa un kilo. Este desarrollo es importante porque se realiza en interacción con el ambiente. El niño se alimenta de leche, papillas e información. No lo olvide el lector. Somos un organismo que integra físicamente la información que recibe.

> Érase un niño que salía cada mañana,
> y en el primer objeto que miraba, en ese objeto se convertía,
> y ese objeto hacíase parte suya durante el día o cierta
>   parte del día,
> o durante muchos años o vastos ciclos de años.

Las costumbres, el lenguaje, los visitantes, los muebles
familiares, el corazón anhelante y amoroso,
el afecto que no permite contradicción, el sentimiento de
lo que es real, la idea de que pueda al fin no ser real,
las dudas del día y las dudas de la noche, el sí y el cómo
extraños.
Todas estas cosas hiciéronse parte de aquel niño que salía
cada mañana, y que ahora sale y saldrá siempre cada día.

Lo siento. Me he distraído leyendo a Walt Whitman. Ya sé que tengo que precisar, así es que preciso. La retina del recién nacido está preparada para reaccionar a longitudes de onda que van de 0,738 micras a 0,318 micras. Teniendo en cuenta que el espectro electromagnético se extiende desde los 0,0001 angstroms de los rayos cósmicos hasta los 100 kilómetros de longitud de onda de la radiotelegrafía transcontinental, nuestros ojos nacen dotados de una prodigiosa especialización. La franja de luz visible de la que va a surgir nuestro coloreado mundo es minúscula en comparación con la enormidad de otros repertorios energéticos. Nacemos preparados para ignorar casi todo lo que ocurre en el universo. Sin esa drástica especialización que nos hace ciegos para todo lo que no sea la luz, conseguir encontrar lo visible sería como buscar una aguja en un pajar. Espero haber precisado lo suficiente.

Resulta muy difícil describir el mundo del recién nacido, porque las descripciones se basan en diferencias y el mundo del niño es indiferenciado. Los especialistas dicen que el niño no distingue aún lo exterior de lo íntimo, pero es difícil imaginar lo que eso significa. Para proporcionar al lector un apoyo intuitivo voy a hablarle de las amebas y de otros organismos muy elementales. No piense que me voy demasiado lejos: estamos en un espacio virtual donde las distancias han desaparecido.

La membrana de estos organismos simples –su piel, para entendernos– separa físicamente lo propio de lo ajeno, lo interior de lo exterior. Pero ¿lo que sucede en la piel debemos considerarlo interno o externo al animal? Estos seres tan elementales no son capaces de objetivar el estímulo. Son afectados por él, escapan o se acercan. Evalúan su entorno, no lo perciben, y traducen esa evaluación en movimiento. Las cosas no son calientes o frías, rojas o amarillas, sino atractivas o repelentes. Viven en un mundo de incitaciones, no de objetos. Romper esa amalgama de la afección y el movimiento debió de costar millones de años.

Una vez encalmado el proceso, el sentir se pudo separar de lo sentido. La visión, nuestra facultad más distanciadora, comenzó siendo una especialización del tacto, que es el sentido de lo transparedaño y contiguo. Parte de la piel aprendió a tocar la luz, esa presión suavísima. En vez de reaccionar sólo ante la dureza, reaccionó a su levedad incomprensible. Supo acariciar una materialidad tan esquiva. Y ese tacto, que recorría los perfiles lejanos y su color, resultó también agradable o desagradable, atractivo o repelente.

Pues bien, el recién nacido siente y, según Spitz, siente muy pocas cosas. Durante los primeros días, el único afecto que puede observarse en él es el malestar y su contrapartida, que no es el placer sino el sosiego. El niño siente malestar y llora sin saber, por supuesto, por qué lo hace. Lanza un mensaje a su madre –con este nombre designaré genéricamente a la persona que le atiende–, quien lo intepreta como «algo va mal y hay que cambiarlo». Por el contrario, la sonrisa es tranquilizadora, muestra que el mundo se ha vuelto amistoso y que el niño desea que todo vaya igual. Éstos son nuestros primeros pinitos expresivos, la contundente y mínima semántica de nuestro primer lenguaje. Reír y llorar. Aceptar y rechazar. Llamar y recibir. Hay una armonía preestablecida en este diminuto idioma. El niño, sin saberlo, cuenta con que alguien va a entenderle. Náufrago en la realidad, lanza una botella con mensaje apremiante a un mar desconocido. Cualquiera puede entenderlo porque todos comprendemos la llamada de un niño. Tan hondamente que cuesta siempre trabajo no atenderla.

2

No es verdad, claro está, que al nacer seamos como una pizarra en blanco que la experiencia va a llenar de información. Nacemos sabiendo muchas cosas y sabiendo hacer otras tantas. Además, no somos neutrales, pues venimos al mundo con necesidades y con sensores para distinguir lo conveniente y lo perjudicial. Somos sistemas dirigidos por valores. El *feedback* hedónico –el dolor y el placer– refuerza o extingue las actividades. Su acción es magisterial: nos advierte de los caminos que hemos de recorrer y de los que tenemos que evitar.

Nuestro primer trato con la realidad es afectivo. El neonato tiene una percepción evaluativa. Le interesan unas cosas y prescinde de las demás. Lo que entendemos por «conocimiento» es demasiado frío y lejano para una criatura tan cordial y apegada. Vive en un mundo de necesidades, afectos y acciones. Desde hace unos años se ha impuesto la idea de que los niños poseen más habilidades de las que creíamos. Su mente está más diferenciada de lo que pensaba Piaget. Los niños de muy pocos días saben imitar los movimientos de su madre, y son particularmente sensibles a sonidos con la frecuencia de la voz humana, sobre todo de la voz femenina. A partir de los dos meses los ojos de su madre se convierten en centro preferido de su atención. Y a esa misma edad, según Trevarthen, distinguen si una persona trata de comunicarse con ellos.

Es posible que el recién nacido esté preparado para captar sentimentalmente lo que objetivamente le resulta aún inaprensible. Por ejemplo, las madres hablan a sus bebés cuando se los entregan por primera vez después del parto. Les dicen cosas como «¿Por qué frunces el ceño?», «¿No te ha gustado nacer?». Si preguntamos a las madres, dirán que en realidad no creen que el niño las comprenda, a pesar de lo cual siguen hablándoles. El niño se interesa tanto por el lenguaje, por ese lenguaje que no entiende pero que debe de envolverle cálido y blando como un edredón sonoro, que deja por un instante de mamar cuando se le habla. Nace dispuesto a interesarse por lo interesante. No me extraña el énfasis que Françoise Dolto puso en la necesidad de hablar a los bebés. Así se van creando, en la primera infancia, formatos de interacción, pequeños mundos privados que constituyen la primera cultura del niño.

Cuando vemos a un cachorrillo humano comer y dormir, nos parece que su vida es muy sencilla. Nos cuesta trabajo comprender el turbión de novedades que está asimilando. Vive comerciando permanentemente con lo que le rodea. Es un negociante de aúpa. El entorno social de la primera infancia, recibido a través de la madre, que es la gran mediadora, influye directamente en la evolución de las estructuras cerebrales responsables del futuro emocional del niño. En los primeros dieciocho meses hay un enorme crecimiento sináptico, y se produce el enlace entre las estructuras corticales y subcorticales del cerebro, que permite la aparición de una afectividad inteligente. Y todo ello se hace integrando la experiencia, asimilándola fisiológicamente.

El aprendizaje construye nuestro cerebro, que se convierte en un híbrido de biología e información. Estamos asistiendo al nacimiento de una personalidad, que adquiere así sus primeros hábitos del corazón, aquellos con los que va después a interpretar el mundo. A partir de un breve repertorio de habilidades afectivas, perceptivas y motoras edifica su propia inteligencia y el mundo. Es un minúsculo demiurgo. Éste es el argumento de una gran narración épica y lírica que a mí siempre me emociona contar o escuchar.

A los dos meses el niño reorganiza toda su vida sentimental. Dirige la atención, experimenta sorpresa y furia, la sonrisa, que había comenzado siendo una expresión automática, mantenida incluso durante el sueño, se hace social, va dirigida a alguien. La madre, ese cálido contacto sosegante que restaura la calma interior y la comodidad externa, aparece entre las brumas, sonríe también y el niño reconoce la sonrisa. Un verdadero diálogo sustituye a lo que era sólo un simulacro automático de diálogo:

> Comienza, niño pequeño, a conocer a tu madre por tu sonrisa:
> (a tu madre a la cual diez meses dieron larga molestia).

Comienza, niño pequeño, que quien no sonríe a sus padres,
ni los dioses lo sentarán a su mesa, ni las diosas le
admitirán a su palacio.

Así habla Virgilio en su Égloga IV, fascinado por tan fascinante espectáculo.

Me resulta difícil prescindir de la energía poética que tiene la ciencia y, además, creo que no conviene hacerlo. Ya sé que el astrónomo no debe cantar las glorias de la creación, sino buscar las leyes que rigen el girar de los astros, pero no estaría de más que nos comunicara, junto a la fórmula, la exaltación que le ha producido conocer la ajustada, limpia y precisa música de las esferas celestiales. A mí, al menos, no me importa, en este momento de la exposición, llamar en mi ayuda al Rilke que escribió la «Tercera elegía». También él asiste asombrado al conmovedor espectáculo del aprendizaje de la realidad. Habla a una madre para recordarle cómo «inclinaste sobre los ojos nuevos el mundo amigo, apartando el extraño», y, de paso, echa en falta aquellos instantes seguros y tranquilizadores.

¿Dónde, ay, quedaron los años cuando tú, sencilla,
con tu figura esbelta atajabas el caos bullente?

Este «caos bullente» que es, para el niño, el mundo de la experiencia va haciéndose familiar gracias a la capacidad traductora de la madre. Hacia el segundo mes, el niño comienza a dominar la tensión. En su vida hay muchos acontecimientos estremecedores: tiene hambre, frío, gases, su madre desaparece, el chupete está lejos, las cosas que parecían atraerle pierden de pronto su atractivo, tiene miedo. Hasta esa edad, el tema importante ha sido la regulación fisiológica, pero ahora sus tareas se complican más porque tiene que aprender a soportar niveles altos de tensión. La madre le ayuda o le estorba en esa tarea. Cuando lo hace bien, sin sobreexcitarle, va conduciendo al niño hasta nuevos niveles de estrés, ampliando la capacidad infantil para asimilarlo emocionalmente. La risa nos sirve de síntoma de este avance, porque el niño comienza a reírse en situaciones de tensión que antes le habían provocado llanto.

Una de las principales tareas de la madre en esta edad, dicen Fogel y Krystal, es permitirle soportar tensiones cada vez más intensas, y hacer que cesen cuando la emoción va a desbordar al niño, que entonces se queda tranquilo y satisfecho,

> aliviado bajo párpados
> soñolientos, disolviendo la dulzura de tu leve modo
> de dar forma a todo.

Esto me recuerda lo que Vigotski llamó «zona de desarrollo próximo», constituida por las actividades que el niño es capaz de ejecutar con la ayuda del adulto, pero que aún no es capaz de realizar solo. Como el tema cognitivo ha monopolizado el interés de los psicólogos, no se ha comprendido que un proceso análogo, y en mi opinión previo, ocurre en el ámbito afectivo. El niño soporta el miedo cuando está acompañado, pero tendrá que acabar soportándolo a solas.

Cuando un objeto nuevo aparece en su campo visual, el niño mira a su madre para leer en su expresión si ha de alegrarse o tener miedo. Si la ve sonriente no le importa separarse de ella e ir al encuentro de la novedad, pero si la madre hace un gesto de miedo, el niño corre a su lado en busca de refugio. Interpreta la expresión facial como un comentario acerca del mundo, que va descubriendo y evaluando en ese diálogo afectivo e informativo. Más tarde tendrá que hacer esas evaluaciones por su cuenta y riesgo, obligado a enfrentar a solas los tumultos emocionales, pero todavía es muy pequeño y vive en una realidad compartida, tramada por diálogos minuciosos que le proporcionan las informaciones afectivo-cognitivas con las que va a construir su mundo. Con la edad, por razones que tendré que explicar, irá interesándose cada vez más por la información cognitiva, que pretende desglosar el dato objetivo del comentario subjetivo, sentimental. Pero no debemos olvidar que la cartesiana planta del conocimiento brota del humus cálido de la afectividad.

3

En estos primeros años va configurándose el temple básico del niño, su radical instalación afectiva en la realidad. Benedek, Erickson, Laing hablan de «confianza básica», Neumann de «relación primigenia», Rof Carballo de «urdimbre afectiva». Que podamos confiar en el mundo o que el mundo sea una selva llena de trampas y asechanzas, va a depender en gran medida de estas experiencias primeras. John Bowlby ha estudiado la relación de apego que el niño trenza con las personas que le rodean. A partir de ella, va a construir un modelo de funcionamiento del mundo. Según Bowlby, «la presencia o la ausencia de una figura de apego determinará que una persona esté o no alarmada por una situación potencialmente alarmante; esto ocurre desde los primeros meses de vida, y desde esa misma edad empieza a tener importancia la confianza o falta de confianza en que la figura de apego esté disponible, aunque no esté realmente presente».

El niño establece un diálogo minucioso y continuo con su madre. Entre ambos se establece una correspondencia funcional, unas elocuentes pláticas sin palabras, una conversación silenciosa y rápida. Ocho réplicas y contrarréplicas por minuto profiere un niño pequeño. Se sorprende, imita, sonríe, ríe, se aburre, vuelve la cabeza, bosteza, sin romper nunca del todo su enlace con la mirada maternal. Esta interacción está construyendo la memoria personal del niño.

En estas largas y silenciosas conversaciones de la madre y su bebé de doce meses, hay tal sincronización en sus miradas que Bruner ha utilizado el término «realidad visual compartida» para designar la armonía de esta visión emocional. La madre está induciendo los cambios de humor del niño, enseñándole «cómo sentir», «cuánto sentir» y «si hay que sentir algo» sobre los objetos particulares del entorno. El efecto de este proceso psiconeurofisiológico sobre el desarrollo de la personalidad es profundo, ya que provoca un aumento de los sentimientos positivos que se requieren para proseguir el desarrollo emocional y cognitivo. Según muchos autores, en este periodo puede establecerse la «capacidad hedónica» (Meehl), la «afectividad positiva» (Watson y Clark) y «la intensidad afectiva» (Larsen y Diener). También parece dibujarse la topografía de lo interesante, de los aspectos del mundo personalmente relevantes para el niño (Van Lancker).

En 1989 Mary Ainsworth y John Bowlby recibieron el «APA's Award for Distinguished Scientific Contribution» por sus estudios sobre el apego. Ainsworth había prolongado los estudios de Bowlby, insistiendo en dos temas: el papel de la sensibilidad maternal en el establecimiento de un apego seguro y las diferencias individuales en la cualidad de estas relaciones. Diseñó una prueba para medir estas diferencias, la prueba llamada «situación extraña», que consiste en una sucesión de episodios que se realizan en una habitación desconocida, donde el niño está con la madre, con una mujer desconocida o solo. A través de los datos que se generan en los distintos episodios de ausencia breve de la madre, en el retorno, o en la interacción con la desconocida, se pueden distinguir tres tipos de apego. El primero es el *apego seguro.* Los niños con este estilo afectivo se entristecen con la separación, pero cuando su madre vuelve la buscan y pueden ser consolados. El segundo estilo es el *apego ambivalente.* Cuando la madre vuelve después de la separación, el niño quiere estar a su lado, pero no quiere ser consolado. El *apego de evitación* es el tercer estilo. Estos niños no hacen ningún esfuerzo para relacionarse con su madre cuando regresa. Cada tipo de apego da lugar a un estilo afectivo distinto. Los niños seguros muestran emociones positivas y negativas. Los niños ambivalentes experimentan más emociones negativas, mientras que los evitadores demuestran pocas emociones de cualquiera de los dos tipos.

Los diferentes tipos de apego influyen no sólo en la evolución afectiva del niño, sino también en el desarrollo de su inteligencia. No somos inteligencias puras, sino inteligencias afectivas. En el periodo que estoy describiendo posiblemente se constituye el sistema motivacional que incita a explorar o a enrocarse. Es, precisamente, el vigor del afecto, la referencia a la figura materna como base segura, la que permite al niño apartarse, explorar, dominar los miedos y los problemas. Al final del primer año, no sólo las acciones sino la simple presencia de la madre son fuentes de seguridad. Por el contrario, un rechazo crónico, un cuidador ausente o imprevisible o hipercontrolador, contribuirá a una relación afectiva insegura porque no enseña al niño a manejar adecuadamente la tensión.

La seguridad básica parece fundarse en la certeza de ser querido. Los niños gravemente privados de afecto presentan un desarrollo anómalo. Se cree que los sistemas de crianza ejercen un influjo decisivo, lo que ha suscitado investigaciones interculturales para comprobarlo. Ya he mencionado el empeño de los arapesh por inculcar este sentimiento básico en el niño. Se ha estudiado también el comportamiento de los bosquimanos del desierto de Kalahari, en el África Austral. En estos pueblos los niños son transportados por la madre continuamente hasta que pueden andar por sí mismos, el periodo de amamantamiento es largo, de varios años, y el niño está casi permanentemente en contacto con la madre o con un adulto. Y, lo que a mi juicio es más importante, en estas culturas hay una actitud acogedora generalizada hacia los niños pequeños, que viven dentro de una tupida red de vínculos, que va a servirles de protección cuando se encaramen al trapecio de su independencia y vuelen solos.

Todas estas experiencias van construyendo la memoria personal del niño, su representación activa de la realidad. La llamo «activa» porque permite asimilar nuevas informaciones, seleccionarlas y producir ocurrencias. Bowlby introdujo el concepto de *working models* para significar la manera como el cerebro recibe y almacena la información sobre el ambiente y sobre las habilidades del individuo para enfrentarse a él. Pensaba que los niños elaboran este modelo afectivo y cognitivo de las relaciones de apego durante el desarrollo más temprano. A lo largo del tiempo el niño elaborará otros modelos que se irán incorporando a su personalidad, de la que formarán núcleo importante, organizando los pensamientos, las emociones y las conductas. Por ejemplo, el niño que ha disfrutado de un apego seguro desarrolla una concepción del mundo de las relaciones como gratificante, confía en la disponibilidad de las personas con las que está relacionado, se ve a sí mismo como digno de aprecio, y es hábil para regular el malestar de manera adaptativa. Por el contrario, el niño inseguro percibe las relaciones estrechas como aversivas e insatisfactorias y desarrolla un concepto de sí mismo como devaluado e incapaz de merecer atención y cuidado. Una vez organizados, estos modelos operan en gran parte fuera de nuestra experiencia consciente y se hacen resistentes al cambio, precisamente porque actúan como intermediarios en la asimilación de nuevas informaciones. Con frecuencia sólo perciben aquello que viene a corroborar su forma de ver el mundo.

Silvan Tomkins, uno de los pioneros de la psicología de los afectos, sostuvo que la diferencia en el aprendizaje sentimental determina incluso el estilo de pensamiento. Ha elaborado una Escala de Polaridad, que sirve para definir lo que llama «posición humanista» y «posición normativa» en un amplio espectro de temas de investigación: matemáticas, ciencia, arte, educación, política, cuidado de los niños y teoría de la personalidad. Citaré alguna de las creencias que corresponden a la posición normativa (A) y humanista (B) para que el lector se distraiga con un diagnóstico de urgencia de su estilo intelectual:

A	B
1. Los números se descubren.	1. Los números se inventan.
2. Jugar es de niños.	2. Nadie es demasiado viejo para jugar.
3. La mente es un espejo.	3. La mente es una lámpara.
4. Ver llorar a un adulto es desagradable.	4. Ver llorar a un adulto es patético.
5. Si usted tiene una mala experiencia con alguien, su manera de caracterizarlo es diciendo que huele mal.	5. Si tiene una mala experiencia con alguien, su manera de caracterizarlo es diciendo que le dejó un mal sabor de boca.
6. Los seres humanos son básicamente malos.	6. Los seres humanos son básicamente buenos.

Tomkins supone que esas diferentes posturas ideo-afectivas son el resultado de diferencias sistemáticas en el aprendizaje de los afectos. Pone como ejemplo las actitudes hacia la aflicción *(distress).* Cuando el niño llora, el padre, siguiendo su propia postura ideo-afectiva, puede convertir la aflicción del niño en una situación de recompensa, abrazándole y consolándole. O puede, por el contrario, ampliar el castigo inherente a la aflicción oponiéndose al niño y a su tristeza. Le exigirá que deje de llorar, insistiendo en que su llanto contraviene alguna norma y amenazándole con aumentar su sufrimiento si no se calla. «Si no paras de llorar, te voy a dar motivos para llorar de verdad.» En el caso de que el niño internalice la postura ideo-afectiva del padre, la influencia de éste puede durar toda la vida. Es probable que acabe pensando que «el mantenimiento de la ley y el orden es la más importante obligación del gobierno», en vez de pensar que «el bienestar de los ciudadanos es la más importante misión del gobierno». Estas posturas ideo-afectivas son sistemáticas, es decir determinan un aprendizaje entonado de todas las demás emociones, lo que acaba produciendo un modelo de personalidad claramente definido.

Cada uno tenemos un estilo diferente de responder sentimentalmente a las situaciones. Ese estilo procede de nuestra constitución fisiológica y de los hábitos aprendidos. Una y otra vez tendremos que referirnos a esa realidad confusa que llamamos personalidad. La personalidad es lo que resulta de estos procesos constituyentes que estoy describiendo. Ya se lo contaré con más detalle.

4

El niño no para. Va organizando el mundo, construyendo su inteligencia, entendiendo a los demás, desconfiando de ellos. A los ocho meses comienza a sentir la angustia de la separación y el miedo a los extraños. Al finalizar el primer año de vida comienza un periodo de gran actividad. Aprende a andar y aprende a hablar: dos gigantescas ampliaciones de su mundo. Expansión física y expansión simbólica. Su mundo afectivo tiene que cambiar también. Muchos autores, entre ellos Bowlby, han señalado que las transformaciones afectivas de este periodo influyen decisivamente en el modo de ser de la personalidad emergente.

El niño hace una entrada gloriosa en su segundo año de vida. Aumentan sus emociones positivas, se encuentra exaltado y alegre, despliega una actividad infatigable, sonríe o ríe mientras se mueve, se esfuerza en mantenerse de pie, o en subir un escalón. Los neurólogos nos dicen que todo esto está relacionado con un alto nivel de activación del sistema simpático. Explora su entorno, lo manipula, lo maneja, y con esa actividad desarrolla inevitablemente la conciencia de su autonomía. Se siente un Yo ejecutivo y disfruta con ello. ¡Qué maravillosa experiencia golpear con la cuchara en la papilla o tirar el plato al suelo! ¡Cuánta novedad, ruido y pringue!

Pocos meses después comprende ya los sentimientos ajenos y empieza a obtener claves emocionales de las expresiones de su madre, pero todavía se comporta sólo como espectador, sin tratar, por ejemplo, de prestar consuelo a una persona afligida. Esto cambia enseguida. Radke-Yarrow menciona casos de niños de un año y cuatro meses que cuando ven a otro niño llorando se acercan a darle un juguete. Como contrapartida de tan benévolas acciones comienzan también a ser expertos en chinchar. Las investigaciones de Judy Dunn muestran que desde los dieciocho meses los niños perturban intencionadamente a sus madres, disfrutan saltándose las prohibiciones, engañándolas deliberadamente, tanteando hasta dónde pueden infringir las reglas. «Lo sorprendente», escribe Dunn, «es que los niños parecen anticipar el sentimiento de sus madres y encuentran placer en poder afectarla de esa manera.»

El niño tiene ya dos años. ¡Qué rápido pasa el tiempo! Pronto va a enfrentarse con la mayor crisis de su desarrollo: el conflicto entre la nueva autonomía que consigue y la antigua relación simbiótica que abandona. Su mundo afectivo va a sufrir rudos cambios. Aparecen otros sentimientos en los que intervienen las normas, el juicio sobre el comportamiento propio y ajeno. Descubre el sentido de la responsabilidad y entran en la vida las miradas ajenas, poderosas, acogedoras o terribles como dioses lejanos.

La aparición de la mirada ajena ha hecho que me acuerde de Jean-Paul Sartre, a quien obsesionó el tema, y he buscado una «autobiografía» suya que hace años comencé a escribir. En ella leo: «Mi vida, mi carácter y mi nombre estaban en manos de los adultos. Yo había aprendido a verme con sus ojos; yo era un niño, ese monstruo que ellos fabrican con sus pesares. Nunca estaba a salvo de las miradas ajenas, lo que me obligaba a componer el gesto de continuo, para adelantarme a sus deseos. Yo era aquel despliegue de virtud que les colmaba. Pero cuando estaba a solas, privado de ese andamiaje, no sabía lo que debía sentir, ni cuáles eran mis preferencias. Hasta tal punto me había identificado con el afán de gustar a los demás, que no acertaba a averiguar lo que me gustaba a mí mismo. Lejos de experimentar mis emociones, mis afectos y preferencias, me veía obligado a crearlos, a empujarlos y darles vida. Yo no era nada; sólo una transparencia imborrable.» Esto era una paráfrasis de *Les mots,* un bello y falso libro.

Afortunadamente, los niños suelen disfrutar al ser mirados con cariño: «¡Mira cómo salto!», «¡Mira lo que hago!» son un frecuente reclamo de atención.

Aparecen sentimientos más complejos, que andan sobre dos patas: la responsabilidad personal y la conformidad a unas normas. La alegría y la tristeza son sentimientos simples, pero el orgullo, la vergüenza o la culpa son complejos. Es lógico que tarden en llegar al corazón infantil. Los niños de cinco años, cuando se les pregunta, dicen que después de un triunfo deportivo estarían contentos, y después de robar unas monedas estarían asustados por miedo a ser descubiertos, pero no mencionan aún sentimientos de orgullo o de vergüenza. Entre los seis y siete años se refieren a ellos, pero sólo si sus padres han sido testigos de la acción. Si no están allí, niegan sentir ninguna de las dos emociones. Es frecuente que a esa edad se las atribuyan a sus padres y no a ellos mismos: «Mamá estará orgullosa de mí si hago esto.» Esto me parece una preciosa muestra de hasta qué punto estos sentimientos son sociales. Puedo sentirlos yo o quien me ve, con tal que estén afectivamente enlazados conmigo.

Alrededor de los ocho años, los niños reconocen que se puede sentir orgullo y vergüenza aunque no haya público, y comienzan a sentirse orgullosos o avergonzados de sí mismos. Una dualidad irremediable se instala en su conciencia. Se convierten, nos convertimos, en actores y jueces en una sola pieza. La vida se nos va a complicar muchísimo: son los inconvenientes de la reflexión y de la libertad.

5

No acaban aquí los líos. En esta especie de juego de las divisiones en el que el niño se separa de la madre, las miradas se descentran, el propio Yo se convierte en observador y observado, el niño se da cuenta de que una misma situación puede producir emociones contradictorias.

A pesar de su energía mental, que cada día me impresiona más, los niños tienen que sentirse confusos. Para los más pequeños, el mundo está más claro: hay cosas que producen sentimientos positivos y otras que producen sentimientos negativos. Son buenas o malas sin reserva. Pero a los seis años comienza a hablar de situaciones que le provocan dos emociones, alegría y vergüenza, por ejemplo. Todavía piensa que una sigue a la otra. A los ocho años admite que dos sentimientos pueden ir juntos, con tal que sean los dos positivos o negativos: miedo y tristeza, o excitación y alegría. Por fin, a los diez años son ya capaces de integrar dos sentimientos opuestos. Es como si el campo de la conciencia se hubiera ampliado y el niño pudiera sembrar en él simultáneamente flores y hortalizas, maíces y plantas venenosas.

A todo esto ha ido apareciendo en su vida otro elemento sorprendente, que nos va a dar mucho que pensar a lo largo de este libro. Oye decir que los sentimientos pueden controlarse y que, en muchas ocasiones, deben controlarse. Empieza a sentirse, tal vez, culpable de lo que siente sin saber la manera de evitarlo.

En fin, la constitución de la personalidad afectiva es un proceso estimulante o dramático, amable o trágico, lleno de claridades y tinieblas. Resulta patético, por ejemplo, leer las descripciones que Kafka nos dio de su infancia. La minuciosa descripción de su sentimiento de culpabilidad, de vergüenza y de miedo, la «misteriosa inocencia, el misterioso poder» que hacía invulnerable a su padre, y que a él le encerraba en un círculo sin salida. «Tú, que tan prodigiosa autoridad tenías a mis ojos, no respetabas las órdenes que tú mismo dictabas. De aquí resultó que el mundo se dividió en tres partes: una, aquella en que yo vivía como esclavo, sometido a leyes que sólo habían sido inventadas para mí y que, por añadidura, nunca podía cumplir satisfactoriamente, sin saber por qué; otra, que me era infinitamente lejana y en la cual vivías tú, ocupado en gobernar, en dar órdenes y en irritarte porque no se cumplían; por último, la tercera, en que los demás vivían dichosos, exentos de órdenes y de obediencia.»

Al darle vueltas a estos asuntos me he acordado otra vez de G. M., el desconocido personaje que según mi abuelo era incapaz de querer a nadie. He buscado los antiguos libros de la editorial Félix Alcan, para revisar los márgenes y las páginas en blanco, por si puedo recuperar esa historia perdida. Al comienzo de uno de ellos –*Esquisse d'une psychologie fondée sur l'experience,* escrito por el doctor Harald Höffding– he encontrado una nota de mi abuelo que dice así: «Para la comprensión de G. M. conviene tener en cuenta lo que dice el pensador y agitador religioso Sören Kierkegaard, compatriota de M. Höffding, cuando escribe, en una obra titulada *El concepto de la angustia,* que la reserva es demoníaca.»

No sé de dónde sacó mi abuelo esa referencia, porque en su tiempo Kierkegaard era un pensador poco conocido. Tal vez la recibiera de Unamuno o la leyera en Höffding, que escribió un libro sobre el filósofo. He ido a buscar el texto en *El concepto de la angustia.* Espero que la historia de G. M., a quien esta fragmentariedad vuelve enigmático o enigmática, no me absorba demasiado. Para Kierkegaard, leo, las palabras son salvadoras porque permiten la comunicación. El reservado no quiere compartir nada y semejante mezquindad debe de provenir de algo espantoso que guarda en su interior. Por eso es una figura demoníaca. La contundencia del texto me hace sospechar que está hablando de algo que afectaba profundamente al autor. ¿Qué tendrá que ver esto con G. M.? ¿Guardaba algún secreto? ¿Por qué se guardan los secretos? ¿Sería su incapacidad de amar la triste huella de su infancia?

6

He descrito la biografía de la afectividad, pero tal vez me he olvidado de la biografía del sujeto. Al mismo tiempo que aparecen y se consolidan los modelos afectivos, aparecen y se consolidan los esquemas intelectuales. En 1954 Jean Piaget, tal vez haciéndose eco de las críticas recibidas por la excesiva intelectualización de su psicología evolutiva, escribió: «Si nuestras hipótesis son exactas, podremos colocar paralelamente, estadio por estadio, las estructuras intelectuales y los niveles de desarrollo afectivo. Puesto que, en efecto, no existe estructura sin energética, y viceversa, a toda estructura nueva debe corresponder una nueva forma de regulación energética, a cada nivel de conducta afectiva debe corresponder un cierto tipo de estructura cognitiva.»

Seguimos necesitando esa integración. El estudio de nuestra biografía sentimental revela una historia complicada. Nuestro primer contacto con la realidad es afectivo. El niño está movido por sus intereses, por su curiosidad, por su necesidad de comunicarse y entender a los otros, y en este proceso la inteligencia se va haciendo objetiva, hasta el punto de objetivar los mismos valores que eran vividos en el sentimiento. Entonces puede pensar sobre ellos e incluso evaluarlos y distinguir entre sentimientos buenos y sentimientos malos, correctos o incorrectos, adecuados o inadecuados. De esta manera la inteligencia afectiva va añadiendo nuevas rutas al laberinto que vamos a recorrer. A través de todas estas aventuras y desventuras, el niño va configurando su personalidad.

¿Y ahora qué hacemos? Por de pronto, dejaremos que el niño se vaya a jugar. Ya le hemos incordiado bastante.

Limpio, lavado, fresco
es este día,
sonoro
como cítara verde,
yo entierro
los zapatos
en el lodo,
salto los manantiales,
una espina
me muerde y una ráfaga
de aire como una ola
cristalina
se divide en mi pecho.

Ni el lector ni yo podemos irnos a ver los pájaros, como el niño de Neruda. Ya tenemos el zurrón lleno de informaciones y ha llegado el momento de internarnos en el laberinto, si es que todavía se atreve.

4. JORNADA PRIMERA: LA ENTRADA AL LABERINTO

1

La conocí en Gante durante una exposición de azaleas. Hablamos sobre un raro ejemplar de impertinentes flores anaranjadas. Más por interesarla que por otra cosa, afirmé con suficiencia que me recordaba la variedad Exbury que uno de los Rothschild consiguió en su finca del sur de Inglaterra.

Luego charlamos sobre rododendros, los parientes malvados de las azaleas, plantas que estimulan mi locuacidad como un ataque de ira porque me han hecho sufrir como sólo saben hacerlo las mujeres bellísimas y perversas. Así comenzamos a hablar de sentimientos.

El tema volvió a salir mientras contemplábamos el *Tríptico del Cordero Místico* de Jan van Eyck, cuadro que, después de las azaleas, es el más preciado tesoro artístico de la ciudad. Salvo algunos ángeles cantores que están ligeramente enfurruñados, todos los personajes exhiben una serenidad de máscara. La mirada de Adán, que a ratos me parece ensimismada y a ratos melancólica, resulta mas enigmática que la sonrisa pava de la Gioconda. Comenté que me pasaba lo mismo que a los niños: me desconciertan los rostros inexpresivos.

Seguimos hablando de arte, azaleas, emociones y berzas mientras comíamos. Estaba yo descortésmente concentrado en un souflée cuando me preguntó: «¿Crees que sentirse traicionada es un sentimiento?» Reflexioné con cierta morosidad que la impacientó.

«¿Por qué piensas tanto una respuesta tan sencilla? Te puedo asegurar que es un sentimiento.» Me excusé como pude: «Estaba pensando si podría reducirse a la tristeza o al desengaño.»

Me faltó el canto de un duro para darle una conferencia pospandrial sobre el desengaño. Menos mal que, además de los ángeles que censó Alberti (ángeles bélicos, ángel de los números, ángel sin suerte, ángeles de la prisa), hay un ángel de los pedantes que nos protege, y callé. Me costó trabajo, porque he pensado mucho sobre el desengaño. Es la desagradable experiencia de librarnos del engaño. Un pesar, por lo tanto, muy poco filosófico. Al salir de un error que nos había cobijado nos sentimos expulsados de un precario paraíso.

«Eres un ingenuo», continuó Marta, «si crees que los sentimientos se pueden analizar. Sentimos muchas cosas al tiempo, embarulladas y cambiantes. Cuando mi marido se lió con una muchachita californiana, una criatura fanática de los zumos de zanahoria, del aerobic y de los buenos expedientes académicos, me sentí sorprendida, confusa, irritada, humillada, triste, sola. Creo que lo que no perdoné a mi ex fue que me obligara a tener que inventar un futuro que yo imaginaba estable. Si he de ser sincera, casi me dolió más tener que inventarme un pasado que ya no sabía cómo había sido. Podría resumirlo todo diciendo que me sentí traicionada, porque la traición fue el origen de mi embrollo sentimental, pero no haría mas que poner un nombre claro a un estado confuso.»

El idioma castellano considera que el sentimiento que acompaña al desengaño es el *despecho.* En ese momento no sabía si estaba hablando con una mujer despechada. Me he acordado de Marta, de quien ya les he hablado en otro libro, porque en este capítulo tengo que entrar de una vez en el laberinto sentimental, y si ella tiene razón, si no es posible analizar los sentimientos, si tan sólo podemos experimentarlos y empaquetarlos léxicamente, más vale que descabelle este libro y me despida.

No lo hago porque creo que no tiene razón. Prefiero hacer caso del optimismo de Spinoza, que pretendió hacer una geometría de las pasiones; o de Theodule Ribot, una de las lecturas de mi adolescencia, autor de una lógica de los sentimientos; o de la afirmación de Pascal, el sentimentalísimo matemático que anda por la historia diciendo que el corazón tiene razones que la razón no conoce –uno de esos refrancillos filosóficos que todo el mundo repite sin saber–, pero añadiendo algo enigmático y menos conocido: «Es menester que la razón se apoye sobre estos conocimientos del corazón y del instinto, y que fundamente en ellos todo su discurso.» La confianza en la inteligibilidad de la vida apasionada no es cosa de ayer. Nico Frijda ha enunciado doce leyes de la emoción, y todavía vive.

Aunque no me fío un pelo de los poetas, porque bien sé que mienten mucho, citaré «Investigación del tormento», de Carlos Bousoño, para suavizar mi desacuerdo con Marta. Un poema apropiado solventa cualquier situación difícil.

> Toda emoción
> sigue ordenadamente una pauta,
> obedece a un dictado,
> interpreta concienzudamente la vida.
>
> Siempre nos dice algo
> sabroso y repentino
> sobre la realidad que examina.
>
> Tiene rigor de axioma,
> pero no sólo es eso,
> deduce sin titubear,
> no vacila como la claudicante razón,
> menesterosa, torpe, indecisa.

En las penúltimas décadas, la psicología ha despreciado el estudio de la conciencia y de su fauna porque pensó que era un terreno sólo accesible a la introspección. O sea, científicamente inaccesible. Se quiso sustituir el concepto de emoción por el de respuesta observable, fuera conductual o fisiológica. Ninguna de las dos permite estudiar las emociones con suficiente finura, y menos aún los sentimientos. En este libro espero mostrar que los fenómenos afectivos son *respuestas conscientes* y que la ciencia puede estudiarlos.

Una ciencia de la afectividad ha de tener un doble propósito: describir lo que sucede, los alborotos anímicos que nos envenenan o salvan, y, después, explicarlos, buscar sus causas, leyes, regularidades. Tiene que elaborar la geografía sentimental antes que su geometría; anteponer su estética a su química.

Comenzaré, pues, describiendo. O mejor, comenzaremos explorando y comentando después lo que hemos visto.

2

Lo primero que hay que decir es que los sentimientos son *experiencias conscientes en las que el sujeto se encuentra implicado,* complicado, interesado. El conocimiento mantiene una relación distanciada con las cosas: en eso consiste la objetividad. No me enarbolo cuando veo un árbol. Me entristezco, en cambio, cuando veo un espectáculo triste. La lengua castellana expresa sabiamente esta implicación afectiva conjugando los sentimientos en la misteriosa voz media: *me siento* alegre, triste, deprimido, feliz, enamorado. En cada una de esas frases hay una presencia reduplicativa del sujeto. Es él quien siente, pero también es una parte de lo sentido. Se siente a sí mismo triste, alegre o desesperado.

Los objetos forman aleación con el yo, se entraman con él. Le afectan. Ésta es la experiencia inaugural de nuestro trato afectivo con la realidad. El sujeto está en el sentimiento. Vive sentimentalmente, alumbra el mundo con su luz sentimental. Como la luna.

Los fenómenos afectivos aparecen en la conciencia sin que el sujeto intervenga. Más que autores, somos víctimas o beneficiarios. Ante las ocurrencias sentimentales nos encontramos siempre inermes. ¡Quién pudiera elegir su amor, disipar la vergüenza, enfriar el odio, encalmar la angustia, animar el aburrimiento o prender la alegría! El hombre lo ha intentado todo para cambiar de estado de ánimo a voluntad. La heroína de novela y la heroína de jeringuilla, el arte y la guerra, el arco del violín y el de las flechas, la cultura entera son, entre otras cosas, inventos para animar las tardes de domingo.

Algunos sentimientos no tienen un desencadenante claro. Me encuentro deprimido, irritado, cansado, sin saber por qué. Son un resumen consciente de acontecimientos desconocidos, posiblemente biológicos. Otros, por el contrario, surgen en una situación definida. Así aparecen la admiración, el miedo, la ira. Me informan de cómo me afectan las cosas del mundo.

Hay, pues, sentimientos que están más o menos centrados en mí. Todos me afectan, todos hablan de mis intereses, pero unos son confidencias sobre mi estado, mientras que otros parecen contarme o cantarme los valores del mundo. ¿Cómo voy a decir que esta jubilosa luz del mar que amanece es una creación de mi subjetividad? Está ahí, frente a mí, demasiado enérgica para creer que esté causada por la euforia que ella misma me produce.

Sin embargo, soy condición de su aparecer. ¡Notable responsabilidad! Sin mí, que estoy mirando desde la costa, a saliente, no habría amanecer, ni rojos, ni oros viejos, ni esta calma tensa que preludia la aparición del sol. El alba va madurando como una granada que estallará cuando quiera. Pero en este instante el mismo sol que aguardo con impaciencia se está poniendo para otros ojos que miran nostálgicos el crepúsculo que se les viene encima.

«Condición de su aparecer.» A esto lo llamaba Kant «forma a priori de la sensibilidad» o «categoría». El ser humano hace posible lo que le emociona. No lo crea de raíz, puede hacer poco para liberarse de su influjo, pero funda la aparición de ese nuevo orden, el de los objetos del amor, del deseo, del horror, de la amargura. Abre el campo de los valores, como el sol –que tras hacerse rogar ahora sube solemne por una bóveda fingida– devuelve los colores a las cosas. *«Ex luce color»,* decía un adagio medieval. De la luz procede el color. Pues bien, del hombre proceden los valores.

Rilke, en una de sus brillantes arbitrariedades, contrapuso el modo humano y el modo animal de estar en la realidad. Le parecía que sólo el animal ve con plenos ojos *lo abierto.* Los seres humanos hemos empobrecido nuestra mirada al someterla a una torsión que nos impide ver lo de fuera.

> Ya al niño
> le torcemos, obligándole a que vea
> hacia atrás lo formado, no lo abierto,
> tan profundo en el animal.

Nunca tenemos por delante, ni por un momento, el puro espacio en el que las flores se abren interminables. Siempre hay mundo y nunca un puro ver todo y verse en todo, a salvo para siempre, como hace el animal, que mudo alza la mirada y nos traspasa:

> Los sagaces animales ya notan
> que no estamos muy confiadamente en casa
> en el mundo interpretado.

Bellos poemas. Y falsos. Los animales viven también en un mundo interpretado. A su manera, claro está, no a la nuestra. Todos vivimos en un nicho ecológico, en una casa, que es el vaciado de nuestras facultades y necesidades. El murciélago habita el murcielagocosmos, un mundo donde los colores se oyen en la oscuridad. El mundo de las gaviotas es el empuje amplio de las corrientes cálidas, el aire grande y la luz despejada y una sombra apetitosa bajo el rizado mar y el remontar el vuelo tras el chapuzón y los múltiples gritos, y la llamada de la cala lejana para dormir la noche.

Organismo sensitivo y mundo forman una unidad funcional. Cada especie animal vive en su mundo, y lo que llamamos realidad es lo que está más allá de cada horizonte, también del nuestro. No se trata de un horizonte lejano y geográfico, sino de un horizonte próximo, que en el interior de cada cosa separa lo ofrecido a nuestro sentir de lo inaccesible.

¡Ojalá supiera construirme un mundo cálido y estimulante!, me diría a mí mismo si supiera que nadie me oyc. Pero lo dejaré para mejor ocasión, por si acaso.

3

¿Pero quién es, qué es, ese sujeto que experimenta sentimientos? En primer lugar, es un organismo que vive en interacción constante con el ambiente. De él recibe la energía necesaria para sobrevivir. Tiene por lo tanto necesidades, aunque acaso no lo sepa. Mis patatas ignoran que necesitan nitrógeno, fósforo y mucho potasio. Satisfacen sus necesidades con procedimientos físico-químicos. Los seres humanos somos más complicados, claro está. Nuestras necesidades no se satisfacen con tan sencillos métodos. Tenemos que ganarnos la vida. Así andamos de agitados. Somos omnívoros, pero sobre todo somos informávoros. Asimilamos información y mediante ella dirigimos nuestra acción para conseguir lo que precisamos.

Las cosas nos interesan cuando afectan a nuestros intereses. Y nuestros intereses son vivir y satisfacer las urgencias de nuestra naturaleza, que es una compleja mezcla de biología y cultura. Por su culpa o gracias a ella somos seres insaciables ya que prolongamos con nuevos proyectos el impulso amplio de nuestras necesidades. Un ser sin necesidades, o sin deseos –que son la elaboración consciente de una necesidad–, tal vez pudiera permanecer inmóvil, pero no es nuestro caso. Sólo la acción nos libra de la muerte. Pero el impulso de vivir es a la vez tozudo e incierto.

Nuestros órganos sensitivos nos proporcionan datos sobre lo que nos rodea y sobre nosotros mismos. Pero necesitamos, además, reconocer lo conveniente y lo perjudicial, lo bueno y lo malo –lo que, resumiendo, llamamos valores–, porque estamos forzados a actuar. No podemos no hacer nada. El dinamismo vital nos condena a la acción. Si me quedo sentado, inmóvil, observando cómo el mar crece y descrece, con esta tenacidad que parece pretender algo, o mirando cómo engordan las piñas de ese pino, también estoy actuando.

Para poder sobrevivir, el ser humano, como todos los animales, necesita distinguir las situaciones favorables de las desfavorables. En su libro *The Biological Origin of Human Values,* George Pugh ha mostrado que la evaluación es necesaria para cualquier sistema que necesite hacer elecciones complicadas. Incluso los sistemas artificiales de decisión, una vez que han alcanzado cierto nivel de complejidad, convergen hacia diseños dirigidos por valores. Toda heurística, es decir, todo sistema de búsqueda o de resolución de problemas que no puede probar todas las soluciones, sino que tiene que elegir atajos, dejar de lado caminos posibles, arriesgarse perdiendo seguridad para conseguir rapidez, ha de contener forzosamente un sistema de valores.

El ser humano, además, tiene que saber cómo se encuentra su organismo. Si está cansado, hambriento, relajado o tenso. Cuando tenemos sueño no estamos teniendo una experiencia cognitiva. Sentimos cansancio, deseo de cerrar los ojos, un ligero vértigo que nos incita a arrojarnos al sueño como si fuera un precipicio acogedor. Cuando era niño y tenía sueño venía el hombre del saco a depositar su carga sobre los párpados, pero creo que ahora ya no lo hace. Un análisis de sangre me hace saber que una persona está anémica, pero ella ha sentido ya el cansancio, el desmadejamiento, el desinterés.

Siempre estamos atravesando olas donde se cruzan infinitos rumbos, y estaríamos perdidos si no tuviéramos algún sextante subjetivo y alguna estrella objetiva con que guiarnos. Afortunadamente, tenemos tres modos de orientar nuestros pasos.

Primero, las *sensaciones de placer* y *dolor.* En segundo lugar, los *deseos,* las ganas. Por último, los *sentimientos.* Sin estas experiencias, que revelan un mundo hosco o amable, cálido o gélido, no sabría cómo obrar. Los afectos aparecen en el reino de la acción. En las aperturas del vivir. Son un eslabón consciente en la cadena de la motivación.

Los sentimientos son también el balance de la interacción entre nuestras necesidades y la realidad. Nos sirven para rastrear nuestras necesidades. Todo acontecimiento que produzca en nosotros una resonancia afectiva es importante por alguna razón. La desconocida textura de nuestro corazón podemos descifrarla a partir del lenguaje cifrado de los sentimientos.

El estudio del mundo afectivo enlaza lo más general y lo más concreto. Tenemos que estudiar los sentimientos como «formas generales de la afectividad», respuestas conscientes a situaciones comunes a todo el género humano, esencias fenomenológicas. Lo que nos ocupa entonces son estructuras universales: miedo/peligro, furia/obstáculo, tristeza/pérdida. Pero esto no satisface mi curiosidad porque se trata de descripciones generales y lejanas. Nos interesa saber por qué sentimos como sentimos, por qué uno ve tantos peligros, y otros tantas amenazas, y otros tantas pérdidas. Por qué unos buscan la aventura y otros la guarida.

Una misma situación produce sentimientos distintos a distintos sujetos. No nos enamoramos todos de la misma persona. Afortunadamente, porque tal situación provocaría tremendos problemas de tráfico. En nuestra vida sentimental hay constancia y variación. Los niños tienen ya un estilo afectivo propio. Unos son medrosos, otros iracundos; unos activos, otros pasivos; unos emotivos, otros indiferentes. Como vimos en el capítulo anterior, genética e historia, personalidad y situación, estructura sentimental y coyuntura biográfica, son elementos dispares que influyen en mi vida afectiva. A todos nos gustaría saber responder a una pregunta en la que literalmente nos va la vida: ¿Por qué siento como siento?

4

Lo que veo al explorar los sentimientos son historias. Sobre ellas tendré que teorizar, cuidando de no perder su palpitación concreta. Antes de hablar del amor hay que estudiar las historias del amor, sus peculiares hechuras, sus diferentes facciones. Y lo mismo con los demás sentimientos. Para que nuestros análisis no diseccionen el aire es imprescindible realizarlos sobre ejemplos. En fin, que este laberinto sentimental va a estar habitado por muchos personajes, cuyas aventuras y desventuras tendré que contar. Voy a empezar narrando algunas historias del miedo, un sentimiento que intoxica a menudo nuestras vidas.

¿Qué paisajes vería un ser sin miedo? La realidad se le ofrecería en franquía, no entenebrecida por los temores que la cambian como un calidoscopio. Todos sentimos miedo. Es un sentimiento que nos advierte que nuestra vida, nuestro bienestar, las personas a las que amamos, nuestros proyectos, están en peligro. Es decir que nuestras posesiones o nuestros amores –cosas que separo por razones que ya explicaré al lector– pueden sufrir un daño, y yo con ellos.

Sentimos miedo en diferentes ocasiones, pero no todos en las mismas, ni con la misma intensidad, ni con idéntica frecuencia. Hay personas tímidas o miedosas o pusilánimes a las que cualquier cosa asusta.

En este instante me acuerdo de Malte Laurids Brigge y de sus terrores. «Todos los miedos perdidos están otra vez aquí», escribió en sus cuadernos. «El miedo de que un hilito de lana que sale del borde de la colcha sea duro, duro y agudo como una aguja de acero; el miedo de que este botoncito de mi camisa de noche sea mayor que mi cabeza, grande y pesado; el miedo de que esta miguita de pan que ahora se cae de mi cama, sea de cristal y se rompa abajo, y el miedo opresor de que con eso se rompa todo, todo para siempre; el miedo de que la tira del borde de una carta desgarrada sea algo prohibido que nadie debiera ver, algo indescriptiblemente precioso, para lo cual no hay lugar bastante seguro en el cuarto; el miedo de que si me duermo me trague el trozo de carbón que hay delante de la estufa; el miedo de que empiece a crecer cierto número en mi cabeza hasta que no tenga ya sitio en mí; el miedo de que me pueda traicionar y decir todo aquello de que tengo miedo, y el miedo de que no pueda decir nada, porque es todo inestable, y los otros miedos... Los miedos.»

Pobre Malte, perdido en la noche sin objetos –en una habitación donde las puertas cerradas no protegen de nada ni de la nada, y donde el silencio se agazapa en las habitaciones vacías como un gigantesco animal, esperando no se sabe qué ocasión propicia–, con qué angustia te vuelves hacia la infancia, cuando los terrores tenían remedio. «¡Oh, madre: tú, la única que ha atajado todo ese silencio, antaño en la niñez! Que lo tomas en ti, y dices: no te asustes, soy yo. Enciendes una luz, y ya eres tú el ruido. Y la pones ante ti y dices: soy yo, no te asustes. Y la pones despacio, y no hay duda: eres tú, tú eres la luz en torno de las acostumbradas cosas cordiales, que están ahí sin segundas intenciones, buenas, sencillas, sin doblez.»

Dejemos a Malte Laurids Brigge recuperando su calma. Con excesiva frecuencia no son las situaciones reales las que nos dan miedo, sino las interpretaciones que nos damos de ellas. De la realidad nos llegan infinitos mensajes dirigidos «a quien puedan interesarles». En este instante, el lector está rodeado de miles de ondas electromagnéticas –cósmicas, frecuencia modulada, televisión, luces no visibles, sonidos no audibles– que es incapaz de descodificar. Llevan mensajes que no son para nosotros, a no ser que inventemos aparatos que los traduzcan al lenguaje de nuestros sentidos. Lo mismo ocurre con los mensajes afectivos. Lanzamos continuamente mensajes hostiles, de socorro, de ayuda, que tal vez no encuentren los receptores adecuados. Estamos rodeados de mensajes de amor sin destinatario conocido.

¿Qué hace que una situación parezca aterradora a unos e indiferente a otros? Hace unos meses paseaba de noche por Toledo, acompañando a una amiga nada asustadiza. Había un silencio oscuro. De repente escuchamos una risa en falsete, burlona, cuya procedencia no localizamos. Surgió como un cabrilleo sonoro y desapareció. Mi amiga se sobresaltó. Sólo dijo: «Qué desagradable.» Anduvo un rato sin decir nada. Luego bruscamente añadió, como si su silencio sólo hubiera sido una pausa: «Me pareció el diablo.»

¿Por qué unos temen la novedad y otros la buscan? ¿Qué es lo que transmuta una amenaza en un desafío? ¿De dónde mana el ánimo, el sentido del humor, la alegría? Las teorías modernas dicen que los sentimientos son producto de una evaluación cognitiva de la realidad. Repiten lo que hace muchos siglos dijo un esclavo con talento, Epicteto: «Al hombre no le hacen sufrir las cosas, sino la idea que tiene de las cosas.»

Richard Lazarus, uno de los pioneros de este enfoque, sostiene que los sentimientos dependen de dos evaluaciones previas que realizamos automáticamente. La primera nos dice si la situación es beneficiosa o perjudicial para nosotros, agradable o desagradable. La segunda juzga nuestra capacidad para enfrentarnos con ella. Tememos los sucesos que no podemos controlar. El alpinista experto disfruta con situaciones que a los demás nos producirían espanto. Los modernos han descubierto el Mediterráneo. Hace más de un siglo que Nietzsche escribió: «Nuestro intelecto, nuestro querer, nuestros sentimientos, dependen de nuestros juicios de valor.»

Otros autores proponen evaluaciones más complejas. Por ejemplo, Roseman ha seleccionado cinco criterios de evaluación por los que una situación queda en condiciones de despertar un sentimiento bien definido. No le malinterprete el lector. No se trata de que, a la vista de una situación, saquemos un test y sometamos la realidad a un examen de selectividad. No. Lo normal es que el sentimiento aparezca bruscamente. Pero nuestros mecanismos mentales tienen la costumbre de realizar actividades de las que no somos conscientes. Tal vez lo hagan para dar que pensar a los psicólogos. Por ejemplo, el ciervo está bebiendo en el río, envuelto de una maraña sonora. Suenan el agua, las hojas, los pájaros, los monos. De repente, el ciervo deja de beber, alza las orejas y adopta una tensa postura de alerta. Ha percibido en aquella barahúnda un sonido «nuevo» e inquietante. Este fenómeno parece claro. Los fisiólogos lo llaman «reflejo de arousal». Pero a mí me parece muy oscuro. ¿Cómo puede el animal reconocer un estímulo «nuevo»? Comparándolo con los viejos. Pero esto no es una solución, sino el problema, porque para que esa comparación sea posible el ciervo necesita tener un fichero de experiencias viejas con las que comparar el ruido que le ha sobresaltado. Eso supuso Sokolov, uno de los grandes estudiosos del tema: nuestro sistema nervioso mantiene continuamente una representación de todos los estímulos recibidos con los que compara sin parar los recién llegados. Ya ve el lector que somos organismos muy industriosos, aplicados y discretos. La mayor parte de nuestros trabajos la realizamos sin que nadie lo sepa. Ni siquiera el propio sujeto. Vivimos de incógnito con nosotros mismos.

Eso es lo que sucede con las evaluaciones. No tenemos conciencia de realizarlas, pero al analizar un sentimiento llegamos a la conclusión de que el sujeto ha tenido que realizar algunas operaciones mentales para experimentarlo. Ésas son las evaluaciones. Volvamos a las tesis de Roseman (I. Roseman: «Cognitive determinants of emotion», en P. Shaver [ed.]: *Review of Personality and Social Psychology,* 5, 1984). La primera evaluación nos dice si algo aparece como apetitoso o aversivo, si se experimenta como recompensa o castigo, si gusta o disgusta. Es la evaluación más simple.

A continuación, una nueva evaluación nos dice si lo que se desea, lo que nos hemos representado como atractivo o repulsivo, está presente o ausente. Un mal presente produce daño, aflicción, tristeza; un mal futuro, aprensión, miedo, angustia. Un bien presente, alegría; un bien ausente, deseo. Un bien perdido, remordimiento, o melancolía.

Una nueva evaluación nos proporciona más datos para definir el sentimiento, al informarnos sobre la probabilidad de que se produzca lo que queremos o tememos. Un bien ausente probable se vive esperanzadamente. Un bien futuro improbable con inquietud. Un bien futuro imposible, con desesperación.

La cuarta evaluación depende de la idea que el sujeto tiene sobre si merece o no el resultado. Rabia, orgullo, envidia, vergüenza, culpa, dependen de esa evaluación.

La última se refiere a la atribución de la causalidad. ¿Qué o quién ha causado el suceso? ¿Ha sido voluntaria o involuntariamente? Una desgracia no se vive afectivamente de la misma manera si ha sido accidental que si ha sido voluntariamente provocada.

Todas estas teorías tienen su parte de verdad. Ciertamente, no se suele tener miedo de algo que puede evitarse o dominarse con facilidad. Pero no es toda la verdad, porque podemos tener miedos absolutamente injustificados. Se puede temer a una persona que no tiene poder sobre uno, o a una situación que se sabe exenta de peligros. Jeffrey A. Grey, un especialista en miedos, ha contado la historia de una de sus pacientes, una mujer de treinta años, casada y sin hijos, víctima de un ritual obsesivo-compulsivo. Con frecuencia se sentía impelida a lavarse las manos de forma estereotipada una y otra vez (siempre en múltiplos de cuatro) hasta que súbitamente sentía que la compulsión había terminado. En ocasiones necesitaba ejecutar este ritual más de cien veces antes de conseguir la liberación final. Cuando sentía la compulsión se sentía también angustiada, y su angustia desaparecía únicamente tras la ejecución completa del ritual.

Los estímulos que desencadenaban la compulsión podían agruparse en tres categorías: objetos relacionados con astillas de vidrio, estímulos relacionados con suciedad y estímulos relacionados con la posibilidad de embarazo. De los tres, el agente provocador menos temido eran los vidrios rotos, e incluso en este caso el miedo era tan fuerte, que costó trabajo conseguir que la paciente tolerase tocar la mano del terapeuta cuando éste había tocado el cristal intacto de una ventana con su otra mano. Estos miedos irracionales no se explican con un simple sistema de evaluaciones sucesivas o en paralelo.

Las teorías de la evaluación no responden a una pregunta elemental. ¿Por qué las personas tienen distintos sistemas de evaluación? ¿Cuál es su génesis? ¿Se heredan o se aprenden? La pregunta nos pone de patitas en medio del pantanoso campo de los estudios sobre personalidad.

5

Sabemos que hay miedos innatos y miedos adquiridos. Entiendo por miedos innatos los desencadenados por estímulos no aprendidos. Los pájaros que se alimentan de serpientes presentan un miedo innato a las serpientes venenosas, sin experiencias previas. Hace más de cien años, Spalding describió el miedo instintivo de los polluelos al ver un halcón o al oír su chillido. Lorenz asustaba a los patitos recién salidos del cascarón moviendo por encima de ellos una silueta que recordaba vagamente a un halcón. Monos rhesus criados en cautividad evitan las fotografías de monos furiosos. Muchos animales huyen del olor de sus enemigos. Algunas serpientes de cascabel retroceden como si fueran atacadas cuando son colocadas en el primitivo hábitat de su predador, la serpiente real. También el olor de los congéneres lesionados o aterrorizados provoca la huida. Los sapos recién nacidos huyen rápidamente ante cualquier congénere herido, y evitan esta área durante mucho tiempo.

También los hombres reaccionan a estímulos no aprendidos. Por ejemplo, el susto es provocado por estímulos repentinos e intensos: ruidos fuertes, fogonazos, estímulos táctiles inesperados. La pérdida de orientación, el sentirse perdido puede considerarse una fuente innata de malestar. Hebb encontró que la oscuridad produce miedo a los chimpancés y también a los niños.

Hay, pues, miedos innatos. Venimos al mundo cargados de preferencias y desdenes, de cautelas y aficiones. Hace muchos años, Darwin y, posteriormente, Stanley Hall supusieron que había una predisposición evolutiva a ciertos miedos. Parece haberse confirmado que los sistemas perceptivos de cada especie están sintonizados para ser sensibles a ciertos estímulos. Ciertos dedos se nos hacen huéspedes. Está comprobado que existe una predisposición biológica para aprender ciertas cosas, en contra de lo que creían los conductistas. Los monos rhesus criados en cautividad no sentían miedo a las serpientes. Pero les bastaba ver a un mono adulto demostrándoles miedo para que ellos lo sintieran también. Es un aprendizaje tan veloz que sólo puede explicarse admitiendo una sensibilidad especial a esas experiencias. El aprendizaje del lenguaje por el niño es otro ejemplo admirable y contundente.

6

No todos los miedos típicos de una especie aparecen al mismo tiempo, sino que aparecen, desaparecen, cambian, a medida que el individuo crece y se desarrolla. Hay un proceso predecible en la aparición y extinción de los miedos normales. Emergen, se estabilizan y declinan. Los miedos humanos a la separación y a los adultos extraños son comunes entre los ocho y los veintidós meses; el miedo a los niños desconocidos de su misma edad aparece algo más tarde, y el miedo a los animales y a la oscuridad, más tarde aún. Al parecer sucede lo mismo en todas las culturas. El miedo a los extraños se ha estudiado en Estados Unidos, Guatemala, Zambia, entre los bosquimanos, los indios hopi, los ganda, con resultados semejantes. Se desarrolla alrededor de los ocho meses, o un poco antes, siendo el primer signo el cese de la sonrisa ante personas desconocidas. Disminuye al finalizar el segundo año, probablemente porque los niños aprenden a manejar las conductas de los extraños, que dejan progresivamente de serlo. Pueden persistir, sin embargo, elementos que se manifestarán posteriormente como timidez.

La ansiedad de la separación es similar en todo el mundo. Se da también en los niños ciegos. Esta secuencia ontogenética parece depender de la maduración como proceso sometido a control genético, en interacción con el ambiente.

La expresión de programas genéticos depende del ambiente. Se desconoce la manera como un gen puede determinar la conducta. Los programas genéticos determinan la capacidad de aprendizaje. Cada especie aprende unas cosas con más facilidad que otras. El miedo a las serpientes, por ejemplo, está ampliamente extendido entre los primates, pero no es hereditario. Las predisposiciones biológicas tienen un sentido utilitario. Ningún animal sobreviviría si tuviera que esperar a ser comido para reconocer a sus enemigos.

En el transcurso de la evolución humana, la convivencia ha sido vital para la supervivencia de la especie, y es natural que seamos muy susceptibles a las emociones e intenciones ajenas. Las expresiones faciales de los demás son poderosos estímulos que evocan sentimientos similares o correspondientes en nosotros mismos. Ser mirado es especialmente atemorizador en los fóbicos sociales, y las expresiones de enfado o de temor son estímulos muy poderosos.

Gran parte de nuestros miedos son adquiridos. ¿Cómo se aprenden los miedos? Como las demás cosas. Por condicionamiento clásico u operante. Y por aprendizaje social. Tememos todo aquello que se asocia con cosas que tememos. Tememos todo lo que ha ido acompañado de un castigo. Tememos aquello que temen las personas con las que convivimos.

Una vez más me acuerdo de Kafka que contó dramáticamente cómo aprendió el miedo cuando era un colegial que deseaba morir. «Nuestra cocinera, una mujer pequeña y reseca, de nariz aguda, mejillas hundidas y tez amarillenta, pero sólida, enérgica y reflexiva, me llevaba cada mañana a la escuela. Cada mañana se repetía lo mismo, durante casi un año. Al salir a la calle, la cocinera decía que iba a contar al profesor lo malo que yo había sido en casa. En realidad, no había sido muy malo, pero sí testarudo, holgazán, refunfuñón y, con todo esto, sin duda se habría podido reunir un buen ramo para el profesor. Esto lo sabía yo muy bien y por eso no me parecía una broma la amenaza de la cocinera. Sin embargo, me esforzaba en creer, de momento, que el camino hacia la escuela era inmensamente largo, y que, antes de llegar, podían pasar muchas cosas. Al llegar al pasadizo que lleva a la Fleischmarkgasse el temor se sobreponía a la amenaza. Sin duda ninguna, la escuela era ya para mí un terror y he aquí que la cocinera quería hacerla aún más temible. Yo comenzaba a suplicar; ella se encogía de hombros; redoblaba yo mis súplicas; por momentos me parecía más valioso lo que pedía, y en la misma proporción veía aumentar el peligro. Me detenía, le pedía perdón; pero ella me arrastraba hacia adelante. La amenazaba con un castigo de mis padres; se reía; aquí, precisamente, era todopoderosa. Yo me agarraba a las galerías de las tiendas, a las piedras de las esquinas; no quería seguir adelante hasta que ella me perdonara; tiraba hacia atrás cogido de su vestido, pero me arrastraba más lejos, afirmando que esto también se lo diría al profesor. Se hacía tarde. Daban las ocho en la iglesia de Santiago, sonaban las campanas de la escuela, otros niños empezaban a correr; el hecho de llegar tarde era lo que más me angustiaba. Ahora teníamos que correr también nosotros y sin cesar me atormentaba la idea: "Lo dirá, no lo dirá." Aquella vez no lo decía. No lo decía nunca, pero conservaba siempre la posibilidad, incluso una posibilidad creciente, y no la perdía nunca. Y muchas veces –figúrate, Milena– daba con el pie contra la puerta, de irritada que estaba conmigo. Por último, una pequeña vendedora de carbón se hallaba con frecuencia por allí, y *miraba.*»

De esta historia me impresiona sobre todo lo que la originó. Kafka intentaba explicar a Milena, su novia, que todo podía ser una amenaza para él. Ella le ha llamado «niñito», y esta palabra le ha dado miedo, porque nunca ha sido muy fuerte y, además, ha adquirido, en materia de amenazas, «ojos de microscopio». La historia infantil termina con un comentario patético: «Milena, ¡qué estupidez todo esto! ¿Y cómo podré yo ser para ti, con estas cocineras y estas amenazas y toda esta enorme cantidad de polvo arremolinado por treinta y ocho años y metido en mis pulmones?»

7

El miedo aparece en el circuito de la acción. El estudio de los sentimientos, como el de tantos otros temas psicológicos, ha sufrido la fascinación del sustantivo. Es cierto que el miedo es un estado, pero un estado dinámico, en un sujeto dinámico, en medio de procesos dinámicos.

Los estímulos del miedo ponen en marcha un nuevo proceso de ocurrencias. El miedo impulsa a la acción. Los animales muestran varias conductas de evitación del peligro. Huyen, se hacen los muertos, atacan o realizan actos de sumisión y apaciguamiento. Con cualquiera de estas acciones, el miedo se amortigua. Aumenta de intensidad, por el contrario, cuando no podemos o no queremos huir del peligro. Si el miedo fuera corregido automáticamente por la huida, con la misma rapidez con que la mano se separa del fuego, apenas lo sentiríamos.

Los seres humanos hemos querido resistir al miedo. Recuerde el lector este asunto, porque tiene gran importancia para comprender el laberinto.

No sabemos lo que puede pasar por la cabeza de los animales. Desconocemos si el encadenamiento entre estímulo y respuesta se remansa conscientemente de alguna manera. Es lo que sucede en el hombre, desde luego. Experimentamos miedos detenidos, que reorganizan todo el acontecer de nuestra conciencia. La atención queda esclavizada por el peligro, y al sujeto le cuesta trabajo pensar en otra cosa. Algo semejante ocurre a la memoria, que evoca una y otra vez la situación o las situaciones similares. En muchas ocasiones lo que produce el miedo no es una situación, sino tener que enfrentarnos a una situación. Mis derechos han sido pisoteados. Puedo resignarme o protestar. Protestar supone enfrentarme con los demás, tal vez con mis amigos. El miedo se vuelve entonces muy razonador, fértil en excusas. En este caso tal vez no incite a la huida, sino a la inacción, que es otra forma de huida.

Pero, cada vez que imagina la escena de enfrentamiento, las miradas de desprecio, o de indignación, los comentarios decepcionados, las quejas, siente verdadero malestar, un miedo digestivo, una debilidad física, que da nuevo vigor a las soluciones de retirada.

Nuestros sentimientos son la interfaz consciente de nuestro pasado y nuestro futuro. Son balance y estrategia. Dinamismo siempre, incluso en las grandes depresiones, una de cuyas características más trágicas es el retorno continuo de las preocupaciones, de las autoinculpaciones, de la queja, la ruminación continua. Los círculos analíticos sin salida.

Para mantener presente este aspecto dinámico del sentimiento, en el diccionario que seguirá a este libro hemos considerado que los sustantivos que designan los sentimientos son en realidad planes de acción concentrados, pequeñas historias, dramas con su desencadenante, nudo y desenlace. Estamos en el reino de la acción. No lo olvide.

8

Este viaje por el miedo nos permite sacar conclusiones interesantes. El miedo brota del dinamismo de nuestras necesidades, deseos o proyectos. Tememos morir, fracasar, perder lo que amamos. En una palabra, sufrir. Unas veces reconocemos muy bien la razón de nuestros miedos, pero en otras ocasiones no son miedos lógicos, sino psicológicos. Proceden de lógicas íntimas, borrosas, muchas veces desconocidas, innatas o aprendidas.

En la aparición del sentimiento influyen dos elementos de distinto signo. Uno de ellos es la situación real. Otro el sistema interpretativo del sujeto. De la mezcla de ambos surge la aleación sentimental. Hay situaciones cuyos mensajes son tan claramente aterradores que es imposible que dejen de suscitar miedo. La enfermedad, la tortura, la muerte de los seres queridos, la soledad absoluta, por ejemplo.

Pero incluso en estos casos nos sentimos afectados porque la salud, el bienestar, el amor o la compañía son necesidades o aspiraciones que no podemos dejar de querer. Son nuestros planes los que quedan bloqueados, impedidos o amenazados. Nuestras pretensiones van a definir el ámbito de nuestros miedos. Los estoicos, que estuvieron obsesionados con el miedo, pensaron que renunciando a todo era posible ponerse a salvo del miedo. Simplificaron en exceso las cosas, porque, como hemos visto, hay miedos innatos y miedos aprendidos sin querer, que funcionan como mecanismos autónomos, dispuestos a amargarnos la vida.

La respuesta sentimental ante una situación depende de la estructura personal. En los sentimientos, como en una placa holográfica, está resumida gran parte de la personalidad. Hay diferentes estilos sentimentales: optimistas y pesimistas, lábiles y estables, miedosos o atrevidos, sensibles o insensibles. En último término, la razón de que en un momento dado experimentemos un sentimiento concreto, con una intensidad determinada, depende de nuestra personalidad afectiva.

Voy a hacer un primer croquis del laberinto. Lo que sentimos está determinado por elementos coyunturales y estructurales. Coyunturales son los que cambian continuamente: la situación real, mis intereses momentáneos, el estado en que me encuentro. Los estructurales son más estables y se refieren a lo que con gran vaguedad llamamos temperamento, carácter o personalidad.

El desdichado Kafka había aprendido a detectar/inventar las amenazas. Este estilo sentimental constituye uno de los rasgos determinantes de su carácter.

Llega el momento de hacer teoría. Para que una situación produzca respuestas sentimentales diferentes en diferentes sujetos tiene que haber una estructura encargada de dar significado a los datos que el sujeto recibe. Un suceso puede entenderse desde distintos *esquemas interpretativos,* de la misma manera que unos signos cuneiformes pueden verse como meros signos gráficos o como signos semánticos, dependiendo de si sabemos leerlos o no. Hace poco tiempo fui testigo de una violenta escena de familia. Uno de mis alumnos, de quien posiblemente citaré algunos textos más tarde, un muchacho inteligente y desdichado que jugó con las drogas y perdió, se enfrentó con sus familiares en un estado de excitación incontrolable. Su comportamiento fue ofensivo y cruel. El padre, enfurecido, le echó a empellones de la casa, la madre comenzó a llorar con una de esas congojas terribles que parecen sin riberas, la hija más pequeña se escondió aterrorizada en otra habitación, y yo contemplé la escena con un irritado sentimiento de impotencia. De mi alumno no digo nada porque no sé lo que sintió. Cuatro personas habíamos visto lo mismo, pero lo habíamos interpretado de manera distinta. O sea, que no habíamos visto lo mismo. Cada uno de nosotros puso en funcionamiento un *esquema sentimental* diferente.

Quiero llamar la atención al lector sobre el concepto de esquema, del que ya le hablé en *Teoría de la inteligencia creadora.* La psicología contemporánea ha tenido que inventar este concepto para explicar algunas de las cosas que hace la inteligencia humana. Por ejemplo, la asimilación de nuevas informaciones, el reconocimiento de objetos, la comprensión de frases, la realización de inferencias, la planificación de movimientos.

Reconocemos un rostro aunque esté de perfil, de frente, serio, sonriente, lloroso, con pelo largo, con pelo corto, más joven. Para conseguirlo, hemos de tener en la memoria un patrón lo suficientemente rico y flexible para que nos permita realizar estos alardes que parecen tan sencillos y son enormemente complicados.

George Kelly, un afamado teórico de la personalidad y sus terapias, consideró que el ser humano posee una capacidad básica de reconocer patrones de recurrencia regular del mundo que nos rodea. Enfrentada a la complejidad del universo, la persona «sintoniza su oído para captar temas recurrentes» y así poder puntuar el incesante flujo de la experiencia. «Como un músico, debe frasear su experiencia con tal de darle sentido. Las frases son acontecimientos que se distinguen. Dentro de esos segmentos limitados, basados en temas recurrentes, el hombre empieza a descubrir las bases de las semejanzas y diferencias.» Pues bien, lo que permite captar esas diferencias, y se va construyendo a la vez mediante esas diferencias percibidas y asimiladas, son los *esquemas*.

Cuando construimos frases utilizamos esquemas sintácticos que nos permiten organizar las palabras, producir nuevas ocurrencias, y también comprender las frases de los demás, suplir sus fallos, acabar las inacabadas, hacer inferencias sobre ellas. Si comienzo una frase como ésta –con la palabra «si»– el lector sabe lo que sintácticamente le espera: ha activado el esquema de una proposición condicional.

Lo que llamamos esquema es una matriz asimiladora y productora de información. Es un resumen innato o aprendido, o ambas cosas, pero cuyo principal rasgo es la actividad. Actúan como extractores de información, posibilitan el reconocimiento y pueden generar significados.

Ya he contado al lector que los animales nacen dotados con esquemas de reconocimiento que les permiten discernir a amigos y enemigos. Un conejo no tendría posibilidad de conocer por propia experiencia si el halcón es un buen vecino. Los estudios para desvelar el contenido de estos esquemas son numerosos, convincentes y muy divertidos. Schleidt y Schleidt han demostrado que una pava inexperta trata como enemigo a todo lo que se mueve dentro de su nido, a menos que emita el sonido específico de sus polluelos. El esquema actúa con una eficacia que puede ser asesina. Las pavas sordas no pueden reconocer a sus hijos, pues no les llega la señal de identificación, e inexorablemente los matan. En cambio, las pavas con oído normal aceptan y crían cualquier animal disecado, equipado con un pequeño altavoz que emite el sonido correcto. La pava ama de oído, como los malos músicos.

Tal como lo interpreto, el esquema integra estructuras neuronales y contenido informativo. Son, por lo tanto, el lugar de unión de lo innato y lo adquirido. Temo que voy a ponerme muy pesado con este asunto, porque me parece imprescindible para comprender el funcionamiento de nuestra subjetividad.

Esquema es una estructura neuronal que asimila, interpreta, guarda y produce información. Son sistemas operativos capaces de aprender. O, lo que es igual, modificables por la información que reciben. Híbridos de fisiología y significado. Mentiría si dijera que sé cómo se realiza esta hibridación. El aprendizaje produce alteraciones neuronales, pero desconocemos –o al menos yo desconozco– los mecanismos íntimos que puedan explicar la sorprendente capacidad de la memoria.

La comparación con los esquemas musculares puede resultar útil al lector no acostumbrado a esta jerga. Los niños nacen dotados de esquemas sensorio-motores que les permiten realizar ciertos movimientos. Poco a poco van construyendo otros nuevos. Por ejemplo, tienen que aprender a coger una pelota. «Coger una pelota» es un esquema muscular, una habilidad complicada porque hay muchas variables en juego: el tamaño de la pelota, la distancia que recorre, la forma de lanzarla, la velocidad, el ángulo de llegada, el cambio de posición requerido para cogerla, etcétera. ¿Qué ha aprendido el niño cuando posee el esquema motor maduro? Posee un «saber hacer» que le permite producir las actividades musculares necesarias para adaptar su comportamiento a la situación. Podemos coger una pelota de muchas maneras. Por eso digo que los esquemas son flexibles. Son habilidades neuronales aprendidas. Por eso digo que los esquemas son híbridos de fisiología e información. Prolongan habilidades innatas. Por eso digo que constituyen la sutura de lo innato y lo adquirido.

Lo que llamamos personalidad puede considerarse como un sistema integrado por esquemas afectivos, cognitivos y motores. Una mala conceptualización de la memoria ha impedido ver que personalidad y memoria personal son dos conceptos casi intercambiables. La memoria es un conjunto de sistemas operativos cargados de información. Por causas biológicas o biográficas, algunos de estos esquemas están siempre activos o se disparan con facilidad en cuanto aparece un indicio, tal vez insuficiente. El miedoso tiene siempre miedo porque su esquema sentimental está siempre activo, buscando en el entorno datos que puedan ser interpretados como aterradores.

Quien haya tratado a una persona deprimida sabrá que las preocupaciones que la atormentan no terminan nunca. Hay una cadena interminable de aprensiones. Se dan diálogos como el siguiente: «"Estoy preocupada porque mi hija ha salido en coche y puede tener un accidente." "No ha ido en coche. Ha ido en tren." "Los trenes también sufren accidentes." "Acabo de enterarme de que ha anulado el viaje." "Seguro que está enferma." "No, es que ha ido a un concierto." "Vete a saber con quién ha ido."» Etcétera. De la misma manera que los esquemas operativos de un novelista están siempre buscando posibles temas de novela, y los de un hombre de negocios posibles inversiones, los de una persona deprimida están buscando motivos de preocupación.

EN TORNO AL FUEGO

Fuego de campamento. Todo explorador sabe que los atardeceres son el momento más divertido del día. El trabajo está hecho, las tiendas montadas, y sólo queda recordar las aventuras y desventuras, bromear, discutir, pasar a limpio los apuntes de campo, escribir un diario. Les propongo por ello una reunión después de cada jornada. Puede intervenir todo el que quiera. Si se trata de una exploradora, escribiré EH, si es un explorador EV. No doy más datos para evitar la tentación del protagonismo. Tampoco en los coros de las tragedias griegas se daban los nombres y apellidos.

JAM: ¿Qué os ha parecido el día?

EH: Me perdí nada más empezar el recorrido y he llegado hasta aquí de milagro. ¿Me podrías contar lo que habéis visto?

JAM: Muy graciosa. Yo, por supuesto, no.

EV: Sólo recuerdo que nos ha contado un ligue en Gante –de gante blanco, al parecer–, y unas historias sobre Kafka.

EH: Entonces no me he perdido mucho.

EV: Yo he estado a punto de perderme en el miedo. Por un momento creí que nos quedábamos en él para siempre.

JAM: No sé qué hago aquí con vosotros. Hoy debería estar en mi huerta porque es el día de San Marcos, y «Por San Marcos el melonar ni sembrado ni por sembrar». Así que tendría que estar sembrando los melones, cosa que aquí es innecesaria. A vosotros no os gusta explorar, sois carne de agencia de viajes. Hay que acercarse a las cosas con calma. Yo he aprendido mucho hoy. Por ejemplo, que en nuestros sentimientos intervienen unos elementos cambiantes y otros estructurales.

EV: Eso me suena a Ortega: «Yo soy yo y mi circunstancia.»

JAM: En efecto. Pero la circunstancia puedes entenderla de dos maneras: como una situación real o como la interpretación que hacemos de una situación real. Al estudiar los sentimientos vemos con claridad que hemos de entenderla de la segunda manera. No todos sentimos miedo por las mismas cosas. A mí, por ejemplo, me da miedo convertirme en vampiro.

EH: Si te pasa durante este viaje, avísanos. Conmigo no cuentes porque estoy anémica perdida.

JAM: Eres poco sutil. Me estaba refiriendo a un vampirismo menos truculento. Lo que me da miedo es sorber el ánimo de las personas que me rodean, eso que hacemos todos con tanta facilidad. A lo que iba. Si cada uno tememos cosas distintas es porque tenemos diferentes organismos afectivos. Esos organismos afectivos que interpretan, seleccionan y lanzan a la conciencia sus productos sentimentales están compuestos por esquemas.

EH: He pensado que cualquiera de los dos sentimientos que Kafka experimentó –la vergüenza y el miedo– podrían explicar el caso de G. M. Es muy difícil amar a un ser ante el que se siente vergüenza o miedo.

JAM: Ya lo he pensado. Suele decirse que los sentimientos se dan en parejas de opuestos: amor/odio, tristeza/alegría, atracción/aversión. En casos muy claros, es verdad. Pero en ocasiones no sucede así. Pueden darse intermitencias del corazón, porque podemos aplicar a un mismo suceso o a una misma persona dos esquemas sentimentales distintos. Se produce entonces una situación de desconcierto afectivo porque no sabemos a qué carta quedarnos. Sin embargo, es verdad que cuando el miedo o la vergüenza se convierten en esquemas afectivos predominantes, monopolizadores, no pueden convivir con determinados tipos de amor.

EV: ¿Qué quieres decir con «determinados tipos de amor»?

JAM: Lo sabrás más adelante.

EH: No me ha parecido ninguna cosa del otro jueves considerar que los sentimientos proceden de una evaluación. Te brindo otra cita de Nietzsche, que escribió en *La voluntad de poder.* «Nuestros sentimientos dependen de nuestros juicios de valor; éstos corresponden a nuestros instintos y a sus condiciones de existencia. Nuestros instintos son reducibles a la voluntad de poder.»

JAM: Tienes razón. Es una pena que los psicólogos sepan tan poca filosofía.

EV: No acabo de entender por qué identificas la personalidad con la memoria personal.

JAM: No creo que sean lo mismo. La memoria personal sería lo que llamamos *carácter.* El núcleo duro de la personalidad. Lo único que quiero dejar claro es que la memoria es –siento decirlo otra vez– un híbrido de información y biología. Hay una idea de memoria que me parece propia de arcángeles o de archiveros, en la que parece que nosotros podemos guardar información sin que se produzcan acontecimientos fisiológicos. Somos memoria.

Y si pudiéramos construir nuestra memoria de nueva planta, podríamos construir nuestro carácter por entero. Lo que ocurre es que no podemos.

EH: Voy a pasar a limpio mi cuaderno de campo. En los garabatos que tengo aquí creo entender: 1) que los sentimientos son experiencias conscientes en las que el sujeto se encuentra implicado, 2) que se encuentra implicado porque afectan a sus necesidades, 3) que los sentimientos aparecen en el circuito de la acción, 4) que en el origen de cada sentimiento hay una evaluación, 5) que la evaluación se realiza desde los esquemas afectivos de cada sujeto, 6) que el conjunto de esquemas forma la memoria personal. ¿El carácter?

EV: Esta chica está buscando un sobresaliente.

EH: A mí me ha quedado una duda. ¿Ocurre en todos los sentimientos lo mismo que ocurre con el miedo? ¿Hay en todos ellos elementos innatos y elementos aprendidos?

JAM: Creo que sí, pero eso habrá que descubrirlo en las próximas jornadas.

EH: Me he acordado de un poema de Luis Cernuda que me parece una buena ilustración para el concepto de esquema interpretativo:

> Bien sé yo que esta imagen
> fija siempre en la mente,
> no eres tú, sino sombra
> del amor que en mí existe
> antes que el tiempo acabe.
>
> Mi amor así visible me pareces,
> por mí dotado de esa gracia misma
> que me hace sufrir, llorar, desesperarme
> de todo a veces, mientras otras
> me levanta hasta el cielo en nuestra vida,
> sintiendo las dulzuras que se guardan
> sólo a los elegidos tras el mundo.

JAM: Tienes razón. «Me pareces por mí dotado de esa gracia que me hace sufrir.» Exacto.

EV: Hay otro parecido de Neruda.

JAM: Tengo que cortar la velada poética. Mañana nos queda un largo camino. El último que apague el fuego.

5. JORNADA SEGUNDA: LA REALIDAD Y EL DESEO

1

Cerca de donde escribo, hay unas cuevas contra las que rompe el mar produciendo estampidos y borbotones de espuma. Las llaman hervideros. Tanta agitación necesita de una roca tenaz y de un mar incansable. También nuestros alborotos sentimentales surgen del choque entre la dura realidad y los tenaces deseos.

Les voy a contar el plan de exploración, lo que nos interesa buscar. Creo que hay cuatro ingredientes fundamentales que intervienen en cada respuesta afectiva, cuatro partidas del balance sentimental. Cambian de contenido en cada caso, pero la estructura es universal. Son 1) la situación real, 2) los deseos, 3) las creencias y expectativas, 4) la idea que el sujeto tiene de sí mismo y de sus capacidades. La interacción de estos elementos va a hacer que se activen los esquemas del miedo, del odio, de la envidia o de cualquier otro sentimiento. La frustración de un deseo, al integrarse con los otros componentes, puede dar como balance final un sentimiento de furia, o de tristeza, o de envidia, o de desánimo.

El mundo afectivo tiene sus raíces en la acción. Sin necesidades, sin deseos, sin impulsos, nuestra vida sentimental se agota. Muchos psicólogos contemporáneos están de acuerdo, pero prefieren hablar de metas, en vez de mencionar los deseos. Pero esto sólo indica que la sombra del conductismo es muy larga. Creen que «metas» es un concepto objetivo, sin percatarse de que algo se convierte en meta cuando un sujeto pone en ello su interés o su deseo.

Los pensadores antiguos no compartieron esas cautelas. Aristóteles, Plotino, San Agustín, Santo Tomás coincidieron en afirmar que el hombre tiene dos facultades: *noûs* y *órexis,* la inteligencia y el deseo. Spinoza llamó *conatus* a la energía con que una cosa se mantiene en su ser. Al hacerse consciente, este *conatus* se convierte en deseo. Para Spinoza, como para su admirador Nietzsche, la esencia del hombre es el deseo, el ímpetu para ampliar el poder, la vitalidad, la existencia. De esa esencia proceden todas las emociones y conductas humanas, desde la lujuria más baja hasta el amor intelectual de Dios.

Freud estuvo muy cerca de Spinoza. La libido freudiana determina los procesos conscientes e inconscientes. Ambos buscaban el principio último de la acción, el móvil radical. Freud no se contentó con decir que era el impulso, el deseo; quiso saber qué impulso, qué deseo. Al final de su vida pensó que había dos: Eros y Tánatos. El amor y la muerte. Un título espléndido para la próxima ópera de Wagner.

Habría podido considerar a los deseos como sentimientos, pero he preferido no hacerlo. Los deseos están antes y después de los sentimientos. Los engendran y son engendrados. El deseo de ser querido engendra sentimientos. El amor, también. La furia procede de la frustración y engendra el deseo de venganza. El miedo, el deseo de huir o de atacar.

Sin duda somos movidos por fuerzas poderosas que desconocemos. Hablamos de necesidades o tendencias básicas para mencionar ese impulso originario. Pero sólo podemos conocerlas a partir de lo que experimentamos. Fundamentalmente merced a los deseos y a las experiencias consumatorias. Éstas son culminación de necesidades, deseos o proyectos. Son el momento triunfal, y el comienzo de la caída. A veces son ellas –o sus contrarias, las experiencias de fracaso– las que nos descubren las corrientes tendenciales que atraviesan nuestro subsuelo sin nosotros saberlo. No nos damos cuenta de lo cansados que estábamos hasta que nos hemos sentado, o de cuánto apreciábamos algo hasta que lo perdemos. Las experiencias consumatorias –fundamentalmente el placer y la alegría– son las claves para descifrar nuestras íntimas expectativas.

Acabo de cruzarme en el laberinto con un paseante de rostro pálido y mirar esquinado. Ya estoy de nuevo metido en una historia que tengo que contarles para que la investigación avance: la historia de la envidia.

Ya dije al lector cuáles eran mis fuentes de información. En primer lugar, el lenguaje. Comenzaré, pues, con la definición de mi admirado Covarrubias: «EMBIDIA. ES un dolor, concebido en el pecho, del bien y la prosperidad agena; latine *invidia,* de *in* et *video,* es *quia male videat,* porque el embidioso enclava unos ojos tristazos y encapotados en la persona de quien tiene embidia, y le mira como dizen de mal ojo (...). Su tóssigo es la prosperidad y buena andança del próximo, su manjar dulce la adversidad y calamidad del mismo: llora quando los demás ríen y ríe quando todos lloran.»

Los moralistas tenían a la fuerza que ocuparse de un sentimiento tan descabalado. Muy al comienzo de la Biblia, Caín mata a su hermano Abel porque éste era el preferido de Dios. Caín, progenitor de los que habitan tiendas y pastorean, de cuantos tocan la cítara y la flauta, de los forjadores de instrumentos cortantes férreos y broncíneos, mató para no morirse de envidia.

Pero ¿asesinó por envidia o por odio? Santo Tomás de Aquino considera que ambos, el odio y la envidia, son pecados contra la caridad. Los emparienta, pero no los identifica *(Sum. Theol.,* II-II, q. 36). Los medievales tenían un método muy curioso para hablar de los sentimientos, pasiones o virtudes: elaboraban sus genealogías. Las pasiones tenían madres e hijas. San Gregorio hace el árbol genealógico de la envidia. Es engendrada por la vanagloria y de ella «aborta el odio, la murmuración, la detracción, la alegría en la adversidad del prójimo y la aflicción por su prosperidad». El mismo San Gregorio dice que «los vicios capitales (muchos de ellos pasiones) están unidos con tan estrecho parentesco que uno sale del otro».

Entre los autores que han hablado de la envidia sólo citaré a Luis Vives, porque le tengo una gran afición que me viene de la adolescencia, cuando en un patio toledano, bajo el toldo y junto a las aspidistras, devoraba los libros de Marañón. Leí entonces su ensayo sobre Vives, lleno de esos detalles cotidianos que tanto nos acercan al personaje. «Después de la cena, Vives velaba para trabajar. Celoso de la vista, aconseja la luz del candil, *cuya llama igual daña menos los ojos,* mientras que la de la vela se encrespa y fatiga. Disponía a su lado a Dydimo, el escribiente, por si tenía algo que dictar; se envolvía, por fin, *en la capa de velar, muy larga, aforrada de pieles,* y absorto del mundo se entregaba a la fruición incomparable de crear.»

Pues bien, embozado en su capa, dictó que la envidia es «una especie de encogimiento del espíritu a causa del bien ajeno; en este encogimiento existe una cierta laceración de dolor, por donde la envidia es parte de la tristeza». Añadió que es hija de la soberbia y de la pequeñez, porque nadie que confía en su valía envidia los bienes de otro. Retenga el lector esta referencia a la soberbia.

Vives se percata de que la envidia es un sentimiento vergonzoso. «Por ello nadie se atreve a confesar que envidia a otro; más pronto reconocería uno que está airado, o que odia o incluso que teme, pues tales pasiones son menos vergonzosas e inicuas.» El envidioso está por ello condenado a fingir siempre. Y también a odiar, irremediable e inextinguiblemente, pues «el odio provocado por la ira se apacigua fácilmente, mientras que el producido por la ofensa se elimina mediante la reparación de ésta. Pero la envidia no se amansa ni admite reparaciones, antes bien se irrita con los beneficios, como el fuego prendido en la nafta».

No voy a detenerme en los escritores, otra de mis fuentes de información. El lector puede leer *Abel Sánchez* de Unamuno, que es la historia de una pasión: la envidia. Pasaré también a la carrera por los *psi.* Resumiré la descripción de Castilla del Pino. No se envidia lo que posee el envidiado, sino la imagen que el envidiado proyecta como poseedor del bien. La envidia revela una deficiencia de la persona que la experimenta. La tristeza del envidioso no está provocada por una pérdida, sino por un fracaso, por no haber conseguido. Es una relación de odio. Odio al envidiado por no poder ser como él. Odio también a sí mismo por ser como es. La envidia está muy relacionada con los celos, pero éstos implican una relación triangular –sujeto, objeto y rival–, mientras que la envidia es dual. Castilla añade un detalle enigmático: los celos pueden hacerse delirantes, la envidia no.

Tengo que apresurarme o me quedaré en la envidia para siempre. No sería muy grave porque los sentimientos son holografías de nuestra subjetividad. Bastaría con analizar bien uno para saber casi todo lo que nos importa. La envidia, por ejemplo, muestra que *los sentimientos son el puente entre la personalidad y los actos.* Por ello el análisis de los fenómenos afectivos puede proseguirse en dos direcciones: hacia las acciones que suscitan o hacia el sujeto que ejecuta. Son la frontera consciente entre lo que somos y lo que vamos a ser. Igual que en las antiguas culturas las vísceras de una res podían ser estudiadas por el médico para conocer su pasado, y por los arúspices para prever el futuro, así los sentimientos.

Empezaré por la conducta. El envidioso vigila las venturas del envidiado, rebaja sus méritos o, al contrario, los ensalza desmesuradamente. Construye alrededor de él un mundo especial, en el que todos los indicios sirven para robustecer su creencia. Vive en su sentimiento, identificado con él, absorto en él, sin capacidad para dar un paso atrás y observarse. Cree que percibe cuando en realidad interpreta. Joaquín de Montenegro, el personaje de la novela de Unamuno, arrebatado por su pasión, no cree que sea envidia lo que siente. Piensa que percibe objetivamente la malignidad de sus envidiados: «Ellos se casaron por rebajarme, por humillarme, por denigrarme; ellos se casaron para burlarse de mí; ellos se casaron contra mí.»

Hay personalidades envidiosas. O lo que es igual: hay un esquema sentimental de la envidia que puede estructurar gran parte de la vida afectiva de un sujeto. ¿Qué necesidad, qué deseo está configurando ese sentimiento? Al fin he llegado al tema de este capítulo. Lo que desea el envidioso es *ser preferido.* Acaso sea ésta una de las necesidades básicas, reclamo oscuro de un ser inteligente y desvalido que se encuentra arrojado a la realidad. Quiere ser preferido, salir de la confusa indefinición del vulgo errante, municipal y espeso.

¿Preferido por quién? Por alguien en concreto, como el niño que tiene envidia de su nuevo hermanito, o el celoso que no soporta la idea de ser preterido por el objeto de sus celos. O tal vez por todos, como sucede en los espejismos de la fama. Es bien conocida la relación que la envidia mantiene con los signos externos del prestigio, de la fortuna o del éxito. Se trata, pues, de un sentimiento social.

Advertí al lector que recordara la relación de la envidia con la soberbia. Los tratadistas antiguos definían ésta como el apetito desordenado de ser a otro preferido. Y San Gregorio la describe como «el ansia de que nos miren a nosotros». Hay en el fondo de la envidia la necesidad de «ser el elegido». El envidiado «nos hace de menos». Magnifica expresión castellana. Nos disputa esa preeminencia que tal vez salve nuestra vida del sinsentido. El envidioso no es autosuficiente. Necesita angustiosamente la confirmación de los demás. A eso aspira y a eso se opone la figura del envidiado, que le hace sombra. La palabra francesa *ombrage* designa ese temor de ser eclipsado, arrojado a la sombra por alguien, privado de la posibilidad de ser querido, salvado por la mirada o el amor ajenos. En el fondo de la envidia hay un deseo, que era lo que quería demostrar. Hay más cosas, sin duda, pero de ésas hablaré en los capítulos siguientes. Ahora estamos en lo que estamos, en los vectores dinámicos del afecto.

2

Para explorar el selvático dominio del deseo conviene desbrozar algunos caminos. El castellano ha analizado con gran perspicacia el deseo y sus alrededores. Incluso ha inventado un término muy sugerente, difícil de traducir a otras lenguas: *gana.* Me interesa este término porque permite un contrario –la desgana, la falta de deseo–, y porque subraya un nexo con la acción que el deseo no tiene. Ambos indican la tendencia hacia un objeto, la consideración de un objeto como atrayente. Tradicionalmente se definía como «un movimiento hacia lo deseado». Pero hay una morosidad en el deseo que le permite a veces no pasar a la acción sino detenerse en la propia complacencia. El léxico marca esta paralización del deseo con la palabra *desidia* –derivada de *desideria,* los deseos– y que significa *pereza.* En cambio, las ganas son más activas. Hacer una cosa con ganas quiere decir ejecutarla con ánimo y energía.

Las ganas tienen un pariente pobre –el *apetito*–, un sinónimo a la baja que suele usarse para los deseos corporales. Entre ellos hay un parecido de familia: tanto las ganas como el apetito se abren. Es como si gráficamente el deseo fuera la apertura de un hueco que hay que llenar.

Hablaré ahora de los parientes poderosos y solemnes. En primer lugar, aparece el *anhelo,* un familiar culto dado a lo espiritual, un deseo tan vehemente que el anhelante pierde el hálito, es decir, respira trabajosamente. También el *ansia* tiene dificultades respiratorias. Es el malestar producido por la impaciencia y el temor. Nos presenta la cara oscura del deseo, que se ha vuelto impaciente, intranquilo, angustioso, febril, apresurado. Tiene como sinónimo *avidez,* que según el *Diccionario* de la RAE de 1791 significa *voracidad.* Culmina así el léxico del deseo, que se abre con las ganas y se cierra con voracidad.

El deseo suele ir acompañado de una constelación sentimental. Esto es lo que ha hecho afirmar a Tomkins que los afectos son el primer sistema motivador del ser humano, porque sin el acompañamiento sentimental, sin la inquietud, angustia, impaciencia, desasosiego, los deseos carecen de energía. Me inclino a pensar que estos sentimientos son como la espuma del hervidero. El mar solo no puede producirlos, pero el roquedal tampoco.

3

Ortega creía que los españoles andábamos escasos de deseos. El deseo no lleva a la acción, pero es la antesala del querer, que sí es activo. «Cuanto más grande es nuestro repertorio de deseos, más grande es la superficie ofrecida a la selección en que se va decantando el querer. El deseo, por tanto, vierte su influjo dentro del organismo psíquico.»

El deseo, como toda nuestra flora sentimental, se nutre, según Ortega, de un sustrato profundo: «el pulso de vitalidad propio a cada alma, manantial que luego se deshace en los mil arroyos de nuestro pensar, sentir y querer».

Utilizando la retórica vitalista tan común en su época, habla Ortega de ese pulso psíquico, y dice que es en unos hombres de tonalidad ascendente y en otros de tonalidad descendente. Hay quien siente brotar su actuación espiritual de un torrente pleno de energía, que no percibe su propia limitación, que parece saturado de sí mismo. Todo esto nace en almas de este tipo con la plenitud magnánima de un lujo, como un rebosamiento de la interna abundancia. En este clima vital no se dan, por lo menos con carácter normal, las envidias, los pequeños rencores y resentimientos. Hay, por el contrario, en otros hombres un pulso vital descendente, una constante impresión de debilidad constitutiva, de insuficiencia, de desconfianza en sí mismos. No necesitan temperamentos tales compararse con otros individuos para encontrarse menguados. Lo típico de este fenómeno es que el sujeto siente su vivir como inferior a sí mismo, como falto de propia saturación.

Ortega está hablando de vitalidad, de constitución, de temperamento, de personalidad. ¿Tiene algún valor lo que dice?

Existen, en efecto, esos dos estilos sentimentales. Hay sentimientos de seguridad y de inseguridad, de plenitud y de carencia. Hay temperamentos activos y pasivos. Su constancia parece indicar que proceden de condicionamientos más profundos. Podemos por ello hablar de distintas personalidades afectivas.

Eysenck ha estudiado dos dimensiones de la personalidad –la extrovertida y la neurótica– que se aproximan a las descritas por Ortega. El extrovertido típico es sociable, le gustan las reuniones, tiene muchos amigos, necesita compañía para hablar, y no le agrada leer o estudiar. Ansía las emociones, se pavonea con frecuencia, actúa bajo impulsos momentáneos, es bromista, y, en general, un tipo impulsivo. Gusta de hacer chistes a costa de los demás, tiene siempre una respuesta a punto, y le gusta, generalmente, el cambio: es descuidado, indolente, optimista, y le gusta reír y ser feliz. Prefiere moverse y hacer cosas, tiende a ser agresivo, y pierde pronto la calma; en conjunto, sus sentimientos no están bien controlados, y no siempre es una persona de confianza.

El neurótico tipo es una persona ansiosa, preocupada, con frecuentes cambios de humor, y tendencias depresivas, a quien resulta difícil adaptarse adecuadamente por su exagerada emotividad. En una palabra, que vivir no le resulta una tarea agradable.

Cuando sepamos lo suficiente, veremos que el estilo de los deseos nos proporciona datos importantes sobre la personalidad. Hay que considerar la fuerza, el número de los deseos, su modo de determinar nuestra conciencia, su mayor o menor impulsividad, la manera como se relacionan con la acción, la capacidad del sujeto para soportar la frustración del deseo. Aristóteles escribió que la *paideia,* la educación, era sobre todo educación del deseo. La tarea sigue pendiente. Hay personas incapaces de dominar un deseo, y otras, por el contrario, incapaces de desear nada. En ambos casos se producen dramáticos estados sentimentales y problemáticos comportamientos.

El alumno que mencioné en el capítulo anterior, que tenía un notable talento literario, solía enviarme sus escritos incluso mucho después de dejar de asistir a clase. Componía poemas tristes y musicales:

> Como la gaviota que en la tarde se orienta
> y cruza el breve mar hasta las islas
> para dormir en las estremecidas
> arenas de las dunas,
> así quisiera ser ahora que estoy tan solo.

Debía de rondar los dieciocho, y flirteaba ya con las drogas, cuando me envió un escrito titulado «Memorias de un perezoso», del que cito un párrafo: «Hoy es domingo y voy a hacer sólo lo que me dé la gana. Estoy acostado y así seguiré. Me canso de estar sobre el costado derecho y me pongo boca arriba. Tengo ganas de ir al cuarto de baño pero no tengo ganas de levantarme. Tampoco quiero hacérmelo en la cama como los niños. Esperaré a ver qué gana gana. Por fin me levanto, me siento al borde de la cama y allí me quedo bostezando. El deseo de orinar crece y voy al baño. Ya liquidé el deseo, nunca mejor dicho. Me siento en una banqueta para ver si me vienen ganas de hacer algo. Sólo me vienen ganas de ponerme de pie porque el asiento es muy incómodo. Pero una vez de pie ningún deseo viene en mi ayuda. ¿Y así me voy a pasar todo el domingo? Me pondré a fantasear para ver si me despabilo. Me parece una gilipollez dejar de hacer lo que me da la gana, que es nada, para empezar a buscar algo que me dé ganas de algo. Prefiero tomarme una pastilla y que me vengan solas.»

La claudicación de los deseos, la desgana generalizada, es un problema grave, que hunde nuestra vida sentimental, o es provocada por un hundimiento sentimental. Todos los elementos del balance influyen unos sobre otros, y una situación depresiva, los miedos aprendidos, la frustración continuada, la creencia de que nada tiene arreglo, o un mal estado físico, pueden deprimir nuestra energía apetitiva.

En el capítulo anterior hablé de los esquemas sentimentales y dije que eran sistemas operativos fisiológicos cargados de información. Lo mismo sucede con los deseos. Por eso son innatos y aprendidos, las dos cosas. Los deseos sexuales proporcionan un ejemplo claro. Surgen de estructuras biológicas, de las que dependen la dirección básica del deseo y, hasta cierto, punto su intensidad.

En los animales, la activación de las conductas sexuales depende en gran medida de los estímulos externos. Mis foxterrier están muy tranquilos mientras no hay cerca una perra en celo. En el ser humano las cosas son distintas. Las relaciones sexuales no están limitadas a los momentos de fertilidad. La hembra humana es siempre receptiva. Además, una de las capacidades de la inteligencia es inventar estímulos. Ambas cosas hacen que los deseos sexuales humanos puedan activarse con gran facilidad. En la actualidad, hay una cultura del deseo, que aspira a sentirse continuamente estimulada. De ahí el éxito de los éxtasis químicos.

La dirección del deseo, la fijación de objeto sexual, también está programada genéticamente, pero de tal manera que puede ser ya parcialmente influida o determinada por la experiencia. Aparece otra vez la estructura básica del ser humano: somos fisiología cargada de información. Marañas de neuronas en busca de un alma semántica.

Pues bien, a pesar de este anclaje en la fisiología, los deseos sexuales son muy vulnerables a los estados sentimentales. Su desaparición es uno de los síntomas más conocidos de los estados depresivos o de las situaciones de estrés.

Con el sentimiento de vitalidad o de la propia energía sucede algo semejante. No tienen un fundamento biológico puro. La activación de la propia energía es un fenómeno psicológico complejo, como saben muy bien los entrenadores de atletismo. En 1949, el mundo de los *psi* fue conmovido por un gran descubrimiento. Magoun y Maruzzi habían descubierto, por fin, el origen de nuestra energía mental: el sistema reticular activador ascendente, una estructura nerviosa que regula el estado del córtex cerebral, cambiando su tono y manteniendo su estado de vigilia.

Esta estructura se llama ascendente porque procede de los núcleos básicos del cerebro, en los que tienen también su sede los mecanismos neuronales de las emociones. La activación parece proceder de las profundidades del cerebro.

Poco a poco se fue sabiendo que esta verdad no es toda la verdad. El córtex cerebral, el órgano de nuestra conducta intencional y consciente, por decirlo con una concisión cercana al disparate, recibe, en efecto, impulsos activadores de esas zonas profundas. Pero también puede influir en ellas. Existen también conexiones descendentes que van de la corteza a los núcleos inferiores. Nuestro sistema cerebral está pues atravesado por ondas ascendentes y por ondas descendentes. Somos seres de ida y vuelta. La organización de este tráfico va a influir en la textura de nuestra personalidad. La fisiología influye en la conciencia y la conciencia influye en la fisiología. Esta causalidad recíproca es nuestra gran posibilidad. Y nuestra gran limitación.

4

La inteligencia humana prolonga los deseos con los proyectos, que nos permiten dirigir la acción y seducirnos desde lejos. Por ello son uno de los vectores dinámicos que intervienen en nuestro balance emocional. Para volver a las historias, recupero mi autobiografía de Sartre, un pensador que incluyó el deseo y el proyecto en el centro de su obra. Y tal vez de su vida.

El Sartre adolescente quería ser una síntesis de Spinoza y Stendhal. El Sartre adulto lo consiguió con sus desabridas descripciones del deseo, ese empeño de la conciencia por convertirse en facticidad. A veces roza el tremendismo, como cuando dice que en el deseo «la conciencia se encenaga en un cuerpo que se encenaga en el mundo».

Me interesa sobre todo su articulación de los deseos y los proyectos. La realidad humana es deseo, un deseo absurdo porque aspira a la estabilidad, perfección y acabamiento que tiene el ser en sí. El proyecto fundamental del insaciable ser humano es ser Dios. Dios, según Sartre, no es más que la formulación positiva de la infinitud del deseo.

La inconclusión del deseo se va a precisar en proyectos. Así cuenta Sartre cómo descubrió el suyo:

> «Muy pronto supe que mi misión consistiría en salvar a la realidad de su facticidad. La realidad tiene la consistencia de una gelatina espesa. He visto a gente dispuesta a tragarse ese postre indigesto, y me ha producido horror. Aprendí a despreciar la contingencia en las películas. El cine fue para mí la experiencia de lo absoluto, desde que acudía a él de la mano de mi madre. Yo desaparecía en la oscuridad de la sala, para aparecer como protagonista en la pantalla. ¡Qué malestar cuando

volvían a encenderse las lámparas! En la calle volvía a ser un supernumerario. Había sido despojado bruscamente de mi importancia. Ya no era necesario, sino excedente. En las películas había necesidad, existía el porvenir, los sucesos se desarrollaban con la precisión e inexorabilidad de una melodía y al final, mágicamente, milagrosamente, coincidían el beso de los protagonistas y el gran acorde del piano.

Tenía veinte años cuando conté al Castor mi descubrimiento. Mostraría a todos que la contingencia es una dimensión esencial del mundo y que la belleza es la única salvación. Mi experiencia estética infantil se convirtió en un criterio ontológico que me obligó a vivir en un mundo escindido. El cine se oponía a la calle; ser protagonista a ser supernumerario; la irrealidad de las palabras a la realidad de los otros; en una palabra, la belleza se oponía a la contingencia, la necesidad a la existencia. Todo lo que existe nace sin razón, se prolonga por debilidad y muere por casualidad. Es un compendio de todo lo despreciable. Es lo viscoso. Por el contrario, la obra artística es el Ser, la juventud permanente, firme, pura, idéntica, irrevocable. Es el mundo donde los círculos, los aires musicales, la expresión acerada, guardan sus líneas puras y rígidas.» (Quien conozca la obra de Sartre reconocerá en este texto paráfrasis de *Las palabras, Cuaderno de guerra* y *La náusea.)*

La inteligencia humana prolonga los deseos con proyectos. Se amplía así al campo de la motivación. Las experiencias de cumplimiento no sólo estarán fundadas en las necesidades y los deseos, sino también en los proyectos. Pero todo proyecto, hasta el más espiritado, recibe su fuerza de algún deseo lejano, como la isla donde estoy recibe la energía eléctrica de una isla vecina por medio de un cable submarino invisible. Los vectores dinámicos de nuestra conducta se van haciendo cada vez más conscientes e intencionales, pero derivan de la misma fuente, de ese *conatus* irremediable que nos fuerza a vivir. Esto es, a actuar.

Las teorías actuales de la emoción consideran que evaluamos afectivamente los sucesos según la manera como afecten a nuestras metas. Keith Oatley, un reputado especialista, escribe: «La causa más típica de una emoción en los adultos es la evaluación de un suceso relevante respecto de una meta. Frecuentemente la evaluación es consciente y constituye la parte semántica de una emoción. Cada meta tiene un monitor que reconoce los sucesos que cambian la posibilidad de su cumplimiento. Las emociones causadas de esta manera no son percepciones de acontecimientos externos o internos, sino del poder de los acontecimientos para cambiar la probabilidad de alcanzar una meta.»

Estoy fundamentalmente de acuerdo –salvo en la mención del «monitor», porque no comparto el «neoplatonismo» de los cognitivistas, que multiplican los entes intermedios creyendo que poniendo un nombre se explica algo–, pero las metas no significan nada si no se las enlaza con las fuentes subjetivas de las que nacen: las necesidades, los deseos y los proyectos.

5

Por debajo de los sentimientos siempre actúa algún deseo. Para acopiar más material de análisis voy a hablar de la *ira.* Un sentimiento relacionado con los deseos, con la impulsividad, con el carácter. Tal vez el lector crea que estoy dando demasiadas vueltas, pero le recuerdo que estamos en un laberinto, y que para alzar un plano hay que zascandilear mucho.

La ira es un tema recurrente en los antiguos tratados de ética. Séneca le dedicó un libro entero, porque pensaba que era la más destructiva y peligrosa de las pasiones. «Las otras tienen algo de quieto y apacible, pero ésta es toda arrebato y saña desaforada; es una desalmada furia deseosa de armas, sedienta de sangre, ávida de suplicios, descuidada de sí siempre que causa el mal ajeno, que sobre el hierro mismo se arroja, en su deseo fiero de una venganza que arrastrará consigo al propio vengador. Por ello fue que unos sabios varones dijeron que la ira era una breve locura.»

En el tratamiento clásico de la ira aparecen los temas de una ciencia de la afectividad, pero de manera dispersa. Por ejemplo, Tomás de Aquino incluye las pasiones dentro del sistema tendencial. Distingue entre apetitos concupiscibles, que están dirigidos al bien, y que suscitan las emociones de alegría, amor, esperanza y sus contrarios, y los apetitos dirigidos a lo arduo, a la superación del obstáculo. Entre las emociones suscitadas por estas enérgicas tendencias se encuentra la ira.

También es origen de un deseo nuevo, porque la define como «el apetito de causar daño a otro por razón de justa venganza» *(Suma teológica,* I-II, q. 47, a.l). Si alguna vez escribo una historia de los sentimientos, tendré en cuenta esta relación entre la ira y la venganza, presente en todos los autores antiguos, y que ahora ha quedado desdibujada. Somos más irritables y menos vengativos.

Sólo al lector que no me conozca tendré que pedirle perdón por darme un garbeo léxico. Los conocidos ya lo esperan, lo temen, lo soportan o qué sé yo. Las historias de la ira forman parte de un grupo narrativo más amplio: las historias del malestar. Un suceso produce en el sujeto un sentimiento desagradable, negativo, poniéndole en un estado del que quiere escapar y cuya terminación anhela. En el caso que nos ocupa, un hecho molesto en sí o molesto por su reiteración produce un disgusto que suscita movimientos más o menos violentos contra el causante. Experimentamos un *enfado,* o lo enfadoso de la situación.

Originariamente, *enfado* contaba una historia suave de cansancio y aburrimiento. Aparece en 1558, significando *hastío, y* sólo mucho después adquirió el significado que ahora prevalece: «alteración del ánimo que se manifiesta con reacción, ostensible o no, contra lo que la causa» (María Moliner). Este *contra* es la clave del sentimiento, y lo emparienta con otros que también la llevan en su código genético, como el odio y la agresividad.

El desencadenante clásico de la ira es la *ofensa.* Quiero detenerme en un verbo muy curioso: *ofenderse.* ¡Qué palabra tan absurda! Me ofende el ofensor. ¿A qué viene entonces ese reflexivo? No es propiamente un reflexivo sino otro ejemplo de esa voz media que tanto me da que pensar. El sujeto ofendido «se da por ofendido», y en ese acto de reconocimiento en que se siente afectado por la ofensa «se ofende». La voz media indica que el sujeto se vive como escenario del drama sentimental.

A pesar de la rapidez con que irrumpe en la conciencia, la ira está precedida de la evaluación de una ofensa, que defrauda nuestras expectativas. La aparición del sentimiento es, pues, el segundo acto del drama. Esto se ve léxicamente en los casos de enfado lento. Por ejemplo, *hartarse* es «sentir enfado por la pesadez o repetición de cierta cosa» (María Moliner). La palabra *calentarse* hace mención del progresivo enardecimiento de los ánimos.

Alonso de Palencia define la ira como «la pasión destemplada que arrebata el ánimo para luego punir a otri». Es pues un sentimiento inquieto que arrebata, enciende, inflama al sujeto, que siente la necesidad de desfogarse, desahogarse, es decir, «exteriorizar violentamente su estado de ánimo», y con eso apagarse, como hace la cal viva.

El idioma castellano nos cuenta más historias del enfado, por ejemplo, las del *despecho* y la *indignación.* Son también irritaciones violentas que buscan la revancha, pero las diferencian sus respectivos desencadenantes. El despecho es una historia que comienza con el desengaño y la frustración. Por eso pensé que tal vez Marta fuera una mujer despechada. Domínguez lo relaciona con la envidia, y define el despecho como «pesar de que otro sea preferido, le aventaje a uno, se luzca y arranque aplausos humillando al émulo». Varios diccionarios, por ejemplo el de Autoridades, lo relacionan con la desesperación, y ciertamente hay algo más intenso y terrible en el despecho que en la ira. El despechado es infeliz, dicen los ilustrados redactores. Pero etimológicamente procede de *despectus,* desprecio, lo que explicaría su relación con la envidia. El envidioso cree que sufre desprecio por causa del envidiado. A la vista de estas galerías secretas que unen unos sentimientos con otros, ¿se explica el lector por qué hablo del laberinto sentimental?

Si el despecho es la manifestación trágica de la ira, la *indignación* es su forma generosa y moralizadora. Generosa porque, como ya señalaron Descartes y Spinoza, la indignación puede estar desencadenada por el mal infligido a otros. Moralizadora porque es el sentimiento apropiado ante la injusticia. Hablaré después de ella.

6

Espero que el lector recuerde que en las páginas anteriores defendí la universalidad de unos sentimientos básicos, fundados en nuestras necesidades y en los problemas que surgen de la interacción con la realidad. Estos sentimientos sufrían variaciones culturales o personales. Me encontraba muy satisfecho con mis argumentos cuando leo que mi admirada Anne Wierzbicka sostiene que furia –ella usa el término inglés *anger*– no es una emoción universal. ¿Tendré que desdecirme?

Creo que no. Tomada al pie de la letra, la afirmación de mi colega es verdadera: *anger* no es una emoción universal, es una de las variantes posibles de una emoción universal. Lo que Wierzbicka quiere enfatizar es que no se puede tomar un léxico –el inglés o el castellano– como patrón de un sentimiento universal.

Pone como ejemplo que el término ilongot *liget,* y el ifaluk *song,* según Rosaldo y Lutz, no significan esencialmente lo mismo que *anger,* aunque puedan traducirse aproximadamente por *furia.* La furia de los ilongot –*liget*– parece ser mucho más intensa que la nuestra, y su expresión mucho más violenta, pero, quitando esas dimensiones cuantitativas, su furia y la nuestra parecen trabajar de la misma manera. Ellos, como nosotros, se ponen furiosos cuando se sienten frustrados y, como nosotros, reprimen su furia en contextos culturalmente apropiados.

Wierzbicka, en cambio, piensa que las diferencias son cualitativas y que se trata de conceptos distintos. *Liget* tiene un carácter competitivo relacionado con la envidia y la ambición, relación que no está implícita en la ira. Además, señala que la ira implica un sentimiento negativo hacia otra persona, lo que no sucede con *liget.* Sin embargo, esas características de *liget,* que son intraducibles con la palabra *ira/anger,* me recuerdan la expresión *furia española,* que es una agresividad deportiva que no tiene por qué ir acompañada de malos sentimientos.

La palabra ifaluk *song* tampoco puede traducirse exactamente por *anger. Song* es un sentimiento que responde a una mala conducta de alguien. El ofendido la manifiesta con el fin de cambiar la conducta del ofensor. Es, pues, una furia justificada. Se parece a *anger* por su desencadenante, pero se diferencia en que se dirige hacia la otra persona por un camino indirecto. El ofendido puede dejar de comer o incluso intentar suicidarse, para conseguir que el culpable se dé cuenta de la maldad de su acción.

Como último ejemplo cita la palabra polaca *ziosc.* No tiene ninguna connotación moral. Es tan sólo la respuesta a una frustración, y puede aplicarse a los animales o a la rabia infantil.

¿Significan lo mismo *anger, liget, song, ziosc, furia?* No. ¿Tienen un núcleo común? Sí. Wierzbicka admite que «algo parecido a *anger, liget, song,* etcétera» es una emoción humana universal. En esto estoy de acuerdo. Cada campo sentimental admite gran número de variaciones. Es difícil traducir las palabras de un idioma a otro, pero se podría estructurarlas todas en un diccionario universal, organizado alrededor de esos campos fundamentales.

7

Ya es hora de estudiar los ingredientes que intervienen en el balance sentimental cuyo resultado es la ira. Suele decirse que la ira tiene como desencadenante una frustración provocada por el bloqueo de las metas. Ésta fue la tesis de Dollard. Los deseos y expectativas del sujeto son defraudados por la acción de otra persona. Sin embargo, Jones y Hester probaron que la aparición de un obstáculo no es experimentada siempre como frustración. Puede serlo, por ejemplo, como un desafío.

Creo que la ira es desencadenada, más que por la frustración, por la creencia de que alguien o algo nos está agrediendo. El componente de hostilidad influye en su aparición. Podemos irritarnos por cualquier cosa, pero la verdadera ira se siente por las acciones voluntariamente queridas por otra persona.

El estado físico/afectivo en que se encuentre el sujeto influye de forma importante. Es bien conocido que el alcohol predispone a la furia, y también el cansancio. Y la excitación sexual. Tomkins propone una definición cuantitativa de la ira, que aparecería al aumentar excesivamente el nivel de activación neuronal. No influiría tanto el contenido de los desencadenantes cuanto la intensidad de la activación que producen. Por ejemplo, los ruidos fuertes, la prisa, las situaciones muy repetitivas, pueden producir enfado, ira o furia. En estos casos de furia por sumación, uno puede estar furioso y no saber por qué. Las furias del niño pueden producirse así. Una vez más vemos que los sentimientos son el resonar de una cuerda, uno de cuyos extremos está anclado en la biología y otro en el significado.

Hay, al parecer, personalidades propensas a la ira. Ya los antiguos griegos hablaron del temperamento colérico. En la antigua doctrina médica, el temperamento de cada hombre estaba determinado por la mezcla de los cuatro humores: bilis *(jolé),* sangre, flema y bilis negra *(melanos jolé).* El predominio de cada uno de estos humores daba lugar a un carácter distinto: colérico, sanguíneo, flemático y melancólico. Galeno interpretó caracteriológicamente la doctrina cosmológica de los cuatro elementos, y en el siglo II d.C, o en el III como muy tarde, la caracteriología estaba consolidada. A esta época pertenece posiblemente el libro *De la constitución del universo y del hombre,* en el que se explica con claridad la relación entre humores y caracteres: «¿Por qué unas personas son sociables y ríen y bromean, y otras son malhumoradas, hurañas y tristes; y unas son irritables, violentas e iracundas, mientras que otras son indolentes, irresolutas y apocadas? La causa está en los cuatro humores. Pues los que están gobernados por la sangre más pura son sociables, ríen y bromean, y tienen el cuerpo sonrosado, de buen color; los gobernados por la bilis amarilla son irritables, violentos, osados, y tienen el cuerpo rubio, amarillento; los gobernados por la bilis negra son indolentes, apocados, enfermizos, y con respecto al cuerpo, morenos de tez y pelo. Pero los gobernados por la flema son tristes, olvidadizos, y, en lo que se refiere al cuerpo, muy pálidos.» Aquí está el origen de las teorías actuales del temperamento, incluida la de Eysenck que comenté antes.

Estas determinaciones biológicas son, como hemos visto en todos los otros casos, completadas, aumentadas o amortiguadas por el aprendizaje. También la ira o la calma se aprenden. Hay culturas, como la esquimal, en las que la ira del adulto es extraña, y se considera una conducta infantil. El sistema de creencias también influye, como era de prever, en esta emoción que parece tan impulsiva y física. Esta posición entre lo dado y lo aprendido, que vamos a encontrar una y otra vez en nuestra exploración, me aconseja recuperar viejos conceptos. Creo que es útil distinguir entre *temperamento* –los determinismos fisiológicos– y *carácter* –la fisiología convertida en memoria–. Acerca de la *personalidad,* les hablaré más tarde.

8

Los sentimientos preparan para la acción, inician tendencias. La furia, esa breve locura, ¿tiene alguna relación con la agresividad? No todas las furias son agresivas, aunque todas llevan en sí un conato de agresividad por su carácter de «ir contra el obstáculo». No toda percepción de un obstáculo desencadena este movimiento. Las investigaciones de Seligman sobre la indefensión aprendida comenzaron por la observación de que algunos animales se esforzaban en superar las condiciones adversas mientras que otros se abandonaban a un destino fatal que los conducía incluso a la muerte.

Los especialistas que han estudiado las emociones atendiendo a su función evolutiva consideran que la furia cumple un papel importante en la lucha por la supervivencia. De ahí que no se la pueda considerar mala con tanta rapidez como lo hicieron los estoicos. El castellano ha relacionado la ira con el valor mediante la palabra *coraje,* que significa ambas cosas. Hay, pues, en este sentimiento una activación de energías para luchar contra el obstáculo, que la separa de una simple irritación que puede, sin embargo, manifestarse con expresiones muy semejantes.

Podemos describir una secuencia que nos lleva desde el sentimiento de furia a su expresión gestual y, más allá aún, a expresiones conductuales y en último término a la agresión, o incluso a la saña, que es una desorbitada respuesta.

Ni todas las furias conducen a la agresividad, ni toda la agresividad tiene la furia como antecedente. La frecuencia y gravedad de los problemas planteados por la agresividad han promovido serios estudios sobre este comportamiento. En ellos encontramos la misma estructura que aparece una y otra vez al estudiar el mundo afectivo. Somos híbridos de fisiología e información. Hay componentes biológicos que favorecen la aparición de las furias incontroladas y destructivas, pero estas furias también se aprenden. Albert Bandura cree que hay tres fuentes principales de la conducta agresiva: las influencias familiares, las influencias de grupos culturales y los modelos proporcionados por los medios de comunicación. Hay otro tipo de aprendizaje: las conductas agresivas pueden obtener recompensa. Animales que son normalmente dóciles luchan con agresividad cuando el ataque les proporciona comida o bebida. Las observaciones de la conducta infantil muestran que aproximadamente el 80 % de las acciones agresivas resultan premiadas.

No creo forzar el análisis al decir que en la ira actúan los cuatro ingredientes del balance sentimental: la *situación real* y los *deseos* que son interrumpidos, por de pronto. Pero también las *creencias.* La influencia del aprendizaje, de los hábitos educativos y de las normas sociales así lo prueban. Por ello hay grupos y culturas más agresivos que otros. La última partida del balance hacía referencia a la *idea que el sujeto tiene sobre sí mismo.* También aquí el estudio de la agresividad nos proporciona una confirmación. Muchos sujetos mantienen su conducta agresiva porque encuentran en ella una fuente de orgullo personal. En las culturas agresivas que prestigian las proezas bélicas, los individuos están orgullosos de sus estallidos de violencia. Nuestra cultura también valora modelos agresivos, porque confunde la capacidad para enfrentarse a un obstáculo con el deseo de destruirlo.

Aparece aquí un problema con el que tendremos que enfrentarnos más tarde. Una función natural, como es el sentimiento de furia, puede resultar peligrosa o perjudicial para el ser humano. El animal tiene las cosas más fáciles porque su agresividad le produce siempre beneficios. Nosotros, en cambio, al empeñarnos en configurar un modo de vida alejado de la naturaleza, es decir, de la selva, encontramos que esos impulsos naturales pueden impedir que alcancemos nuestros fines.

9

Los sentimientos derivan de los mecanismos de la acción –las necesidades, deseos, proyectos–. Eso me va a permitir terminar este capítulo con un repertorio de los grandes campos sentimentales, es decir, de aquellos que aparecen en todas las culturas. Es un plano elemental, tanteante, del laberinto. Fragmentario, como son siempre los mapas dibujados por los exploradores, que sólo dicen: Hasta aquí he llegado. Después lo que pareció un mar tal vez se convierta en lago, y lo que se tomó por una isla resulte ser un continente. Pero de alguna manera hay que empezar.

PRIMERO: hay un grupo de sentimientos muy cercanos a la fisiología, que pueden tener una causa puramente biológica o ser el resultado de un balance sentimental, significativo, semántico. A veces resulta muy difícil descubrir los antecedentes de estas experiencias afectivas. Los principales sentimientos de este grupo se organizan en una dimensión bipolar y son *intranquilidad/tranquilidad, exaltación/depresión, alerta/reposo, ánimo/desánimo, impulso a la actividad/cansancio, esfuerzo/relajación.* Son sentimientos muy amplios, que pueden intervenir en la configuración de otros sentimientos. Muchos de ellos, por ejemplo, ponen al sujeto en estado de alerta. Otros, como la alegría, producen exaltación, ánimo, deseo de actividad.

SEGUNDO: experiencia de algo que se presenta como relevante o nuevo: *interés y sorpresa.* El interés es la percepción de lo potencialmente relevante para alguna de nuestras metas. Va acompañado de la tendencia a orientarse, a continuar procesando información. Cumple una función adaptativa inexcusable: extraer la información del entorno, dirigir la atención. Carroll Izard considera que es la experiencia positiva experimentada con más frecuencia y que es indispensable para el aprendizaje. Se prolonga con la *curiosidad,* que es un cierto desasosiego por conocer.

La *sorpresa* es la percepción de lo nuevo, lo imprevisto, lo inesperado. Según el *Diccionario de Autoridades,* es «la toma o presa que se hace de alguna cosa súbitamente y sin que lo esperase el contrario». Es un término militar. Los expertos no se ponen de acuerdo sobre su índole emocional. Ekman, Plutchick, Scherer, Tomkins, Woodworth consideran que es una emoción. Ortony lo niega porque cree que la sorpresa puede darse en ausencia de una reacción evaluadora. Creo que tienen razón los primeros. Se evalúa el interés que lo nuevo puede tener para el curso vital.

Hay un modo de sorpresa más elaborado cognitivamente, que está producido no tanto por la novedad cuanto por la extrañeza, el valor, la hermosura, la autoridad. Me refiero a la *admiración* y al *respeto.*

También habría que incluir en este apartado las experiencias de sentirnos subyugados por algo: la *diversión* o la *fascinación.* Todos estos sentimientos son manifestaciones de la atencionalidad de nuestra conciencia. Los objetos nos llaman la atención.

TERCERO: experiencia de la falta de interés de las cosas y por las cosas: *aburrimiento.* El vacío de sensaciones –escribió Kant– percibido en uno mismo suscita horror y es como el presentimiento de una muerte lenta, que es tenida por más penosa que si el destino corta rápidamente el hilo de la vida. Ésta es la razón de que se busque acelerar la aparición de nuevas sensaciones. En castellano decimos de un suceso aburrido que es «latoso», es decir, que alarga el tiempo.

CUARTO: experiencia de algo como favorable, placentero, útil: *atracción.* Es un sentimiento muy general, que puede acompañar a otros sentimientos complejos. Acompaña o delata nuestras metas.

QUINTO: experiencia de algo como desfavorable, doloroso: *aversión.* Como en el caso anterior, este sentimiento, que es muy vago, puede intervenir en la definición de otros sentimientos, como por ejemplo el odio o el asco.

SEXTO: experiencia de que nuestras necesidades, deseos, proyectos, se están cumpliendo: *alegría.* Es un sentimiento en gerundio porque la meta no se considera alcanzada, sino alcanzándose. Incita al mantenimiento de la acción. Tiene como función adaptativa el refuerzo de la estrategia eficaz, el ánimo para responder a nuevos retos y un mensaje social para iniciar o continuar la interacción.

SÉPTIMO: experiencia de que nuestras necesidades, deseos o proyectos no se van a realizar o no se han realizado: *frustración, tristeza.* La *tristeza* suele definirse como conciencia de una pérdida, propicia el aislamiento y la inacción. En muchos casos estimula el cuidado de los demás. Es difícil saber si cumple alguna función adaptativa. Según Campos podría ser la conservación de la energía, una eventual reinversión de los recursos en otras metas más accesibles, pero tengo mis dudas al respecto. El fracaso, como su etimología indica, es la decepción estrepitosa de un empeño. Una derrota.

OCTAVO: experiencia de que algo amenaza nuestras metas y nuestra integridad: *miedo.* Es la percepción de que la meta no va a alcanzarse a no ser que se realice una acción protectora, la huida o la retirada. Tiene una clara función: proteger la vida, evitar el dolor, mantener la autoestima. Incluye también una advertencia a los demás para que eviten la situación o presten ayuda.

NOVENO: experiencia de que algo obstaculiza nuestros fines: *resignación, impotencia* o *furia.* Es fácil ver las semejanzas con el caso anterior. Una amenaza también es un obstáculo, por lo que una misma situación puede provocar *furia o miedo,* disparando la huida o el ataque. La *resignación* acepta el obstáculo, la *impotencia* no se resigna pero se reconoce incapaz de eliminarlo, la *furia* intenta removerlo. Pretende abrir de nuevo el camino hacia la meta, causar un cambio en la conducta social. Es la respuesta producida por un obstáculo percibido como hostil, no casual, sino provocado. Cuando va acompañado de la conciencia de daño recibido, puede implicar la idea de venganza o revancha.

DÉCIMO: experiencia de que alguien impide, obstaculiza o imposibilita nuestros fines no sólo por su comportamiento, sino por el simple hecho de existir: *odio.* Sentimiento aversivo, que puede acompañar a otros sentimientos como la *envidia.*

UNDÉCIMO: experiencia de que alguien facilita, posibilita o realiza nuestros fines no sólo por su comportamiento, sino por el hecho de existir: *amor.* Es un sentimiento de gran complejidad. Satisface dos necesidades distintas: la necesidad de contar con otra persona (ejemplo: la relación del niño hacia su madre), y la necesidad de que otra persona necesite de nosotros (ejemplo: la relación de la madre con el niño). Sospecho que la complejidad del amor se debe a que es un sentimiento que integra muchas cosas: es nuestra gran síntesis afectiva. Lo veremos más adelante.

DUODÉCIMO: experiencia de la desaparición de un mal o de su disminución: *alivio.*

DECIMOTERCERO: experiencia de la incapacidad para prevenir o controlar mi relación con el mundo: *indefensión, inseguridad, impotencia.*

DECIMOCUARTO: experiencia de la inseguridad por el futuro, del miedo a lo posible, de la ausencia de salidas: *angustia.* Puede tener componentes fisiológicos. Tal vez habría que integrar aquí la *desesperanza.*

DECIMOQUINTO: experiencia de la seguridad, de la confianza en lo posible, de la fe en una salida: *esperanza.*

DECIMOSEXTO: experiencia de sentirse juzgado mal por el grupo en el que quiero integrarme: *vergüenza.* Es el temor a perder el respeto o el afecto de otro, el miedo al juicio ajeno. Se trata de un gran regulador social que sirve para imponer las normas de una comunidad.

DECIMOSÉPTIMO: experiencia de juzgarse responsable de un acto malo: *culpa.* Tal vez sea una vergüenza internalizada. Implica la aceptación de unas normas. En castellano *culpa* no está lexicalizada como sentimiento. Es una situación real: se es culpable o inocente. El sentimiento correspondiente es el *remordimiento,* la *pena,* el *arrepentimiento,* la *contrición.*

DECIMOCTAVO: experiencia de ser juzgado bien por los demás o por uno mismo: *orgullo.*

DECIMONOVENO: experiencia de los sucesos ocurridos a otra persona. En este caso podemos elaborar un cuadro con las variaciones posibles que habría encantado a Spinoza. Las situaciones experimentadas por otra persona pueden sufrir dos tipos de evaluación: ¿cómo han resultado para el otro? ¿Cómo resiente el espectador la reacción del otro? Lo que experimenta el prójimo puede ser bueno o malo, y cada una de estas posibilidades puede afectar positiva o negativamente al espectador. Esta mezcla de evaluaciones da lugar a la siguiente combinatoria sentimental:

Alegría ante un suceso bueno para otro: *congratulación.*

Alegría ante un suceso malo para otro: en alemán *schadenfreude,* en inglés *gloating.* En castellano no existe ninguna palabra que lo designe. Es un sentimiento maligno que ya mencionó Lucrecio en *De rerum natura,* II, V. 1, 4:

> Es grato, cuando en alta mar turban las aguas los vientos,
> contemplar desde tierra los grandes trabajos de otros;
> no porque el tormento del prójimo sea un gozoso placer,
> sino porque ver males de que se está exento es grato.

Tristeza ante un suceso bueno para otro: *envidia.*

Tristeza ante un suceso malo para otro: *compasión.*

El espíritu inquieto encontraría sin duda gran reposo si pudiera encontrar una lógica universal de los sentimientos, es decir, ampliar esta combinatoria universal a todos los efectos. Muchos autores han intentado deducir los sentimientos a partir de un pequeño número de ellos, pero hasta que no encuentre razón para cambiar de idea, prefiero organizarlos como historias. Cada uno de ellos resume un breve relato biográfico, con su planteamiento, nudo y desenlace. Los sentimientos describen circuitos sentimentales, por los que viajamos todos continuamente.

Éstos serían los sentimientos fundamentales, que forman entre sí alianzas múltiples. Es posible que el lector se sienta decepcionado porque no aparecen sentimientos poderosos e interesantes: los estéticos, morales y religiosos, sin ir más lejos. Ni siquiera he incluido el sentido del humor, que me parece una de las grandes creaciones de la inteligencia afectiva. Es prematuro hacerlo a estas alturas. Nos ocuparemos primero de los sentimientos fundamentales, más sencillos, para no perdernos comenzando por la suma complejidad. Tenga en cuenta que estamos en medio de un laberinto.

En el origen de cada uno de ellos hay un esquema sentimental. El que en una situación dada sintamos una emoción u otra, es decir, activemos un esquema sentimental u otro, depende de los ingredientes del balance sentimental que estoy estudiando. Lo hago con la esperanza de que si conociéramos bien las partidas del balance sentimental, tal vez podríamos dirigir de alguna manera nuestra vida afectiva, desprendiéndonos de los sentimientos que hacen insoportables nuestras vidas: el miedo, la depresión, la envidia, la angustia.

EN TORNO AL FUEGO

JAM: Mientras recobráis el aliento os voy a leer trozos de un poema de Saint-John Perse:

> ¡Tú cantabas, poder, en nuestras rutas espléndidas!...
> «En la delicia de la sal se hallan todas las lanzas del espíritu...
> ¡Avivaré con sal las bocas muertas del deseo!

A quien no ha bebido, alabando la sed, el agua de las arenas
en un casco,
poco crédito le concedo en el comercio del alma.»

EV: No sé si el poema me ha descansado o me ha cansado más todavía, porque no lo entiendo. ¿Por qué van a estar en la sal todas las lanzas del espíritu? ¿Por qué es deliciosa?

JAM: ¿Se os ocurre algo?

EH: Porque aviva las bocas muertas del deseo.

EV: Pero la sed no es nada deliciosa.

EH: Desde luego que no. Pero beber sí. Y sin sed no se puede disfrutar bebiendo. Supongo que quiere decir que de la fuente del deseo brotan todas las fuerzas del espíritu.

JAM: No está mal. ¿Qué haces ahí tan atareada?

EH: Intento terminar el plano. ¿No te parece que la envidia no es un sentimiento, sino una pasión?

JAM: Ya os dije que la pasión era una variante del sentimiento. Cuando un sentimiento monopoliza la vida afectiva de una persona y le impulsa con gran violencia a actuar de una determinada manera, se convierte en pasión. Hay sentimientos amorosos y pasiones amorosas; lo mismo ocurre con la envidia, el odio, la desesperanza, la agresividad.

EV: El capítulo me ha defraudado. Esperaba algo más picante. El deseo tiene cierto morbo. Ni siquiera ha hablado de las «máquinas deseantes» de Deleuze.

JAM: No me importa citarle ahora mismo: «Las máquinas deseantes son máquinas binarias, de regla binaria o de régimen asociativo; una máquina siempre va acoplada a otra. La síntesis productiva, la producción de producción, posee una forma conectiva: "y", "y además"... Siempre hay, además de una máquina productora de un flujo, otra conectada a ella y que realiza un corte, una extracción de flujo (el seno-la boca). Y como la primera a su vez está conectada a otra con respecto a la cual se comporta como corte o extracción, la serie binaria es lineal en todas las direcciones. El deseo no cesa de efectuar el acoplamiento de flujos continuos y de objetos parciales esencialmente fragmentarios o fragmentados. El deseo hace fluir, fluye y corta. "Me gusta todo lo que fluye, incluso el flujo menstrual que arrastra los huevos no fecundados...", dice Miller en su *Canto al deseo» (Antiedipo,* Paidós, 1995, p. 15). Cumplido el expediente, paso a otra cosa. El ámbito de los deseos es muy amplio. Unos son físicos y otros metafísicos.

EV: Aquí he anotado: «Los sentimientos son el puente entre la personalidad y los actos.» ¿Qué quiere decir?

JAM: Al analizar un sentimiento –por ejemplo, el miedo, el amor, la envidia, la alegría– se tiene la experiencia de estar en un terreno de transición, resbaladizo, porque las descripciones tienen que deslizarse hacia el comportamiento que suscita, los nuevos deseos, por ejemplo, o hacia los rasgos personales que lo han provocado. ¿Por qué siente miedo un miedoso? Por su carácter. Pero esto no es más que una palabra que es preciso aclarar. Descubrimos estilos permanentes de responder afectivamente a las situaciones, y a eso le llamamos *carácter.*

EV: ¿Y la personalidad qué es?

JAM: Ya lo veremos después, pero adelantaré algo. El paso del sentimiento al acto no es automático. Entre la respuesta sentimental y la respuesta conductual hay un abismo. Puedo sentir miedo y actuar valientemente. Puedo sentir odio y perdonar. Puedo estar agitado y actuar con calma. En este intervalo entre los sentimientos y la acción tiene que funcionar un aspecto de nuestro yo, al que he llamado yo ejecutivo, que explique la actitud tomada respecto del sentimiento. El carácter es nuestro estilo de sentir. La personalidad es nuestro estilo de obrar. Son dos cosas mezcladas en la práctica pero separadas conceptualmente.

EV: Me ha divertido mucho lo de las genealogías sentimentales. ¿Te acuerdas de alguna?

JAM: Era una manera plástica de exponer una verdad: que unos sentimientos desencadenan otros. Recuerdo que Santo Tomás decía que las hijas de la *avaricia* son la *traición,* el *fraude,* la *mentira,* el *perjurio,* la *inquietud,* la *violencia* y la *dureza de corazón.*

La madre de la *envidia* es la *soberbia,* y sus hijas, el *odio,* la *murmuración,* la *detracción,* el *gozo en lo adverso* y la *aflicción en lo próspero.*

EV: Todo eso me suena a sabiduría de confesionario.

JAM: Tal vez no sea mal observatorio. El asunto es que los moralistas medievales hicieron análisis y clasificaciones muy perspicaces.

EH: Paso a otro asunto. ¿Cuál es la relación entre deseos y proyectos? A mí me parecen lo mismo.

JAM: No lo son, en absoluto. Puedo sentir deseos que nunca proyectaré realizar. Todo proyecto expande o concreta un deseo, pero no todo deseo es un proyecto. A veces es difícil saber qué deseo alienta por debajo de un proyecto. También es difícil saber por qué nos gusta lo que nos gusta. Toda experiencia satisfactoria satisface algo, pero a veces no sabemos qué.

EH: Yo he descubierto hoy lo que me gusta de este asunto. Esto de los ingredientes sentimentales. Me encanta la cocina y no descarto escribir un libro de recetas sentimentales. Cójase un deseo de ración, échesele unas cucharadas de creencias y unas pizquitas de autoestima.

JAM: Creo que es mejor que apaguemos el fuego.

6. JORNADA TERCERA: LOS SENTIMIENTOS Y LA MEMORIA PERSONAL

1

En 1934, Jean Piaget publicó *La construcción de lo real en el niño.* A mí, que venía de la fenomenología, aquel libro me fascinó cuando lo leí, porque daba un fundamento psicológico a los fenómenos de constitución del mundo intencional que la fenomenología se contentaba con describir. Mostraba que el niño construye literalmente su mundo mediante acciones exploradoras, en lugar de limitarse a recibir una imagen perceptiva del entorno. El niño no conoce el mecanismo de sus propias acciones y, por tanto, no sabe separarlas de los objetos reales. El universo infantil lo componen figuras que emergen de la nada en el momento de la acción para volver a la nada cuando la acción ha terminado.

El recién nacido llega provisto de unos esquemas sensorio-motores muy elementales, con los que va a emprender la colosal tarea de reinventar el mundo e inventarse a sí mismo. Algo así como meter el mar en un pocillo excavado en la playa. El desarrollo de su inteligencia consistirá en ir construyendo esquemas cada vez más flexibles y poderosos, que le permitan asimilar la realidad y acomodarse a ella.

A Piaget sólo le interesó la evolución de la inteligencia. A mí me interesa la evolución de la *inteligencia afectiva.* El bebé nace con unos esquemas sensorio-motores, pero también, como he repetido demasiadas veces ya en este libro, con unos esquemas afectivos. A partir de ellos va a construir sus estructuras afectivas, alumbrando al mismo tiempo un mundo donde no sólo hay plantas y piedras y animales, sino donde las plantas son venenosas o nutritivas, las piedras cobijan o aplastan y los animales son un peligro o una salvación.

Esta unión de la inteligencia afectiva y del mundo abierto por ella constituye lo que llamo la *memoria personal.* Es el conjunto de nuestras creencias, pero es fundamentalmente el conjunto de nuestros hábitos.

La noción de memoria está tan desbaratada que tengo que dedicar unos párrafos a ordenarla. La memoria no es un archivo de información. La memoria es una estructura neuronal capaz de asimilar información, cambiar al hacerlo, y capaz también de producir o reproducir las informaciones. Es un conjunto, pues, de hábitos operativos que intervienen en todas nuestras conductas intelectuales, afectivas, motoras. Vemos desde lo que sabemos, comprendemos desde lo que sabemos, actuamos desde lo que sabemos, creamos desde lo que sabemos. Pero este saber es, sobre todo, un saber hacer. Lo que normalmente se considera la única función de la memoria –repetir la información– es sólo una de sus funciones, y de las más pobres. No tenemos memoria, sino que somos memoria.

A lo largo de este libro ha aparecido continuamente la dualidad estructuras fisiológicas/aprendizaje. Somos sistemas biológicos cargados de información. Me resulta incomprensible que las teorías de la personalidad no reconozcan que tienen que ser teorías de la memoria personal. En este capítulo voy a estudiar otro componente del balance sentimental. Estoy investigando, no lo olvide el lector, los ingredientes subjetivos que determinan que en una situación concreta un sujeto concreto experimente un sentimiento concreto. Pues bien, uno de ellos es, sin duda, el conjunto de *creencias, expectativas, costumbres* que un individuo tiene.

Comenzaré estudiando las creencias. Con este nombre designo la representación básica del mundo mantenida por la memoria. Ortega las describió tan bien que le tomo prestada la palabra. Analice el lector cualquier comportamiento suyo, aun el más sencillo en apariencia. El lector está en su casa y, por unos y otros motivos, resuelve salir a la calle. ¿Qué es en todo este comportamiento lo que propiamente tiene el carácter de pensado, aun entendiendo esta palabra en su más amplio sentido, es decir, como conciencia clara y actual de algo? El lector se ha dado cuenta de sus motivos, de la resolución adoptada, de la ejecución de los movimientos con que ha caminado, abierto la puerta, bajado la escalera. Todo esto en el caso más favorable. Pues bien: aun en ese caso y por mucho que busque en su conciencia, no encontrará en ella ningún pensamiento en que se haga constar que hay calle. El lector no se ha hecho cuestión en ningún momento de si la hay o no la hay. ¿Por qué? No se negará que para resolverse a salir a la calle es de cierta importancia que la calle exista. En rigor, es lo más importante de todo, el supuesto de todo lo demás. Sin embargo, precisamente de ese tema tan importante no se ha hecho cuestión el lector, no ha pensado en ello ni para afirmarlo ni para ponerlo en duda. ¿Quiere esto decir que la existencia o no existencia de la calle no ha intervenido en su comportamiento? Evidentemente no. La prueba se tendría si al llegar a la puerta de su casa descubriese que la calle había desaparecido, que la tierra concluía en el umbral de su domicilio o que ante él se había abierto una sima. Entonces se produciría en la conciencia del lector una clarísima y violenta sorpresa. Esta sorpresa pone de manifiesto hasta qué punto la existencia de la calle actuaba en su estado anterior, es decir, hasta qué punto el lector contaba con la calle aunque no pensaba en ella y precisamente porque no pensaba en ella.

Esto es verdad, pero no es toda la verdad, ni siquiera la más importante. Así se describe sólo la cara visible de las creencias. Lo importante es que son hábitos mentales, que funcionan con la misma constancia que los hábitos musculares, por ejemplo. Un tenista usa sus creencias motoras, como un budista utiliza sus creencias religiosas. Ambos han modificado mediante el aprendizaje su manera de responder a una situación. A estos efectos, la contundencia de una conclusión o de un *smash* no se diferencian apenas.

La memoria personal –híbrido de fisiología e información– es el núcleo duro de la personalidad. Incluso los conductistas interesados en la evaluación conductual han admitido la idea de personalidad, considerándola no como una sustancia subyacente a las conductas, sino –en expresión de Wallace– «como un repertorio de respuestas», concebida, pues, en términos de habilidades o capacidades de respuesta aprendidas. La idea es retomada por Peterson. Según Staats, los constituyentes de la personalidad, desde una interpretación conductual, son los «repertorios básicos de conductas», y son éstos los que, junto con la situación estimular, poseen valor causal en la determinación de respuestas. Sólo tengo que añadir que entre esas respuestas se encuentran los sentimientos.

2

La psicoterapia hace tiempo que se dio cuenta del protagonismo de las creencias en los dramas sentimentales. Las teorías de Ellis y de Beck se fundan en este hecho. Muchos trastornos depresivos tienen en su origen una creencia falsa. Beck cuenta, por ejemplo, la historia de una mujer de treinta años, con dos niños y recientemente divorciada, que acudió a su consulta sufriendo una depresión que había comenzado poco después de su ruptura matrimonial, cuando se mudó de un ambiente rural a un ambiente urbano, en el que sus hijos sufrieron problemas de adaptación.

Según Beck, en la génesis de la depresión funcionó una creencia básica, implícita, que puede formularse así: «Si soy agradable (si me ocupo de los demás, y parezco brillante y atractiva) no me sucederán cosas malas (divorcio, problemas con los niños).» A partir de esta creencia pueden suscitarse dos sentimientos distintos, dos balances sentimentales diferentes. Para mayor claridad, los expondré como si cada uno de ellos fuera el resultado de un silogismo. La paciente posiblemente nunca los pensó de forma expresa, pero es muy posible que estuvieran actuando solapadamente en su conducta.

El primer silogismo sería: «Si soy agradable, las cosas me irán bien. Las cosas me van mal, luego no soy agradable.» Conclusión sentimental: *depresión y culpabilidad.*

Segundo silogismo: «Si soy agradable, las cosas me irán bien. Soy agradable, pero me van mal. El mundo es injusto.» Conclusión sentimental: *cólera o indignación.*

El lector se habrá percatado de que hay algunas diferencias en los dos silogismos. La primera premisa es común. La segunda, en cambio, incluye una valoración del sujeto sobre sí mismo. Es esta diferencia la que va a desencadenar un sentimiento u otro. En el segundo caso el sujeto se siente seguro de su comportamiento: se sabe o se cree agradable. En el primero, es eso precisamente lo que está en cuestión para el sujeto. Descubrimos aquí dos ingredientes distintos del balance: uno es la creencia amplia, básica, sobre cómo funciona el mundo, expuesta en la primera premisa. Afirma una relación entre un comportamiento y los efectos de ese comportamiento.

El otro ingrediente es el concepto que tenemos sobre nosotros mismos, acerca de nuestro comportamiento, y sobre la configuración de nuestro *self.* Ambos van unidos, como se ve en los ejemplos, pero en este capítulo sólo me ocuparé de las creencias generales.

Beck comprobó que sus pacientes se recuperaban cuando cambiaban algunas de esas dos creencias. A eso se enderezaba la terapia. Lo que uno piensa acerca de sus problemas, incluyendo la misma depresión, puede agravarla o aliviarla.

Los libros de divulgación terapéutica –que en su mayor parte suelen ser basura bibliográfica– repiten alegremente que todo cambiará si se cambia de modo de pensar. No se dan cuenta de que la estructura psicológica de una creencia no puede confundirse con la estructura psicológica de una opinión. Se puede cambiar de opinión como de peinado. El cambio de creencias es más difícil. Isaak M. Marks, un gran especialista en miedos, ha recordado que los fóbicos no se encuentran mejor cuando se les explica que sus preocupaciones no tienen base alguna. Las opiniones, incluso los conocimientos, se mueven en un territorio más superficial que las creencias. Según el modelo que propongo, las creencias tienen un enraizamiento neuronal más profundo: son *hábitos de la memoria.*

Les pondré un ejemplo. Martin Seligman, autor de una famosa teoría sobre la depresión, ha intentado explicar por qué las mujeres sufren el doble de depresiones que los hombres. Lo atribuye a la distinta manera que tienen de pensar en sus problemas. Los hombres tienden a actuar, mientras que las mujeres tienden a contemplar su depresión, volviendo sobre ella una y otra vez, intentando analizarla y determinar sus fuentes. Es lo que llaman los psicólogos ruminación. Se trata de un estilo de pensar, un hábito que se refuerza, además, con el ejercicio. Sólo cuando interpretemos las creencias como un hábito mental, que tiene la misma estabilidad, facilidad de respuesta y potencia que los hábitos musculares, comprenderemos lo que de verdad hay en la explicación cognitiva de las depresiones o de los sentimientos.

Este siglo ha presenciado epidemias de crueldad que nos resulta difícil comprender. En la documentación del proceso de Núremberg se menciona el caso del comandante del campo de concentración de Janovski, Willhaus, que «por simple deporte y para entretenimiento de su mujer y su hija, solía disparar periódicamente desde el balcón de su despacho con un fusil automático sobre los reclusos que trabajaban en los talleres. Algunas veces prestaba el fusil a su mujer, que también disparaba. En algunas ocasiones, y para divertir a su hija de nueve años, Willhaus ordenaba lanzar al aire niños de dos a cuatro años mientras disparaba sobre ellos. Su hija aplaudía y gritaba: "¡Papá, hazlo otra vez!" Y él lo hacía de nuevo». ¿Cómo es posible tanta insensibilidad? Hay, por supuesto, otros elementos, pero uno de ellos es la creencia básica inculcada en esos sujetos. Si los judíos son tan sólo homúnculos, no hay que sentir hacia ellos lo mismo que se siente hacia los seres humanos.

Durante el juicio que se siguió contra el teniente Calley, responsable de la matanza de My-Lay, un trágico suceso de la Guerra del Vietnam en el que se asesinó a hombres, mujeres y niños, el acusado se defendió diciendo: «Se me ordenó dirigirme hacia allá y destruir al enemigo. Era mi tarea de ese día. No me senté a pensar en las mujeres, hombres, niños. Todos eran clasificados por igual, y eso es lo que yo aprendí: a considerarlos estrictamente como enemigos» (T. Tiede, *Calley: Soldier or Killer?,* Nueva York, Pinnacle Books, 1971, p. 38).

Los sentimientos femeninos y masculinos son un buen ejemplo del influjo de las creencias. Obran sobre diferencias biológicas, sin duda, pero introducen entendidos y malentendidos, expectativas, presiones, juicios sociales, aprendizajes por observación, adoctrinamientos. Al final, nadie sabe ya lo que es naturaleza y lo que es cultura.

3

Todo sistema de creencias, todo modelo del mundo, incluye expectativas. La inteligencia sirve, sobre todo, para predecir el futuro. Lo que esperamos es fuente de sentimientos buenos o malos, de decepciones o triunfos. No me extraña que haya tan gran disputa sobre el esperar. Para muchos autores, no hay vida sin esperanza. Para Spinoza había que librarse cuanto antes de ella y de su compañero, el miedo, porque ambos nos esclavizan. Marta experimentó angustia al ser abandonada porque esperaba otra cosa. Se había creído segura cuando estaba en precario.

La influencia cultural determina el repertorio afectivo de una sociedad. Proporciona un repertorio de significados, expectativas, metas, intereses y valores. Cada cultura describe un mundo peculiar, que es el resultado de sus preferencias, e intenta que cada uno de sus miembros se amolde afectivamente al paisaje construido. La influencia llega a niveles profundos. Tursky ha estudiado los umbrales del dolor, la estimación de la intensidad del dolor y la tolerancia en mujeres de diversas culturas: protestantes americanas, irlandesas, italianas y judías. El umbral no cambia en los distintos grupos, pero sí la estimación de la intensidad y la tolerancia. El autor atribuyó estas diferencias a la distinta significación que cada cultura da al dolor.

Hace años, F. R. Kluckhohn señaló los contenidos de una cultura que influyen más en el comportamiento de sus miembros. En primer lugar está su visión general sobre la naturaleza humana, en especial acerca de su intrínseca bondad o maldad. En el pensamiento chino tiene gran importancia el concepto de *yen,* que se suele traducir como «amor». En la «doctrina del término medio» y en el *Libro de Mencio* puede leerse que *yen* (amor) es *yen* (hombre). Una misma palabra significaba ambas cosas. Entendían por *yen* una energía creadora: «Las semillas de duraznos y albaricoques que pueden crecer son *yen.* Esto significa que hay en ellas voluntad de desarrollarse. Meditando sobre ello entenderemos lo que es el *yen*», escribió Hsieh Liang-tso (1050-1103). Existe el mal, que rompe el equilibrio entre el yo y la naturaleza, pero el hombre tiene poder para modificar esta situación, puesto que su naturaleza es *yen,* creación amorosa, fuerza que ha recibido del cielo y la tierra, y ésta es originariamente bondadosa.

La relación del hombre con la naturaleza es otro bloque de creencias que influye en el modo de sentir. Para los budistas, que creen en la unidad de todas las cosas, cada ser es valioso y amable. Durante los últimos años hemos asistido al crecimiento de un sentimiento ecológico, que nunca existió en Occidente, y que integra una gran cantidad de creencias, de tipo utilitario unas, místico otras, estéticas, morales, científicas. Si tengo razón, cada cambio en alguna de estas creencias producirá nuevos sentimientos. La gran innovación de Francisco de Asís, uno de los más sorprendentes creadores sentimentales de nuestra cultura, consistió en experimentar todas las cosas como criaturas de Dios, y, por lo tanto, hermanadas entre sí. En el agua, en el fuego, en el sol, en la hormiga, descubría la presencia divina. Tomás de Celano cuenta en su biografía que «el hermano Francisco no quería que por las noches se apagaran las candelas para que no se ocultara la belleza de las criaturas». El arte de este siglo, con su repudio de la naturaleza, demuestra una peculiar insensibilidad que halla en la degradación o distorsión de lo real una afirmación de su propio poder creador.

Hay culturas comunitarias y culturas individualistas, y esta distinción influye también en la personalidad básica de sus miembros y en su vida sentimental. Markus y Kitayama han mostrado que los sujetos con una construcción independiente del Yo experimentan más emociones centradas en el ego: ira, orgullo, satisfacción por los logros. En cambio, las sociedades más interdependientes fomentan las emociones dirigidas a otros, como la empatía y el respeto hacia los demás. Varios estudios realizados en China y Japón revelan que las personas modestas, no jactanciosas, son consideradas de forma más positiva que las que presumen de sus actividades, y que las personas que en nuestra cultura se definirían como asertivas allí se ven infantiles e inmaduras.

El modelo del mundo contiene también expectativas. Continuamente anticipamos el desarrollo de acontecimientos y mantenemos una expectativa sistemática acerca de la realidad. Si al abrir la puerta de mi despacho me encontrara un río, quedaría muy sorprendido. G. A. Kelly ha puesto énfasis en la influencia de nuestras posturas anticipatorias. En su práctica terapéutica, interpreta cada conducta como un intento del sujeto de poner a prueba una idea del mundo, una hipótesis sobre la realidad, una anticipación. Por ejemplo, la insistencia de un paciente en que su terapeuta le dedique más tiempo, mediante una serie de llamadas de crisis, visitas y horas de terapia prolongada, puede ser un intento de comprobar una predicción profundamente arraigada: Al final, incluso mi terapeuta me rechazará. Esta hipótesis puede ser a su vez parte de una teoría más amplia sobre sí mismo que enfatiza la propia y esencial imposibilidad de ser amado.

También Bandura ha insistido en la importancia de las anticipaciones. El ser humano –dice– no reacciona simplemente a los estímulos externos, sino que los interpreta, organizando la información procedente de ellos en forma de creencias sobre el funcionamiento de las cosas. Las creencias causales, a su vez, influyen sobre el tipo de características del entorno que se tendrán en cuenta y sobre la forma en que serán procesadas e interpretadas cognitivamente. Según la teoría cognitiva social, las experiencias crean expectativas o creencias, no conexiones estímulo/respuesta.

El estudio de las reacciones psicoinmunológicas proporciona un ejemplo curioso de la influencia de las expectativas, Después de haber recibido dosis subletales de heroína, la mayoría de los animales son capaces de sobrevivir a una sobredosis si se administra en el mismo marco, mientras que la mayoría de ellos muere si es administrada en una situación distinta. Las reacciones compensatorias desarrolladas en anticipación a la inyección de droga en el ambiente familiar para el animal, permiten a éste contrarrestar los efectos nocivos de la sobredosis del opiáceo. Hay una activación anticipatoria.

Un caso notable de sentimientos producidos por las expectativas es el de comicidad. Todos los estudiosos del tema han señalado que en su origen hay un elemento de sorpresa. Un chiste tiene que ser imprevisible para divertirnos. No es motivo suficiente, pero es imprescindible. La secuencia prevista de acontecimientos se rompe bruscamente y ese choque es un antecedente imprescindible de la experiencia cómica.

Creencias y expectativas van de la mano. Las creencias sobre la realidad implican una expectativa de coherencia y de persistencia. Si analizamos los presupuestos que tiene un chiste nos daremos cuenta de la ingente cantidad de información, de creencias, de suposiciones que estamos manejando. Reflexione sobre el chiste siguiente: «"Mamá, ¿cuando sea mayor, me casaré y tendré un marido como tú"? La mamá, sonriendo: "Claro que sí, mi amor." "¿Y si no me caso seré una solterona como la tía Ernestina?" "Sí, querida." "¡Ay, qué dura es la vida de las mujeres, mamá!"»

4

Las creencias son un ingrediente básico de nuestras propensiones afectivas. Aprendemos la compasión y la dureza de corazón, la seguridad y la inseguridad, el sesgo optimista y el pesimista, la curiosidad y la indiferencia, la agresividad y la tolerancia, que son hábitos del corazón. Rousseau, no sé si arrepentido o asustado por haber dejado a sus hijos en un hospicio, escribe: «Los hijos, alejados, dispersos por pensiones, conventos y colegios, llevan a otra parte el amor de la casa paterna, o, mejor dicho, traerán a ella el hábito de no sentir apego por nada.» A estos hábitos o a sus contrarios me refiero.

Por debajo de sentimientos que parecen espontáneos y originales actúan creencias fundamentalmente implícitas. Hasta los celos dependen de ellas. En las sociedades en que el «somos» prevalece sobre el «soy», las relaciones sexuales promiscuas no amenazan la estructura personal. Hupka comenta que a principio de este siglo los toda de la India vivían así. No sentían celos cuando su pareja tenía relaciones sexuales con un miembro de su grupo, pero los experimentaban si la mujer las mantenía con alguien que no fuera de la tribu (R. B. Hupka: «The motive for the arousal of romantic jealousy: its cultural origin», en P. Salovey [ed.]: *The Psychology of Jealousy and Envy,* Guilford, Nueva York, 1991).

La eficacia sentimental de las creencias podemos rastrearla también en el arte. En *Elogio y refutación del ingenio* quise mostrar que gran parte de la sensibilidad estética de nuestro tiempo procede de una idea de la libertad como desligación y espontaneidad. El arte contemporáneo no admite nada que le ate, ni tradición, ni técnicas, ni siquiera el propio valor de la obra artística. Defiende un voluntarismo gratuito: arte es lo que un artista dice que es arte, o lo que está colocado en una sala de exposiciones. Y esta creencia dirige la invención de formas.

Hay un fenómeno sentimental que parece contradecir lo que estoy afirmando. La música es una gran provocadora de emociones. Nos alegra, entristece, exalta, pero no parece que tenga nada que ver con las creencias. Para mí sigue siendo un maravilloso enigma. En su estupendo libro *The Musical Mind* (Clarendon Press, Oxford, 1985), John Sloboda escribe: «Si los factores afectivos son fundamentales para la existencia de la música, entonces la cuestión fundamental para la psicología es saber cómo la música puede afectarnos.» Lo primero que tenemos que afirmar –dice– es que la mayor parte de nuestras respuestas a la música son aprendidas. Como en toda experiencia sentimental, parece que algunos rasgos son universales. Todos los hombres disfrutan con algún tipo de sonidos intencionalmente producidos y de ritmos. No hay tribu ni pueblo que no disfrute cantando o bailando. Pero en este terreno universal enraizan las arborescentes creaciones culturales. Escalas diferentes, enlaces afectivos peculiares, ritmos distintos, que se transmiten mediante la creación de hábitos perceptivos diferentes, es decir, de creencias musicales.

Las creencias son protagonistas de un sentimiento que en la actualidad preocupa a toda persona sensata. Me refiero al sentimiento patriótico nacional, que es un ejemplo magnífico para estudiar los componentes del balance afectivo. Se funda sobre una necesidad básica: pertenecer a un grupo. Plutchick ha sugerido que hay cuatro problemas adaptativos funcionando en el origen de nuestros sentimientos: la jerarquía social, la territorialidad, la limitación temporal de la vida y la propia identidad. Este último es el que se relaciona con nuestro asunto. Todos los animales necesitan saber a qué grupo pertenecen. Así lo exigen la supervivencia y la reproducción. El cumplimiento o la frustración de este deseo –la aceptación o el rechazo– provocan en el hombre sentimientos muy poderosos: calma o angustia, seguridad o inseguridad, vergüenza o integración.

La identificación con el grupo se ve determinada por dos factores. En primer lugar, por la definición del grupo. En segundo lugar, por las relaciones entre el individuo y el grupo que impone cada cultura.

La definición del grupo se inculca a los niños como una creencia básica y me temo que peligrosa. La psicología evolutiva ha estudiado cómo se desarrolla el sentimiento de vinculación nacional. A los cuatro años, los niños ya prefieren su propio país, y el sentimiento de orgullo nacional forma parte de su autoestima desde muy pronto. La identidad nacional aparece acompañada del prejuicio en contra de las demás naciones, porque los niños necesitan hacer diferenciaciones claras, y valorar lo propio como bueno y lo ajeno como malo es un criterio sencillo. Otro método simplificador consiste en reducir la percepción de los demás grupos a un estereotipo. Una diferencia fuerte entre los valores centrales de dos grupos puede llevar al antagonismo directo por falta de un sentimiento de humanidad compartida. La diferencia de valores deshumaniza a los miembros de otro pueblo. Los miembros de una tribu de indios norteamericanos se denominaban a sí mismos «los seres humanos» para diferenciarse de los demás. También para los javaneses «ser javanés» es sinónimo de «ser hombre», y esta identificación por exclusión es una tentación que nos atrae a todos.

Toda cultura ha reforzado este sentimiento, convirtiéndolo en un deber, mediante un proceso muy importante para el argumento de los próximos capítulos. Rousseau llegó a escribir que el sentimiento patriótico se opone a los sentimientos naturales *(Emilio,* Alianza, 1990, p. 38). «Una mujer de Esparta tenía cinco hijos en el ejército y esperaba noticias de la batalla. Llega un ilota; le pide noticias, llorando. "Vuestros cinco hijos han muerto". "Vil esclavo, ¿te he preguntado eso?" "¡Hemos obtenido la victoria!" La madre corre al templo y da gracias a los dioses.» Rousseau concluye: «He ahí a la ciudadana.»

Aquí se encuentra la culminación del sentimiento patriótico. El individuo se sacrifica por la colectividad. Lo malo es que el carácter excluyente de las creencias que están en su base convierte este sentimiento en un sentimiento belicoso, más eficaz para el enfrentamiento con los otros que para la convivencia con los míos. En estos momentos en que los nacionalismos resurgen con violencia, conviene saber que el sentimiento patriótico podría cambiar y hacerse éticamente más aceptable si cambiásemos las creencias que lo suscitan.

5

Quienes hayan leído mis otros libros sabrán de mi interés por don Nepomuceno Carlos de Cárdenas, por su obra y por su sobrina María Eugenia. Don Nepomuceno fue un ilustrado dieciochesco, dueño de un ingenio azucarero en la cubana bahía de Batabanó.

Cuando su sobrina María Eugenia, una muchacha educada en la calma resignada de un convento de la Extremadura profunda, quedó huérfana y se fue a vivir con su tío, éste le regaló dos esclavos hermanos, muchacho y muchacha, para que la sirvieran como paje y doncella. Sorprendió a María Eugenia, acostumbrada a las cautelas, cortinajes y celosías del convento, que su tío creyera que no iba a sentir ningún pudor en desnudarse, bañarse o vestirse delante del muchacho. Cuando le expuso sus reparos, el sorprendido fue don Nepomuceno, acostumbrado desde su niñez al trato con esclavos. Fue a replicarle con una cita de Aristóteles, que aconsejaba comportarse con los esclavos como con valiosas herramientas que eran. A nadie en sus cabales le importa desnudarse delante de un arado o de un torno. Pero la cabeza de don Nepomuceno andaba ya muy revuelta por los afanes antiesclavistas que la lectura de Kant había alzado y no se atrevió a mencionar un texto que al cabo de los años comenzaba a parecerle inclemente. Cambió entonces el argumento y dijo, después de una pulgarada de rapé, treta que le permitía siempre afilar el argumento: «Ya sabes, querida sobrina, que los reyes y reinas tienen un sentido del pudor distinto del que tienen los súbditos.»

Mucha razón tenía don Nepomuceno, pues lo que hoy consideramos indecoroso era cosa aceptada en los salones más refinados hace siglos. Luis XIV honraba a algunos de sus cortesanos recibiéndoles mientras sus reales posaderas estaban asentadas en su *chaise percée,* en su retrete, vamos.

El pudor es un ejemplo interesante de cómo las costumbres definen el contenido de los sentimientos. El pudor, desde luego, ya no es lo que era. El inigualable Domínguez, en su *Diccionario* (1848) lo define así: «PUDOR. Especie de reserva casta, vergüenza tímida y honesta como de inocencia alarmada. Modestia ruborosa pura y sin afectación, recato, honestidad, especialmente en la mujer, por cierto colocado en muy resbaladizo y vidrioso declive, en harto peliculosa pendiente ocasionada a insubsanable fracaso, a irreparable desliz.»

El pudor está dirigido a lo *pudendus,* a lo que no se puede mostrar. Son las normas sociales y las costumbres quienes lo determinan. Lo que es necesario mantener oculto puede ser el cuerpo o pueden ser los sentimientos. En una novela del siglo XIII, *Le Roman d'Escanor,* el protagonista llora la muerte de su amiga. Sus compañeros le reconvienen porque no es propio de un hombre mostrar tan gran dolor, por lo que el caballero, cuando va al encuentro de sus pares, «adoptó el mejor porte que pudo, porque tenía vergüenza y pudor de mostrar su aflicción». Una de las formas más constantes del pudor es la que experimenta un hombre en mostrar sus lágrimas. La Bruyère titula un capítulo de su obra: «¿Por qué se ríe libremente en el teatro y se tiene vergüenza de llorar?» En el siglo XVII no es educado mostrarse desnudo ante alguien a quien se debe respeto, pero se puede uno desnudar delante de un criado. La Bruyère dice lo mismo respecto de los sentimientos: «Se vuelve el rostro para reír o llorar en presencia de los Grandes y de todos aquellos a los que se respeta.» Durante mucho tiempo estuvo de moda ocultar las virtudes. Antes también era indecente hablar de uno mismo.

Hay pudores masculinos y femeninos, otro criterio social. El pudor de los sentimientos se considera masculino, mientras que en la mujer predomina el pudor corporal, distinción ya presente en Grecia. No podemos imaginarnos a Apolo tapándose el sexo con la mano como hace la Venus de Médicis. Platón consideraba que las mujeres podían estar desnudas en el estadio, como los hombres, pero que estarían ridículas. Plinio da un argumento sorprendente para declarar que el pudor femenino es natural: el cuerpo de una ahogada flota boca abajo, para ocultar sus órganos sexuales, mientras que el de un ahogado flota boca arriba, argumento que se repetirá hasta el siglo XVII.

Max Scheler puso de manifiesto el dinamismo del pudor, integrándolo en la vida moral, en el reino de las normas. El pudor –dice– es la protección de la vida noble contra la vida vulgar. Nace en el ser humano de la conciencia de ser un puente, un pasaje entre dos órdenes de seres, sometido a la vez a servidumbres corporales y a exigencias espirituales. Este enlace de los sentimientos con la moral me parece interesante e incomprensible. Ya hablaremos de esto.

6

El *pudor* es una de las historias de la *vergüenza,* que es un sentimiento social, un estado de ánimo penoso ocasionado por la pérdida de la propia dignidad. Depende del juicio ajeno. Es el miedo a ser mal visto o mal mirado. El juicio social aparece como desencadenante. La categoría de «lo vergonzoso» tiene un origen social y lo mismo ocurre con su opuesto, «lo honroso». El sujeto no desea ser mal visto ni visto en mala situación. Esto implica que para sentir vergüenza ha de poseer un modelo claro de ambos tipos de ocasiones. Tiene que saber lo que es necesario ocultar o lo que es necesario mostrar.

Las historias de la vergüenza son, por lo tanto, historias del modo de aparecer, de la apariencia. A veces el sujeto tiene tanto miedo de la mirada o presencia ajena que no quiere exponerse a ella, con lo que aparece la *timidez,* palabra que muestra a las claras su relación con el temor. La mirada ajena, convertida en una amenaza, está presente en toda esta familia sentimental. También lo está en la del miedo, lo que no es de extrañar, porque en muchas de las clasificaciones tradicionales la vergüenza era un miedo social. Es interesante que el miedo a los ojos que miran fijamente sea un fenómeno muy extendido en el reino animal. Algunas mariposas ostentan en las alas manchas que parecen ojos, para ahuyentar a sus enemigos. El miedo de los fóbicos sociales a ser mirados no es más que una exageración de la normal sensibilidad a los ojos, la cual es evidente desde la infancia.

La vergüenza es un sentimiento universal. Como ya había advertido Darwin, va asociada con el deseo de no ser visto. Ozard escribe: «Cuando se pregunta a los encuestados cómo se sienten cuando experimentan vergüenza, con mucha frecuencia indican que quieren desaparecer.» En un film reciente sobre emociones fundamentales, el tema de la desaparición resulta evidente. El sujeto que experimentaba vergüenza bajo sugestión hipnótica bajaba la cabeza y replegaba sus brazos y piernas para, según su confesión, hacerse pequeño y no ser visto.

7

¿Qué hay por debajo de la vergüenza? Por de pronto es un sentimiento que afecta profundamente a la persona entera, que puede «morirse de vergüenza». Posiblemente no hay otra emoción que afecte tan radicalmente a la propia integridad. La vergüenza puede ser más poderosa que el miedo físico, lo que hace pensar que tal vez la vida social sea más importante que la vida biológica. Tiene que haber una necesidad muy poderosa en el origen de este sentimiento. Freud no le dedicó mucha atención, porque estaba más interesado por la culpa. Tuvo más importancia en la obra de Adler. En su monografía clásica, Piers y Singer definen la vergüenza como algo que emerge de la tensión entre el Yo y el ideal del Yo, mientras que la culpa supone una infracción de esas mismas reglas.

Una vez más, comprobamos que la explicación de un sentimiento pone en danza a todos los componentes del esquema sentimental. Hay un potente vector dinámico en el origen de la vergüenza. Necesitamos mantener el aprecio ajeno y el propio. Las circunstancias concretas en que aparece las proporciona el sistema de creencias y normas. Cada cultura enseña lo que hay que ocultar. Pero la víctima de la vergüenza es el Yo, la propia identidad, el concepto de sí mismo. El avergonzado, que baja la cabeza para no ser visto, siente su identidad resquebrajada, aparece o teme aparecer como ridículo, débil, impotente o malo ante la mirada ajena; quiere huir, siente cada vez más miedo y acaba siendo incapaz de restaurar una comunicación que puede haberse roto, tan sólo, en la imaginación.

Debemos a Sartre una patética descripción de la vergüenza. La presencia de la mirada ajena, aniquiladora y necesaria, aparece dramáticamente en muchos lugares de su obra. Lo cuento así en su «autobiografía».

> «En el Instituto de La Rochélle, el prójimo apareció con toda su dureza. No sabía qué hacer para conseguir integrarme con los chicos de mi edad. Descubrí de nuevo mi fealdad a tra-

vés del Otro. Cuando ya era viejo y la memoria me fallaba por la arterioesclerosis y el whisky, aún recordaba el desprecio con que una niña a la que pretendía me insultó delante de mis camaradas, diciéndome: "Feo, ceporro, con gafas y con gorro."

Estoy escribiendo, me rodea el aire enrarecido del Flore. Veo el perfil del Castor, intemporal y hermoso. Un camarero se mueve con indolencia, representando a la perfección su papel de camarero aburrido. Mi mundo está en calma, pero de repente su estabilidad se pudre. El Castor me ha mirado y yo veo su mirada, la misteriosa esquivez de los ojos. Todo es ahora diferente porque me he perdido y ya no estoy sentado en esta silla dura, escribiendo sobre la mesa de mármol, ni estoy tampoco en las paredes de color incierto, ni en la taza de café, ni en mis pensamientos siquiera, sino en el fondo de la mirada que me mira y que guarda mi secreto. ¿Cómo seré para esa mirada? Toda mi atención deriva hacia ella y en ella se hunde como en un sumidero. La realidad no está ya aplomada, sino desviada por un clinamen. He dejado de ser para-mí. Ahora soy para-otro. Vivo en un mundo que se derrama hacia el otro como desangrado por una hemorragia interna.

Ésta es la fractura radical. La realidad humana tiene dos modos de existencia: el ser-para-sí y el ser-para-el-otro. El prójimo aparece por principio como aquel que me mira. Su aparición entre los objetos de mi universo tiene un efecto desintegrador. Los seres han perdido la tranquila consistencia que tenían. Mi conciencia resbala ahora sobre ellos, sin detenerse, sumisa a la atracción de la mirada ajena. Percibo un descentramiento de mi mundo. Continúo siendo su eje, pero estoy desalojado, fuera de mí, tomado en rehén por el otro. Me capto como vergüenza, me avergüenzo de mí, descubro así un aspecto de mi ser hasta ahora secreto. Mi caída original es la existencia del otro. Los otros son mi infierno.»

El yo se desfonda en la vergüenza. Se trata de un sentimiento profundo, en el que intervienen nuestra necesidad de ser valorado, y también nuestras creencias, y también la fortaleza o debilidad de nuestro yo, dramáticamente vulnerable ante los otros. Esto hace que la vergüenza sirva de fácil puente para acceder a nuestro siguiente capítulo. Vamos a hablar del Yo.

EN TORNO AL FUEGO

EH: No has estudiado con suficiente atención el papel de las creencias en la construcción de los sentimientos genéricos, masculinos y femeninos. Hemos sido troquelados durante siglos por ideas acerca de lo que teníamos que sentir, que nos han conducido a un callejón sin salida. Ahora somos incapaces de distinguir lo que es natural de lo que es aprendido. Ni siquiera sabemos si deberíamos ir hacia una identificación afectiva de los géneros o mantener ciertas diferencias sentimentales.

EV: Las diferencias no proceden sólo de las creencias, procederán también de los deseos. Y de la situación real fisiológica. Tenemos distintos sistemas endocrinológicos, tal vez distintas estructuras cerebrales, y eso supongo yo que influirá en el perfil afectivo.

EH: Pero, vamos a ver, ¿tú crees que hay razón hormonal para que las mujeres tengan que tener miedo a los ratones? ¿Y para que vuestros deseos sexuales sean activísimos y los nuestros pasivísimos? Seguro que durante siglos ha sido así, pero por coacción educativa, por las creencias. ¿Sabes el porcentaje de hombres que creen que a las mujeres les gusta ser violadas? Ocho encuestas diferentes hechas a universitarios estadounidenses preguntándoles si habría alguna posibilidad de que violaran a una mujer «si pudieran estar seguros de que nadie lo sabría y de que de ninguna manera serían castigados» dieron un resultado similar. Alrededor de un tercio contestaron afirmativamente. Stille, Malamuth y Schallow presentaron los resultados en la convención de la American Psychological Association en 1987. No es que sean unos bestias innatos. Es que han sufrido un mala educación muy eficaz.

JAM: Es sorprendente lo poco que sabemos sobre la diferenciación sexual de los sentimientos. Sabemos que las hormonas inducen estados psicológicos y también comportamientos. Una inyección de oxitocina, una hormona hipofisiaria que hace subir la leche a las lactantes, en los ventrículos cerebrales de una rata virgen provoca un comportamiento maternal: prepara el nido, y si le ponemos unos ratoncitos cerca, los cuida. Inyectando las hormonas apropiadas podemos hacer que una rata macho adopte posturas de hembra y al revés. Sustancias químicas suscitan estados de ánimo en el ser humano. Es plausible que los distintos sistemas hormonales provoquen emociones distintas. También se está estudiando si anatómicamente hay diferencias entre un cerebro de hombre y de mujer. Habréis oído hablar de las investigaciones sobre el hemisferio derecho. Me parece que son estudios todavía muy elementales. Nancy Chodorow, Jean Baker y Carol Gilligan sostienen que las mujeres conceden más importancia a las relaciones personales que los hombres. Desde la infancia, los niños luchan por la independencia, definen su identidad separándose de la persona que los cuida. Las niñas, en cambio, se alegran con la interdependencia. Las mujeres muestran más empatía, y también tienen más interés por los temas afectivos que los hombres. Pero en todo esto puede haber un aprendizaje muy precoz. David M. Buss ha estudiado los deseos en 37 culturas distintas, y encuentra una constancia universal en los deseos masculinos y femeninos. Da una explicación evolutiva de los diferentes valores que hombres y mujeres buscan de sus parejas. Las mujeres se interesarían menos por los valores reproductivos, ya que su capacidad de procrear es limitada, y más por la capacidad del hombre para conseguir recursos. En cambio, los hombres valorarían más la capacidad reproductora. Supuso que si esto era así, las razones para los celos serían distintas en el hombre y en la mujer. El hombre sentiría celos de un competidor sexual y la mujer de una competidora emocional (D. M. Buss: «Sex differences in human mate preferences: Evolutionary hypotheses tested in 37 cultures», *Behavioral and Brain Sciences,* 12, 1989).

EH: Os voy a leer un texto de Iftikhar Hassan, del Instituto Nacional de Psicología de Pakistán, escrito en 1980, sobre la psicología femenina: «La niña sabe que sus padres no están felices con el nacimiento de una mujer y no debe quejarse porque sus padres no la envíen a la escuela. Es enseñada a ser paciente, sacrificada, obediente. Si algo va mal en su matrimonio, de ella es la culpa. Si alguno de sus hijos no tiene éxito en la vida, ella es la causa principal de su fracaso.» Ahí lo tenéis. ¿Qué sentimientos va a poder experimentar con esa monstruosa educación, sintiéndose de más desde que nació?

EV: Voy a cambiar de tercio. Hace muchos años, cuando era estudiante, leí unos libros de Aranguren que confirman la importancia sentimental de las creencias, en este caso de las creencias religiosas. Uno se llamaba *Catolicismo y protestantismo como formas de existencia.* Introducía, creo recordar, el concepto de *talante.*

JAM: Tienes razón. Me había olvidado de él por completo. Creo que es el mejor libro de Aranguren. Planteaba un tema importante: el de una posible jerarquía gnoseológica de estados de ánimo. ¿Cuál es la disposición anímica en que debe el hombre encontrarse para que se le descubra la verdad? Explicaba, cito de memoria, que los griegos pensaban que el estado de ánimo con que se inicia la teoría es la admiración. Pero los antiguos crearon un precioso campo semántico acerca de las condiciones de posibilidad del conocimiento verdadero. *Studium,* que significaba afición, amor. Acordaos del dicho *«Sine ira et studio»,* que no significa «sin ira y con estudio», sino «sin ira y con amor». La palabra griega *skholé,* que significó primero ocio, después la ocupación del hombre ocioso, es decir, el estudio y, en fin, «escuela» filosófica. Y la *euthymía* y la *athambía* de Demócrito, la disposición del ánimo bien templado, tranquilo, libre de temor, que, además, personificaba la Confianza y la Alegría. Lo que quería demostrar con ese libro es que distintas creencias religiosas producen talantes diferentes.

EV: Me gustaría sacar otro tema. Se refiere a las expectativas. No sólo tienen importancia en nuestros sentimientos nuestras expectativas, sino las que los demás tienen de nosotros.

JAM: Eso es verdad, y tendremos ocasión de hablar de ello. Pero hoy tenemos que dejar la charla. Sólo quiero recordaros que ya hemos tratado tres elementos –ingredientes, como le gusta a nuestra amiga cocinera– del balance sentimental: la situación real, los deseos y las creencias. Apagaré el fuego.

7. JORNADA CUARTA: LA EVALUACIÓN DEL YO

1

La vergüenza es uno de los sentimientos que afectan más profundamente al yo. Tomkins ha escrito: «Aunque el terror y la aflicción dañan al hombre, son heridas que vienen de fuera: pero la vergüenza es sentida como un tormento interno, una enfermedad del alma. No importa si el humillado ha sido avergonzado por la risa de otro o por una burla propia. En los dos casos se siente desnudo, derrotado, alienado, sin dignidad ni valor.»

Este sentimiento afecta a la idea que el sujeto tiene de sí mismo. Si se trata de un sentimiento ocasional cambiará con las circunstancias, pero si llega a formar parte de su memoria personal, si se convierte en un hábito del corazón, pudrirá toda la vida afectiva del sujeto.

Hablaré de nuevo de Kafka, el desolado, uno de los asiduos visitantes de este laberinto sentimental, porque explica con una precisión patética el aprendizaje de la vergüenza. En la terrible *Carta al padre* describe cómo la presión abrumadora de un padre violento y arbitrario, al que el niño admira, va desguazando la estructura de su yo. «La desconfianza que tratabas de inculcarme», escribe, «tanto en el almacén como en casa (nómbrame una sola persona que haya tenido alguna importancia para mí, en mi infancia, y a la que no hayas criticado, al menos una vez, hasta reducirla a la nada), desconfianza que, a mis ojos de niño, no se veía nunca justificada, puesto que en todas partes veía seres perfectos e inaccesibles, se transformó en desconfianza de mí mismo y en perpetuo miedo a los demás.

»Yo estaba perpetuamente sumergido en la vergüenza, porque, o bien obedecía tus órdenes, y esto era vergonzoso, ya que sólo valían para mí; o bien te desafiaba, y también esto era vergonzoso, pues ¿qué derecho tenía yo a desafiarte? O bien me era imposible obedecer, porque no tenía ni tu fuerza, ni tu apetito, ni tu habilidad, y ésta era, en realidad, la peor de las vergüenzas. Así es como se movían no las reflexiones, sino los sentimientos del niño.» Al final de la carta, Kafka concede la palabra al padre, que hace un diagnóstico violento de la situación de su hijo: «Incapaz de vivir, eso es lo que eres.»

Kafka escribió el conmovedor apólogo de la alimaña del bosque. Le cuenta a Milena: «Es más o menos así: yo, alimaña del bosque, antaño, ya casi no estaba más que en el bosque. Yacía en algún sitio, en una cueva repugnante; repugnante sólo a causa de mi presencia, naturalmente. Entonces te vi, fuera, al aire libre: la cosa más admirable que jamás había contemplado. Lo olvidé todo, me olvidé a mí mismo por completo, me levanté, me aproximé. Estaba, ciertamente, angustiado en esta nueva, pero todavía familiar, libertad. No obstante, me aproximé más, me llegué hasta ti: ¡eras tan buena! Me acurruqué a tus pies, como si tuviera necesidad de hacerlo, puse mi rostro en tu mano. Me sentía tan dichoso, tan ufano, tan libre, tan poderoso, tan en mi casa, siempre así, tan en mi casa...; pero, en el fondo, seguía siendo una pobre alimaña, seguía perteneciendo al bosque, no vivía al aire libre más que por tu gracia, leía, sin saberlo, mi destino en tus ojos. Esto no podía durar. Tú tenías que notar en mí, incluso cuando me acariciabas con tu dulce mano, extrañezas que indicaban el bosque, mi origen y mi ambiente real. No me quedaba más remedio que volver a la oscuridad, no podía soportar el sol, andaba extraviado, realmente, como una alimaña que ha perdido el camino. Comencé a correr como podía, y siempre me acompañaba este pensamiento: "¡Si pudiera llevármela conmigo!", y este otro: "¿Hay acaso tinieblas donde está ella?" ¿Me preguntas cómo vivo? ¡Así es como vivo!»

Ésta es la historia de la vergüenza del desdichado Franz Kafka.

Entre las creencias del sujeto hay una que influye especialmente en la génesis de los sentimientos. Me refiero a *la idea que tiene sobre sí mismo* y sobre su capacidad para enfrentarse a las situaciones. Lo que le faltaba a Kafka, que escribió: «En el bastón de Balzac se lee esta inscripción: "Rompo todos los obstáculos". En el mío: "Todos los obstáculos me rompen". Lo que hay de común en ambos casos es: Todo.»

Me interesa este asunto porque la imagen que alguien tiene de sí mismo es un componente real de su personalidad, y sospecho que regula el acceso a su propia energía. O tal vez la crea. Le advierto al lector que no acabo de comprender lo que le estoy explicando, aunque me refiero a fenómenos muy conocidos. Los entrenadores deportivos saben que en determinadas situaciones anímicas sus atletas rinden menos. Cuando hemos sufrido un fracaso estamos desanimados, desvitalizados, sin energías.

Este asunto es sorprendente. Da la impresión de que nuestra energía no es una facultad constante, sino que depende de lo que pensemos sobre nosotros. Si me considero incapaz de hacer algo, me va a costar mucho trabajo hacerlo, si es que puedo.

Aquí, como en las otras partidas del balance sentimental, también va a aparecer la estructura fisiología/información. Lo que en términos generales llamamos «optimismo» o «pesimismo», el sesgo favorable o desfavorable que tenemos hacia nuestra propia realidad personal, también es parcialmente aprendido.

El yo está implicado en todos los sentimientos. Las situaciones le afectan directamente. Si miro esa gaviota que planea en el aire encalmado, marco claramente las distancias. Ella está sobre el mar y yo aquí en la tierra. No ocurre lo mismo cuando tengo una experiencia afectiva. Incluso un dolor muy localizado, una torcedura en el pie, por ejemplo, no afecta al pie sino a mí. Más aún los sentimientos, que son precisamente el balance de cómo me van a mí las cosas.

Spinoza pensó que lo más importante para el sujeto humano, lo que iba a definir sus anécdotas pasionales, era el aumento o la disminución de su poder. La esencia del hombre es el deseo racional. ¿Qué es lo bueno? Lo alegre es lo bueno. ¿Y qué es lo alegre? Todo aquello que exalta los ánimos, despierta las energías, le hace volar, progresar, ser generoso, ampliar sus pensamientos, sus afectos, sus conocimientos, vivir entusiasmado, es decir, participando de Dios.

«El alma puede padecer grandes cambios, y pasar ya a una mayor, ya a una menor perfección, y estas pasiones nos explican los afectos de la alegría y la tristeza. De aquí en adelante entenderé por alegría: una pasión por la que el alma pasa a una mayor perfección. Por tristeza, en cambio, una pasión por la cual el alma pasa a una menor perfección. Además, llamo al afecto de la alegría, referido a la vez al alma y al cuerpo, "placer" o "regocijo", y al de la tristeza, "dolor" o "melancolía"» *(Ética,* III, prop. XI).

Muchos autores han dado la razón a Spinoza. Los estudiosos de la personalidad, desde Freud a McDougall, Murray y Cattell, han sostenido que a los seres humanos les mueve el afán de poder, agresión o dominación. Los etólogos reconocen ese mismo impulso en los animales sociales. Es posible que en nuestra vida aparezca muy pronto, como placer por introducir cambios en el entorno. Así lo describe un especialista en psicología infantil: «Alrededor del año suele ocurrir lo que Levy denomina "la batalla de la cuchara", el momento en que el niño arrebata la cuchara de la mano de su madre y trata de comer solo. Podemos estar seguros de que en ese trance el niño no está motivado por un aumento de gratificación oral. Consigue más comida si deja que su madre le alimente, pero al comer por sí mismo obtiene mayor cantidad de otro tipo de satisfacción, una sensación de eficacia.»

Buscamos sentirnos poderosos. Uno de los atractivos del alcohol es que estimula este sentimiento, al menos en los hombres. El sentimiento de la propia eficacia, sea real o ilusa, nos resulta agradable y estimulante. Va acompañada de un sentimiento de seguridad, estimula la acción. Puede vivirse subjetivamente como *orgullo,* sentimiento que curiosamente Descartes, Spinoza y Hume incluyen dentro de la alegría, y Vives dentro del amor. Para Ribot el orgullo es el sentimiento de la propia fuerza y tiende a la acción. La constelación del orgullo se completa con una posible actitud de desprecio, de seguridad y, a veces, también con la cólera y el valor. La altanería, la arrogancia y la soberbia serían exageraciones infundadas de este sentimiento.

Este deseo de sentirse eficaz puede alcanzar su satisfacción de varias maneras. Una de ellas, extravertida, impulsa a ejercer ese poder sobre los demás. Sólo cuando el sujeto consigue domeñar la voluntad ajena, dejar en los demás la huella de su fuerza, siente la alegría del triunfo. Esta búsqueda del poder puede conducir a comportamientos destructivos, como ya mencioné al hablar de la agresividad. Zimbardo realizó un experimento que descubre zonas violentas de nuestra personalidad. Él y algunos ayudantes empezaron a destrozar un viejo coche con grandes martillos para ver si los alumnos presentes les imitaban. Lo cuenta así: «Resultan interesantes varias observaciones. En primer lugar, hay un rechazo considerable a asestar el primer golpe, a atacar el parabrisas y a iniciar la destrucción de una forma. Pero uno se siente tan a gusto después del primer martillazo que el siguiente llega con más facilidad, con más fuerza. Aunque todos sabían que la secuencia estaba siendo filmada, los estudiantes se sintieron arrebatados momentáneamente por la tarea. Una vez que alguien empuñaba un martillo era difícil conseguir que se detuviera y se lo pasara al siguiente par de manos dispuestas. Finalmente todos atacaron al mismo tiempo. Un estudiante saltó al techo y comenzó a golpearlo, dos arrancaban una puerta de sus goznes, otro aporreaba el capot y el motor mientras el último rompía todos los cristales que encontraba. Más tarde dijeron que la sensación de que el metal o el cristal cedía bajo la fuerza de sus golpes era estimulante y placentera.»

William Golding, en *El Señor de las Moscas,* esa parábola sobre el ser humano, sus posibilidades y sus tentaciones, ha contado la exaltación de la violencia. El grupo de los cazadores se siente poderoso. Son capaces de matar y vencer al miedo. «¡Al cuerno las reglas!», grita Jack, el cabecilla de los violentos. «¡Somos fuertes! ¡Cazamos! ¡Si hay una fiera iremos por ella! ¡La cercaremos, y con un golpe, y otro y otro...!» Hay una ebriedad de la violencia que encuentra su gozo en la destrucción.

Afortunadamente, la voluntad de poder, la búsqueda del sentimiento de la propia eficacia, no tiene que acabar siempre dominando a los demás, sino que puede volverse sobre el propio sujeto, que se siente dueño de sí mismo, poseedor de habilidades y destrezas, capaz de controlar su comportamiento, dotado de facultades creadoras y no destructivas.

Spinoza consideró que todas las acciones que proceden de los afectos del alma que entiende, se relacionan con la fortaleza. ¡Magnífica intuición que le sitúa en el centro de la ética contemporánea! Distingue dos modos de la fortaleza: la *firmeza* y la *generosidad*. «Por firmeza entiendo el deseo por el que cada cual se esfuerza por conservar su ser por el solo dictamen de la razón, Pero entiendo por generosidad el deseo por el que cada cual se esfuerza, por el solo dictamen de la razón, en ayudar a los demás hombres y en estrechar la amistad con ellos.» Menciona así una dualidad paradójica que descubrimos en el análisis de la vida afectiva: la vida sentimental del hombre tiene dos centros de interés: el propio yo, al que irremediablemente tiene que proteger, y los demás seres humanos, o al menos algunos de ellos, con los que está relacionado por sentimientos excéntricos, como son la compasión o el amor.

Los sentimientos hacia nosotros mismos, el modo como evaluamos nuestra eficacia, o nuestra capacidad para realizar tareas o enfrentarnos con problemas, no es un sentimiento más, sino que va a intervenir como ingrediente en múltiples sentimientos.

2

Para explicar cómo la idea del propio yo influye en los sentimientos voy a hablar de la indefensión aprendida y del optimismo aprendido. Indefensión –escribe Seligman– es una situación en que nada de lo que el sujeto elija hacer influirá en lo que le suceda. La vida comienza en una absoluta indefensión y puede terminar de la misma manera. El periodo intermedio es un proceso más o menos constante, más o menos eficaz, de salir de la indefensión, ganando control personal. En los primeros tres o cuatro meses el niño somete sus piernas y brazos a un rudimentario control. Para desesperación de sus padres, el llanto se hace voluntario. El primer año termina con dos conductas milagrosas: los primeros pasos y las primeras palabras. Si las cosas van bien, los años siguientes señalarán un progreso en el control. Pero si el niño sobreestima su indefensión, otras fuerzas tomarán el control y determinarán su futuro.

El carácter pesimista se engendra en este sentimiento de la propia incapacidad. El automenosprecio crónico es el rasgo principal de la depresión. Ernest Hemingway, que acabó suicidándose, padeció este tipo de tiranía impuesta por sí mismo. Durante toda su vida se sometió a demandas inalcanzables, se obligó a sí mismo a realizar proezas extraordinarias, que constantemente menospreciaba (M. Yalom y Yalom, «Ernest Hemingway. A psychiatric view», *Archives of General Psychiatry*, 1971, 24, pp. 485-494).

Binswanger nos informa detalladamente de uno de estos casos. La protagonista es una mujer constantemente atormentada por la persecución sin tregua de metas inalcanzables. De pequeña se pasaba horas llorando cuando no podía superar a todas sus compañeras en lo que estuvieran haciendo, pero ni siquiera los logros sin par representaban para ella ninguna satisfacción, puesto que sus miras estaban en conseguir unos logros tan magníficos que aseguraran su fama a perpetuidad. Viviendo bajo el lema «O César o nada», consideraba sus éxitos fracasos deprimentes, a pesar de que juzgados por los criterios de cualquier otra persona fueran claramente superiores. No sólo era cruel con ella misma, sino que constantemente juzgaba con dureza a los demás, aplicándoles esos mismos criterios extraordinarios. Cuando su paralizante desesperación empezó a destruir su eficacia, se vio profundamente asaltada por un sentido de inutilidad y de falta de valor. Sólo la muerte podía aliviarla de su tormento, y la buscó con repetidos intentos de suicidio.

Albert Bandura ha estudiado sistemáticamente la influencia que el sentimiento de la propia eficacia tiene para nuestra vida afectiva y para nuestro modo de comportarnos. Nuestro comportamiento no está determinado por los sistemas de premios y castigos, sino que tenemos la capacidad de dirigir nuestra conducta. Anticipamos consecuencias, nos proponemos metas, establecemos ciertas normas de conducta para nosotros mismos con arreglo a las cuales nos evaluamos, evaluación que muchas veces puede ser destructiva.

«Entre los distintos aspectos del conocimiento de sí mismo, quizá ninguno influya tanto en la vida diaria del hombre como la opinión que éste tenga de su eficacia personal», ha escrito Bandura. En los últimos años la investigación sobre la importancia de este pensamiento autorreferente ha aumentado de forma espectacular. El interés se ha dirigido, sobre todo, hacia el papel que juega el sentido de la eficacia personal para controlar los acontecimientos que afectan a la vida del sujeto.

La eficacia en el afrontamiento del entorno no es un mero conocimiento de cómo conviene actuar, sino un hábito operativo. Esto es una prueba más de que no se puede considerar la inteligencia como una capacidad cognitiva, porque es una actividad y todas las actividades resultan influidas, estimuladas o entorpecidas, por los afectos, por el campo de fuerzas, constructoras o destructoras, animadoras o depresivas, de las que brota el comportamiento inteligente. Por eso insisto tanto en hablar de una *inteligencia afectiva.*

Hay una clara diferencia entre disponer de capacidad y ser capaz de utilizarla en circunstancias diversas. Por esta razón, personas distintas con recursos similares, o una misma persona en distintas ocasiones, pueden mostrar un rendimiento escaso, adecuado o extraordinario. Esto es lo que olvidan muchos especialistas en inteligencia. J. L. Collins seleccionó unos cuantos niños con una autoeficacia percibida alta o baja dentro de dos niveles de habilidad matemática. Se entregó a los niños un número determinado de problemas que entrañaban un nivel alto de dificultad. Si bien es cierto que la habilidad para las matemáticas contribuyó al rendimiento dentro de cada nivel de habilidad, los niños con un alto sentimiento de eficacia descartaron con mayor rapidez las estrategias de resolución incorrectas, solucionaron un mayor número de problemas, volvieron a insistir sobre los problemas no solucionados y los abordaron con mayor cuidado (Informe presentado en el Congreso de la American Educational Research Association, 1980).

La eficacia en el rendimiento requiere una continua improvisación de habilidades que permitan dominar las circunstancias cambiantes del entorno, la mayoría de las cuales están constituidas por elementos ambiguos, impredecibles y muchas veces estresantes. Por tanto, el sujeto va a responder a ellas con sentimientos distintos, que le llevarán a la retirada o al enfrentamiento, dependiendo de la ansiedad que les produzca o de su capacidad para soportarla.

Aquellos que se consideran ineficaces en el trato con el entorno exageran la magnitud de sus deficiencias y de las dificultades potenciales del medio. Bandura distingue entre expectativa de eficacia –que es el convencimiento de que uno puede ejecutar con éxito la conducta necesaria para lograr un resultado dado–, y la expectativa de resultado, definida como la creencia del sujeto en que una conducta producirá resultados esperados.

«La gente teme y tiende a evitar aquellas situaciones amenazantes que considera por encima de sus habilidades, mientras que elige actividades en las que se siente capaz de manejar situaciones que de otro modo le resultarían intimidadoras. Es decir, que la idea que tenemos sobre nosotros mismos va a dirigir no sólo la acción, sino el sesgo con el que elegimos o confirmamos nuestras creencias.»

Los estudios de Bandura sobre las fobias indican que el nivel de miedo varía con la eficacia del afrontamiento percibido. Encontró que la percepción de ineficacia va acompañada de un aumento del miedo anticipatorio. Por el contrario, cuando la intensidad de la eficacia percibida era mayor, el miedo disminuía.

3

En la actualidad la psicología se ha llenado de términos autorreferentes, que por desgracia son difíciles de traducir al castellano sin usar neologismos horrendos: autoestima, autoeficacia, autorregulación, autocontrol, autoconciencia, autoobservación, autodecepción. Es toda la estirpe del *self.* ¿A quién se refiere este «auto»? ¿Quién es este *self?* En la psicología actual hay dos conceptos del yo. Por un lado se define el *yo* como el conjunto de actitudes y sentimientos de una persona hacia sí misma: el *yo* es el modo como el sujeto se autopercibe, y por tanto es el objeto de ciertos procesos psicológicos. Utilizando la terminología fenomenológica: es un noema, un contenido mental.

Por otro lado, el *yo* se entiende, más que como objeto de ciertas experiencias, como el conjunto de actividades mentales que la hacen posible. En este caso el referente de la palabra *yo* sería real. Se ha extendido la costumbre de reservar el término *self* para el primer concepto, y el de *yo* para el segundo. El *self* es el conjunto de creencias sobre uno mismo.

Ya he explicado al lector que uno de los fallos de las teorías actuales de la personalidad es no haber elaborado una seria teoría de la memoria. Somos memoria, y si no fundamentamos en ella los rasgos de la personalidad, no tenemos más remedio que arrojarnos en los brazos confortables y letales de un determinismo genético, de un determinismo del estímulo o de una quimérica libertad absoluta a lo Sartre. Ninguna de las soluciones parece atender a la complejidad de los hechos.

Somos sistemas fisiológicos que asimilan información y resultan obviamente cambiados por esta digestión. La memoria no está en el cuartito de atrás de nuestra mente, algo así como un archivo al que entramos o del que salimos para buscar el dato que necesitamos. Cada una de nuestras actividades, motoras o cognitivas, están dirigidas por la memoria. En ella reside también nuestra identidad personal, el hilo de nuestra biografía. Es interesante que los casos de personalidad múltiple estudiados por Hildgard manifiesten una parcelación de la memoria. Cada una de las personalidades divididas no recuerda lo que ha hecho la otra personalidad. Es, justo, como si un sistema de memoria se hubiera independizado, produciendo sus propias ocurrencias, evaluaciones y respuestas afectivas.

Somos híbridos de fisiología e información, lo que explica que el contenido de las informaciones determine la índole final del sistema, es decir, la personalidad. La idea que tenemos de nosotros mismos no es un contenido más en un cajón de un archivo, sino un integrante real de nuestra memoria operativa que va a permitirnos, entre otras cosas, tener mayor o menor acceso a nuestra propia energía.

4

Los contenidos de una memoria personal están influidos por la cultura ambiental. Aprendemos a considerarnos a nosotros mismos. La imagen es, parcialmente, reflejo de lo que los demás piensan sobre nosotros o de lo que nosotros creemos que los demás piensan sobre nosotros.

La diferencia cultural más influyente es el grado en que el yo privado se entiende como algo independiente, separado de los demás, o como algo dependiente, conectado con los demás. Lo que voy a explicar ahora completa lo que dije en el capítulo anterior sobre los determinismos culturales. A un yo independiente, lo peor que podría pasarle sería la incapacidad para distinguirse de los demás, mientras que para el interdependiente el mayor fracaso sería la exclusión del grupo.

La construcción interdependiente del yo se ha observado en estudios realizados en Filipinas, India, China, Japón, África, Latinoamérica y algunos lugares de Europa. En todas estas culturas, los otros tienen un papel mucho mayor que en la occidental típica a la hora de definir el yo. En un estudio realizado por Iwao los japoneses aparecen más preocupados por hacer lo que les parece socialmente correcto, independientemente de sus opiniones personales, mientras que para los norteamericanos es más importante actuar de forma coherente con las propias creencias y actitudes.

Hazel Markus, investigadora destacada en el estudio del yo como estructura cognitiva, ha señalado que de la construcción independiente o interdependiente del yo se desprenden importantes repercusiones que afectan a procesos cognitivos, emocionales y motivacionales.

Entre las diferencias más estudiadas se encuentran la ira, que parece una emoción muy temida en Tahití y considerada infantil entre los esquimales. Los japoneses experimentan ira preferentemente ante los desconocidos, en contra de lo que ocurre en otras culturas occidentales, en que es más probable que uno dé rienda suelta a su enfado precisamente con las personas próximas (Matsumoto). Esto me recuerda un delicioso poema japonés, que combina sabiamente la ferocidad y la ternura:

> ¡Levántate, esposa mía! Es la hora. Clava tu larga aguja en el cojín que bordas, y tráeme las armas.
> Sujeta mis dos sables a mi cinto. Procura que sus empuñaduras no me estorben.
> Con emoción te veo arrodillarte ante mí. ¡Pero si volveré, hija mía!
> Cuelga de mi hombro este arco del que pronto van a partir mil flechas. Dame el saquito que he llenado de arroz. Anuda fuertemente las correas de mi carcaj.
> He regado nuestras verduras para ocho días. No he olvidado repicar los crisantemos.
> ¡Ahora, tiembla y huye! Voy a adoptar la mirada espantosa con la que pienso salir al encuentro de nuestros enemigos.

Los psiquiatras han dedicado mucha atención a las crisis del *self.* «Se trata», escribe Castilla del Pino, «de un derrumbe en la identidad tras el cual sobreviene una etapa de vacío y la escalada hacia una nueva forma de identidad en ocasiones; otras, la marginación en sus diferentes aspectos: la privación de relaciones eróticas, el aislamiento de relaciones de amistad y sociales, fenómenos todos de privación afectiva.»

La crisis del *self* depara, cuando menos, una situación depresiva bajo la forma de frustración en una realización concreta: sexual, afectiva, social, profesional. Pero el temor a la crisis produce angustia, que he de interpretar como angustia ante la posibilidad de que sobrevenga la privación de relaciones en que hemos logrado, hasta el momento, nuestra identidad.

Los trastornos mentales afectan al modo de comportarnos (impulsividad, incapacidad para mantener planes), al conocimiento (delirios o alucinaciones), o a la afectividad (situaciones de ansiedad, angustia, depresión, manía).

El rasgo nuclear de la personalidad neurótica es la *inseguridad.* Esta inseguridad alude a la propia identidad, al *self,* bien en su totalidad, bien en las distintas áreas del mismo. Por eso, la angustia podemos concebirla como el pánico que al sujeto acomete ante la posibilidad de dejar de existir.

El análisis de estas patologías proporciona datos de enorme interés. Pinel tenía razón. Me referiré a las depresiones psicóticas reactivas, en las que un acontecimiento provoca una reacción desmesurada. Transcribo un caso expuesto por Castilla del Pino:

> «Eulogia M., de 34 años, lleva casada en Castro del Río, de donde es natural, más de diez años. Su matrimonio ha sido feliz hasta ahora, "y yo soy culpable de todo, de que seamos unos desgraciados, de que haya hecho desgraciados a todos, porque yo sería, nada más, la que debiera serlo". A la muerte del padre, recién casada, heredó la casa en que vive y donde nació. Se sintió muy feliz cuando pudo volver a ella, en donde habían transcurrido los años de su infancia, adolescencia y juventud. Cuando al casarse vivió en otro piso, iba a diario a ver a sus padres y pasaba algunas horas, durante el trabajo de la tarde del marido, con sus padres. Muerto el padre, se fue a vivir con su madre a la casa definitivamente. "Mi madre tenía su habitación y nosotros disponíamos de toda la casa, que tenía su patio, sus árbo-

les, un jazmín. Yo lo he pasado muy bien en esa casa." La depresión acaeció "cuando nos compramos el coche con mucho trabajo, porque entonces se me ocurrió a mí que debíamos hacer un garaje para que el coche no estuviera todo el día en la calle al sol y a la lluvia". Por iniciativa suya la casa se demolió, el jardín se hizo espacio habitable y en el antiguo portal se construyó el garaje. La casa, en suma, se ha convertido en otra completamente distinta. "Llevo un año que no doy pie con cabeza, me han visto todos los médicos, me dicen que esto no tiene importancia, pero yo se la doy y es que la tiene... Yo no veo ahora mi casa... me paso las noches enteras sin dormir y mi marido me dice que esto no tiene importancia, que estamos mejor que antes, lo que es verdad, pero yo no veo nada mío, esto no parece mío, esto es todo extraño." Tiene ideas de suicidio» *(Introducción a la psico(pato)logía,* II, p. 128).

No es el hecho en sí lo que interviene en estos casos, ya lo sabemos, es la interpretación que el sujeto da al hecho. En este caso, lo importante es la relación en que el objeto –la casa– estaba respecto del *self* de la paciente. Al perderlo pierde parte de su identidad.

5

Nuestra memoria asimila las cosas con las herramientas que el sujeto tiene, que en su inicio son constitucionales, determinadas por la herencia y por los primeros acontecimientos vividos por el feto. Esta estructura básica, fundamentalmente orgánica, acostumbraba a designarse con el nombre de *temperamento* y así lo voy a hacer. Es nuestro destino biológico. Constituye la trama de nuestra vida personal, que se va a completar con la urdimbre proporcionada por la experiencia. En este tejido va a aparecer el tapiz de nuestra personalidad.

De manera provisional llamaré *temperamento* a los determinismos biológicos, *carácter* al contenido aprendido –lo que he llamado *memoria personal,* que incluye la idea que tenemos sobre nosotros mismos, el *self*– y *personalidad* al resultado final de nuestra vida, a nuestro estilo de conducta.

El temperamento y el carácter causan las ocurrencias del sujeto. Son sistemas que producen información. Forman lo que he llamado «yo ocurrente», y entre sus ocurrencias se encuentra la idea que el sujeto tiene de sí mismo, el *self,* que va a servir de intermediario entre el carácter y la personalidad. La personalidad, en cambio, es un estilo de obrar. El carácter de una persona puede ser cobarde, pero su personalidad valiente. Es la dialéctica entre el yo ocurrente y el yo ejecutivo, entre las ocurrencias y los proyectos, entre los determinismos y la libertad, lo que constituye la personalidad. Un proceso, pues, disputado, accidentado, complejo, emocionante, arriesgado, porque los elementos estructurales –temperamento y carácter– son muy poderosos. Y el yo ejecutivo tiene que negociar la libertad con ellos.

Este tema ha sido puesto últimamente de relieve por Martin Seligman. Al estudiar las depresiones, Seligman se dio cuenta de que el modo de interpretar los acontecimientos influía decisivamente en su aparición. Trabajó durante un tiempo con Tim Beck, descubridor de la terapia emocional cognitiva, que intenta cambiar el modo que tienen los pacientes deprimidos de pensar en sus fracasos. Su tesis era que la manera de pensar sobre estos sucesos agravaba o evitaba la depresión.

Todas las personas sufrimos fracasos que momentáneamente nos sumergen en una situación de impotencia o desmoralización. ¿Por qué unas personas salen pronto de esta situación mientras que otras quedan encerradas en ella como en una trampa? La contestación que dieron es que cada persona tiene un estilo para explicar los sucesos que le afectan. Simplificando, podemos llamarlos estilos pesimista y optimista. El estilo pesimista usa ciertas razones para explicar los sucesos desagradables. Son personales («Es culpa mía»), permanentes («Siempre va a ser así») y expansivas («Esto va a destruir mi vida entera»). Al explicar un fracaso de modo permanente y amplificado, se está proyectando el suceso presente sobre el futuro. De esa manera el fracaso no es sólo un resultado del pasado, o un acontecimiento presente, sino que se convierte en una anticipación del futuro. Todo va a ser así, por mi culpa, para siempre.

Y la idea de que un malestar va a durar siempre es suficiente no ya para deprimirnos, sino para desesperarnos. Lou Andreas-Salomé, la muchacha que atravesó Europa devastando los corazones de sus más famosos coetáneos, cuenta el horror con que Nietzsche le habló de su trágico descubrimiento: el eterno retorno de las cosas. Todo volverá a suceder. Este destino le llenaba de horror: «No quiero comenzar otra vez. ¿Cómo podría soportarlo?» En una carta de diciembre de 1878, Nietzsche escribe: «Parece como si nada lograra aliviarme. Los dolores son enloquecedores. Por mucho que uno se diga: ¡Sopórtalo todo! ¡Renuncia a todo! ¡Ah, uno termina asqueado de la propia paciencia. Lo que necesito es paciencia para soportar la paciencia!» Viviendo un presente terrible, la creencia en el eterno retorno, en la continuación permanente del dolor, tenía forzosamente que parecerle un destino infernal.

Por el contrario, el modo optimista de explicar las cosas propone causas contrarias: hay cosas que no dependen del sujeto, las malas situaciones no van a durar siempre y no ocupan toda su vida, sino tan sólo una parcela de ella.

Lo que estos investigadores –Ellis, Beck, Seligman y un grupo muy nutrido– sostienen es que cambiando el modo de pensar, los estilos explicativos, la atribución de la causalidad de la que dependen los sucesos, se puede evitar o mejorar la depresión.

Según ellos, no es un destino genético lo que determina esa propensión optimista o pesimista, sino el aprendizaje. Un aprendizaje que se lleva a cabo precozmente. A los siete años es probable que un niño haya aprendido ya su modo de explicar los sucesos. Antes de esa edad los niños son siempre optimistas, razón por la que no hay suicidios. Niños incluso de cinco años han cometido asesinatos, pero no han atentado contra su propia vida. Seligman considera que hay tres causas principales que determinan el estilo de interpretación afectiva de un sujeto. El primero es el modo como la madre explica los sucesos. Un niño oye continuamente a su madre hacer comentarios sobre los acontecimientos de la vida diaria, sus antenas están siempre desplegadas y siente un inagotable interés por encontrar explicaciones a las cosas. No es accidental que los niños busquen con tanta insistencia el porqué. El pesimismo u optimismo de la madre va a ser recibido por el niño como si fuera la propia estructura de la realidad. Según las pruebas realizadas, hay una coincidencia notable entre el estilo de la madre y el del niño, correlación que no existe, sin embargo, con el padre. El nivel de optimismo o de pesimismo, tanto el de los hijos como el de las hijas, es aprendido, al parecer, de la madre.

El segundo elemento que influye es el modo como los adultos –profesores o familiares– critican el comportamiento de los niños. Ya he comentado que los niños oyen cuidadosamente no sólo el contenido de la reprimenda, sino también su forma. No sólo lo que los adultos les dicen sino cómo lo dicen. Carol Dweck, una de las más notables investigadoras del desarrollo emocional, ha estudiado el modo como la escuela influye en este aspecto. También ha proporcionado una clave que tal vez explique la mayor incidencia de las depresiones en las mujeres que en los hombres. Ha encontrado que se regaña a las niñas de distinta manera que a los niños. A los niños que hacen algo mal o fracasan en los estudios se les dicen cosas como: «No estás prestando atención», «No has trabajado lo suficiente» «Estabas distraído mientras explicaba los quebrados». Estas explicaciones son específicas, temporales, no expansivas. Las niñas, según el estudio de Dweck, suelen oír otro tipo de reprimendas. «Eres demasiado impaciente», «Siempre estás distraída», «Eres muy mala en aritmética». En vez de referirse a causas temporales o coyunturales, se apela a causas permanentes.

Carol Dweck estudió el modo como los alumnos de cuarto grado respondían a un test en el que se planteaba un problema realmente insoluble. Al explicar su fracaso, las niñas dijeron cosas como «Es que no soy buena en este tipo de problemas». En cambio los niños comentaban: «No me he concentrado», «¿Y a quién le interesa ese lío?».

No sé si el lector habrá leído la biografía de Jean Genet que Sartre escribió, perspicaz y exagerada como todas sus obras. Si lo ha hecho recordará cómo explica el origen de la vida desastrada de su biografiado. Genet fue un niño hospiciano, puesto a los siete años bajo la custodia de unos campesinos de Morvan por la asistencia pública. A los diez años un suceso al parecer trivial va a cambiar su vida. El niño juega en la cocina. Se ha dado cuenta de su soledad y, como de costumbre, le invade la angustia. Entonces se ausenta, abismándose en una especie de ensoñación. No hay nadie en la habitación: sólo una conciencia abandonada que resbala por los utensilios de cocina, la pared, la mesa, un cajón abierto, una manita que se introduce en él... Alguien que entra le ve de otra manera. Ve a un golfillo robando dinero. Y su voz declara públicamente: «Eres un ladrón.» Mucho más tarde, Genet lo menciona en un poema:

> ... una palabra vertiginosa
> procedente del fondo del mundo abolió el bello orden..

El tercer elemento que influye en el aprendizaje optimista o pesimista es el modo como los niños han superado las crisis importantes de su vida. Los que las han superado bien se enfrentan de manera optimista con las siguientes crisis de su vida. En cambio, los niños que habían vivido una situación crítica mal resuelta o cronificada propendían a anticipar fracasos semejantes a lo largo de su vida. Estos hechos se comprobaron mediante un estudio de seguimiento hecho sobre las víctimas de la gran depresión económica.

6

Nuestra memoria guarda las huellas de nuestra vida. Eso sería la trama básica de nuestro carácter, que tiene una consistencia parecida a la que tienen las realidades exteriores. Pero aquí entra una vez más nuestra necesidad de buscar un significado y dar una interpretación a lo que sucede. Nos pasan demasiadas cosas, la memoria de nuestra vida es demasiado minuciosa y completa, y, al parecer, necesitamos disponer de una versión manejable de nuestra existencia. Esto nos obliga a elaborar nuestra biografía privada, en la que organizamos los sucesos que nos parecen más relevantes, dejando el resto en la oscuridad. Es fácil comprender que esta elaboración está sometida a graves riesgos, que pueden complicarnos la vida. He encontrado en un sobre unos papeles de mi abuelo que, aunque no lo dicen expresamente, creo que se refieren a G. M. Si es verdad, G. M. fue una mujer, hija única, que dedicó gran parte de su vida a cuidar de su madre, que había quedado viuda siendo muy joven.

Los papeles que he encontrado dicen así: «Es posible que me esté convirtiendo en una persona maliciosa y desconfiada, porque eso me repite Ruperta [mi abuela] cada vez que volvemos de casa de C. C. Su hija le atiende con una dedicación que debería parecerme admirable y que, sin embargo, me parece falsa. Siempre está pendiente de traerle la medicina, mullirle los cojines, preguntarle si quiere algo, pero lo hace todo con una eficacia sistemática y fría que me da muy mala impresión. Aunque su madre se pone algunas veces insoportable, ella no altera nunca su rostro, no se enfada, no protesta, pero tampoco dice nunca una palabra de más, ni esboza siquiera una sonrisa. Una vez se le escapó a su madre decirlo: "Preferiría estar sola a verte siempre con esa cara".»

Si mis suposiciones son ciertas, G. M. debe de ser Gloria, una prima lejana mía, de la que sólo conozco una anécdota escuchada en mi infancia. Al parecer, su madre había sido una mujer con mucho éxito, brillante en sociedad, guapa. Creo que su casa de Madrid llegó a aparecer en una sección del *Blanco y Negro* que se llamaba «Los salones», pero he buscado en la colección que había en la biblioteca de mi abuelo –colección incompleta– y no he encontrado rastros de esa noticia. Por lo visto, Gloria se llevaba muy mal con su madre, a la que es posible que tuviera algo de envidia. La historia que se contaba era que Gloria, una chica tímida y bastante feúcha, se había enamorado del pasante de su padre, noviazgo al que su madre puso la proa sin misericordia alguna. El caso es que la chica convenció al muchacho para que se fugara con ella. Ni sabían dónde, ni en qué iba a parar la escapada, que terminó pronto. A las once salieron de Madrid y a la una el chico estaba llamando desde Aranjuez para confesar a los padres de Gloria la descabellada intentona.

El padre murió al poco tiempo, y madre e hija tuvieron que dejar su casa y marcharse a un piso pequeño. A partir de ahí sólo puedo hacer suposiciones, enlazando otras anotaciones de mi abuelo sobre el remordimiento. Es muy posible que Gloria odiara a su madre, y consagrara su vida entera a compensar ese sentimiento malsano con una dedicación excesiva. Pero era la dedicación de una persona que seguía contándose su vida como la de una víctima, primero de la brillantez, luego de la intransigencia y, por último, del infortunio de su madre. Así, sin perdonar, ni perdonarse, ni atacar, ni desahogarse nunca, vivió una vida coagulada escrita a partir de un único acontecimiento que perduró en los efectos, aunque ya posiblemente hubiera desaparecido de la memoria. Para colmo de males, supongo que se vio obligada de por vida a guardar en secreto sus sentimientos, fingiendo sin parar para no delatarse, incapaz tal vez de recordar ya lo que verdaderamente sentía. Ahora comprendo la referencia de mi abuelo a Kierkegaard.

Quedamos en que cada uno elaboramos nuestra propia autobiografía para uso íntimo. A veces, el resultado es desastroso. Kelly recomienda a los psicoterapeutas que se pregunten: ¿Cómo puntúa el paciente los acontecimientos, y cuáles son los principales temas que ve en ellos? Por ejemplo, puede ser instructivo pedirle que considere las etapas principales de su vida y escriba «títulos de capítulo» para cada una de ellas. Tareas de este tipo pueden resultar de ayuda, no porque proporcionen un informe exacto de acontecimientos del pasado que han moldeado la vida actual del paciente, sino porque sugieren los puntos cruciales que él ve en su biografía y el significado personal que les atribuye. Como ha sugerido Bannister, una terapia efectiva implica reconstruir el propio pasado y discernir en él nuevos temas que apunten a un futuro más esperanzador. Por ejemplo, un sujeto puede llegar a reconstruir los errores de sus padres como las limitaciones humanas de individuos que luchaban en un mundo difícil, más que como negligencias intencionalmente dirigidas contra él. O sus propios errores como una equivocación que nunca volvería a cometer. Gloria no perdonó nunca a nadie. Ni a su madre ni a ella.

El modo de contarnos nuestra vida va a determinar nuestros sentimientos.

7

Termina aquí el recorrido por los ingredientes del balance sentimental. Ante una situación respondemos afectivamente de una manera que está determinada por la coyuntura que vivimos, por el estado de ánimo en que nos coge la nueva situación, pero sobre todo por nuestra personalidad afectiva, trenzada por nuestras necesidades y deseos, nuestras creencias y expectativas y por el modo como nos contamos nuestra propia historia.

Si lo que sostengo es cierto, son estos ingredientes los que pueden explicar la peculiaridad de nuestras respuestas afectivas. Pero antes de proseguir quisiera estudiar un sentimiento complejísimo, que parece alterar la dinámica normal de los sentimientos. He repetido muchas veces que los sentimientos nos avisan de la marcha de nuestros intereses y proyectos. Están centrados sobre el yo. Todos estamos implicados en nuestros afectos. Sin embargo, uno de ellos parece moverse en dirección contraria. No está centrado en mí, sino en otra persona. No es el balance de mi propia situación, sino el balance de otra vida lo que me afecta. Es un sentimiento exclusivamente humano. Parece que la inteligencia en este caso descoyunta la marcha normal de las emociones. Como el lector habrá supuesto, me estoy refiriendo al *amor.* Es un sentimiento tan sorprendente que voy a dedicarle un capítulo especial.

EV: De lo que llevamos de exploración he sacado dos consecuencias. Los sentimientos concretos están elaborados con cuatro ingredientes. Segundo, el último secreto de nuestra vida sentimental se guarda en la memoria. Continuamente estás repitiendo que los estilos sentimentales se pueden aprender. Se aprende el miedo, la vergüenza, el optimismo, el pesimismo, la depresión.

JAM: Así es. Pero no olvides que la memoria no es un desván platónico: es un aparato orgánico con propensiones.

EH: Estoy pensando si desandar mañana el camino para buscar mejor. Creo que nos hemos dejado olvidado por algún lado el sentido del humor.

EV: Eso es llamarnos pesados.

EH: No. Me refería a que el sentido del humor es un gran reforzador del Yo. Tal vez habría que decir que procede de un Yo fuerte. No lo sé. Ya sabéis que Freud escribió un tratado sobre la comicidad titulado *El chiste y su relación con el inconsciente.* Allí aparecen las fuerzas destructivas que se desfogan con la comicidad. Pero muchos años después escribe una cosa cortita sobre el humor que suena de manera muy distinta. El humor es el triunfo del narcisismo, porque el Yo se afirma victoriosamente y acaba por disfrutar de aquello mismo que le ofende. Es un triunfo del principio del placer pero un triunfo contradictorio, porque está construido sobre la aceptación de su enemiga mortal, la realidad. Escribe: «El humor parece decir: "¡Mira! He aquí ese mundo que te parece tan peligroso! ¡Es un juego de niños! Lo mejor es burlarse de él."» El humor pretende desmentir la realidad, pero desmintiéndose al mismo tiempo a sí mismo. Es un modo de sobreponerse, de estar por encima de uno mismo, sin altanerías. Es sacarse del pantano tirándose de los pelos como el barón de Münchhausen, del que tanto hablabas en *Teoría de la inteligencia creadora.*

EV: Me estoy acordando de un empresario que el viernes, antes de dejar su oficina para irse a pescar, echa un vistazo al fax y mientras baja en el ascensor se dice: «Menudo disgusto me voy a llevar el lunes cuando lea ese fax y me entere de que estoy despedido.»

EH: Un suceso parecido ponía Freud como ejemplo. Un condenado a muerte, camino del patíbulo, pregunta a sus verdugos: «¿Qué día es hoy?» «Lunes.» «¡Pues sí que empiezo bien la semana!»

EV: Me acuerdo de Woody Allen diciendo: «Lo único que lamento es no ser cualquier otro.» O de Groucho Marx: «No me gustaría pertenecer a un club donde admitieran a tipos como yo.»

JAM: Me parece muy aguda vuestra observación. El sentido del humor no consiste en producir cosas graciosas o agudas. Si lo fuera no sería un sentimiento. Es un sentimiento porque funciona como *a priori* afectivo respecto del mundo, un talante, por usar la expresión de Aranguren. Es la condición que hace posible la aparición de ese mundo al que se refería Freud, donde no devalúo, como hace la comicidad, sino que infantilizo todo. El ingenio no es compatible con la ternura. El sentido del humor, sí.

EH: Soy judoka y la fortaleza que proporciona el humor me recuerda la que proporciona el judo. Se trata de no ofrecer resistencia. El ejemplo que nos ponen a todos los principiantes es el del viento y el árbol. Los árboles fuertes, corpulentos, tiesos, son tronchados por el aire. En cambio los flexibles, como los cipreses, cimbrean, se inclinan, pero no se rompen.

EV: ¡Sería estupendo poder escribir una autobiografía humorística!

JAM: ¿Os acordáis de Marta? Me contó que había hecho algo así para salir del desánimo en que la sumió su fracaso matrimonial. Comenzó a escribir, contándose el mundo de otra manera. Espero que alguna vez lo publique. Me dijo algo que tiene mucho que ver con la exploración de hoy. Sostiene una teoría muy rara de la sintaxis. Me decía que la sintaxis compleja, la frase larga, es propia de personas esperanzadas y animosas. Cuando estaba muy deprimida sólo era capaz de escribir frases muy cortas, sin fuelle. Estaba segura de que su cambio anímico comenzó siendo un cambio sintáctico.

EH: Eso me recuerda lo que decía una profesora del colegio de monjas donde me eduqué. Daba clase de caligrafía, y nos convenció a todas de que si el carácter se revela en la escritura, como dice la grafología, cambiando la escritura se cambia el carácter.

JAM: Se acabó por hoy la charla.

8. JORNADA QUINTA: UN LABERINTO DENTRO DEL LABERINTO. EL AMOR

1

El amor, por supuesto, no existe. Existe una nutrida serie de sentimientos a los que etiquetamos con la palabra *amor,* que está a punto de convertirse en un equívoco. Esta confusión léxica nos hace pasar muchos malos tragos, porque tomamos decisiones de vital importancia para nuestra vida mediante un procedimiento rocambolesco. Experimentamos un sentimiento con frecuencia confuso, lo nombramos con la palabra *amor,* y, por ensalmo, la palabra concede una aparente claridad a lo que sentimos y, de paso, introduce nuestro sentimiento en una red de significados culturales que imponen, exigen, o nos hacen esperar del amor una serie de rasgos y efectos que acaso ni siquiera sospechábamos.

Parecería más sensato esperar a ver qué sale de nuestro sentimiento para saber si era amor y qué tipo de amor, o si era algún otro sentimiento emparentado.

Acabo de leer en un periódico la siguiente frase: «La obliga a hacer el amor amenazándola con una navaja.» Proust consideraba que el amor es una mala suerte. Rilke lo define como dos soledades compartidas. ¿Hay forma de saber de qué hablamos cuando hablamos del amor? En los textos de *l'école d'amour* el amor se describe como *«un çe ne scay comments»* y al respecto se añade: *«Et par jes termes qui ne nous apprennent rien, ils nous apprennent tout ce qui s'en peut sçavoir.»* ¡Como norma de enseñanza se nos ofrece un «yo no sé qué» vacío de contenido!

Solemos precisar ese vago sentimiento añadiendo alguna calificación: amor maternal, a la naturaleza, a la patria, al dinero, al arte. ¿Hay algo común entre todos estos sentimientos? ¿Existe un sentimiento que pueda dirigirse a las personas, a los vivientes, a las cosas?

En mis cursos de filosofía de bachillerato suelo dedicar una clase a estudiar los criterios para saber si uno está enamorado. Lo hago antes de hablar de filosofía de la ciencia, uno de cuyos temas importantes es el de los criterios de verdad. ¿Cómo se sabe que una proposición científica es verdadera? En la vida corriente también usamos criterios de verdad a diario, y me parece interesante que mis alumnos aprendan este uso minúsculo, humilde, franciscano, definitivo, del saber. Saber lo que pasa en mi vida y en mi calle es más importante que saber lo que ocurre en el corazón de Venus (el planeta).

En este capítulo voy a pedir permiso al lector para tomarle como alumno durante unas páginas. No creo que se niegue porque sólo le pido que rejuvenezca. Así podré preguntarle: ¿Cómo sabe usted que ama algo o a alguien?

La primera respuesta sería posiblemente: El deseo me indica cuál es el objeto de mi amor. El amor es una tendencia a la posesión. La dificultad está en saber en qué consiste la posesión. Respecto de los objetos no hay ningún problema: poseer es la capacidad de usar o destruir una cosa. No parece que este significado sirva para aclarar lo que significa el amor, pero más adelante tendremos que hablar de otros modos más sutiles o más crueles de posesión. Por ejemplo, la relación entre posesión sexual y crueldad que se da en las prácticas sádicas nos muestra cómo se pueden complicar y alterar los sentimientos.

Aunque el amor como deseo puede dirigirse a personas, animales o cosas, en lo que resta de capítulo voy a referirme únicamente al amor en sentido estricto, que es un sentimiento que encuentra su mayor complejidad y plenitud cuando se dirige a seres humanos. Una de las características que vamos a descubrir es que el sentimiento amoroso puede darse a distintos niveles, y que por lo tanto, al haber sólo una palabra, siempre va a resultar equívoca si no la precisamos de alguna manera. Stendhal distinguió varios tipos de amor: amor-pasión, amor-gusto, amor-físico y amor de vanidad. Nuestro análisis va a ser distinto porque, por ahora, estamos intentando sólo contestar a una pregunta: cómo sabemos que queremos a alguien.

Los griegos antiguos distinguieron el amor como deseo del amor como amistad. Llamaron a uno *éros* y a otro *philía.* También los filósofos medievales distinguieron el amor de concupiscencia y el amor de benevolencia. Cuando el eros se refería a personas se entendía como deseo sexual. Sólo amaba eróticamente el que deseaba, no la persona deseada. Ésta, en todo caso, «respondía al amor», y, para expresarlo, los griegos usaban la palabra *anterao.* El amor era unidireccional.

La otra familia léxica expresa el amor de cariño o amistad. Se distinguía del erótico, aunque, a veces, para unirlos después. En *Troyanas,* Eurípides dice refiriéndose a Menelao cuando recobra a Helena: «No hay amante *(erastés)* que no tenga cariño *(philía)* de por siempre.» Platón en el *Lysis* niega que el que ama *(erai)* no tenga afecto *(mé philein).* En el *Eutidemo,* los *phíloi,* los queridos de un efebo, son aquellos a quienes se dirigen sus deseos: *erastai.*

El eros se presenta como «locura», es una fuerza irracional. El hombre se siente esclavizado, es una manía, una locura enviada por Afrodita y Eros. Una de las fuerzas oscuras que llegan al hombre desde un mundo misterioso y lejano, y se encarna en el enamorado, como otras locuras se encarnan en el guerrero, el poeta, el adivino, el chamán. Safo invoca a la diosa «trenzadora de engaños» y le pide: «No esclavices, señora, mi corazón con angustias y penas.» El enamorado provoca admiración y miedo. Demuestra debilidad porque no sabe controlar las fuerzas extrañas que se apoderan de él. Se le perdona por ello más fácilmente que a las mujeres. Hay una misoginia griega, un temor hacia la seducción femenina, que aparece en el mito de las danaidas y de las amazonas. El matrimonio es la terapéutica que la sociedad griega inventó contra ese dominio del eros sobre las mujeres y, a través de ellas, sobre los hombres.

Esta sociedad separó el placer del matrimonio, en el que no había cortejo, no había atención a los sentimientos individuales. Éstos se reservaban para las heteras y los efebos. Se decía que el matrimonio había sido inventado por el mítico rey de Atenas Cécrope, que lo instituyó para evitar el sexo libre y para que pudieran conocerse los padres y los hijos. Iba, pues, contra la promiscuidad femenina y contra el peligro que representaba para los hombres, según la concepción en boga, la inestabilidad emocional de las mujeres, su carácter errático e irracional. En el matrimonio, el sexo pasa a ser «trabajo» *(érgon),* deja de ser «juego» o «diversión» *(pauignia, térpsis).*

En Atenas, pues, encontramos en la época clásica una situación dentro de la cual el erotismo, y en términos generales el amor, sólo encontraba prácticamente un lugar fuera del matrimonio. Si el lector quiere saber más sobre el asunto, le recomiendo el libro de F. Rodríguez Adrados *Sociedad, amor y poesía en la grecia antigua* (Alianza, 1995).

Los filósofos medievales, que meditaron mucho sobre estas cuestiones, distinguían tres momentos en la experiencia amorosa: el amor, el deseo y la fruición. Es decir, organizaban los elementos de una manera distinta de como lo hacían los griegos y, a mi juicio, más perspicaz.

Por de pronto, incluían todo el proceso amoroso dentro del dinamismo humano, en el campo apetitivo, tendencial. El amor era para ellos la contemplación de un bien, la percepción del atractivo de una cosa o de una persona. Era esta contemplación la que despertaba el deseo, que es el aspecto dinámico del amor. Sólo la falta de documentación de los psicólogos actuales les ha impedido reconocer en estos filósofos unos antecedentes claros de su teoría. La percepción amorosa es el equivalente a la evaluación cognitiva que ellos tienen que admitir, con toda razón, como antecedente de las experiencias sentimentales.

La experiencia vivida de un bien era para estos filósofos el fin de un movimiento anterior –la necesidad o tendencia–, y el comienzo de otro movimiento nuevo: el deseo. Con esto, podían introducir el deseo no sólo dentro del amor sexual, sino de todos los demás amores, porque es evidente que cada tipo de amor despierta un tipo de deseo, que no tiene por qué ser posesivo. El amor de la madre hacia el niño es un deseo de cuidarle, de colaborar a su felicidad y verle contento; el deseo despertado por la amistad, como señaló Aristóteles, es el de hablar, compartir las cosas, divertirse juntos. Cada uno de estos deseos tiene su forma de satisfacerse, que es lo que llamaban los filósofos escolásticos *fruición.*

Así pues, de poco nos sirve relacionar el amor con el deseo si no precisamos el tipo de deseo a que nos referimos, y en qué momento del proceso lo situamos. Tenemos, pues, que buscar un criterio que complete éste. No hay amor sin algún tipo de deseo, pero es arbitrario y confundente decir que cualquier tipo de deseo puede considerarse amor.

El caso de Sartre confirma lo que he dicho. Hace consistir el amor en un tipo de deseo que convierte el amor en un imposible. Sartre dice que el amor quiere cautivar la conciencia del otro. Hay, pues, un afán de posesión o de poder. Pero la noción de propiedad, por la que tan a menudo se explica el amor, no puede ser primera. El amante no desea poseer al amado como posee una cosa; ésa sería una versión brutal de la posesión como consumación material de cualquier deseo. No quiere tampoco un sometimiento total de autómata, sino que reclama un tipo especial de apropiación: quiere poseer una libertad como libertad. Tampoco se satisface con un amor que se diera como pura fidelidad a un juramento. El amante pide el juramento y a la vez el juramento le irrita.

Sartre pone toda su capacidad dialéctica en describir este amor mostrando su absoluta imposibilidad. Basado en el afán de posesión, sólo alcanzamos una intranquilidad celosa, como la del héroe de Proust que instala a su amante en su casa, para verse así libre de inquietud. Sin embargo, está continuamente roído por cuidados y angustias porque Albertina escapa de Marcel, aun cuando éste la tenga continuamente a su lado, en total dependencia material. Nunca se puede poseer por completo una conciencia ajena. Marcel sólo conoce tregua cuando Albertina está dormida. Un magnífico poema de Vicente Aleixandre cuenta lo mismo:

> Hermoso es el reino del amor
> pero triste también.
> Porque el corazón del amante
> triste es en las horas de soledad
> cuando a su lado mira los ojos queridos
> que inaccesibles se posan en las nubes ligeras

La conclusión del poema es pesimista: «Todo conspira contra la perduración sin descanso de la llama imposible.» A esta misma conclusión tiene que llegar forzosamente Sartre.

Continuaré mi interrogatorio. ¿Por qué otros síntomas reconoce el lector que quiere a una persona? Hay, sin duda, un interés especial hacia ella, que en el caso del enamoramiento resulta muy evidente. Ortega decía que el enamoramiento es, por lo pronto, un fenómeno de la atención. Cuando la atención se fija más tiempo o con más frecuencia de lo normal en un objeto hablamos de manía. «Yo creo que el enamoramiento es un fenómeno de la atención, un estado anómalo de ella, que en el hombre normal se produce. En su iniciación no es más que eso: atención anómalamente detenida en otra persona. Si ésta sabe aprovechar su situación privilegiada y nutre ingeniosamente aquella atención, lo demás se producirá con irremisible mecanismo.»

Recuerdo al lector que uno de los sentimientos más elementales y básicos es, precisamente, el *interés,* y que he llamado *atencionalidad* de la conciencia a nuestra primera relación con los objetos valiosos. Lo que dice Ortega es verdad, pero todavía no es un criterio suficientemente claro. Nuestra atención puede ser absorbida por todo tipo de obsesiones, preocupaciones, fascinaciones y vértigos que, ciertamente, pueden confundirse con el amor pero que sólo significan la profunda implicación del sujeto en un acontecimiento.

María Eugenia, la sobrina de don Nepomuceno Carlos de Cárdenas, se había educado en un convento de Extremadura, cercano a la raya de Portugal. Entre las alumnas había corrido una copia manuscrita de unas apasionadas cartas de amor, prohibidas por la censura, escritas por una tal Mariana de Alcofarado, monja portuguesa casi adolescente que a mediados del siglo XVII se enamoró violentamente de un joven oficial francés, Noël Bouton, llegado a Portugal con las tropas de Luis XIV. Fue un amor desdichado, porque el oficial francés, después de seducir a la muchacha, volvió a su país, del que nunca regresó.

En una de sus cartas contaba cómo había comenzado todo: «Desde aquel mirador te vi pasar, con aires que me arrebataron, y en él estaba el día en que comencé a sentir los primeros efectos de mi desatinada pasión. Me pareció que deseabas agradarme, si bien aún no me conocieses. Supuse que reparabas en mí, distinguiéndome entre las demás compañeras. Imaginé que, cuando pasabas, apetecías que te viese y admirase tu destreza y garbo al hacer caracolear el caballo. Me asustaba si le obligabas a ejercicios difíciles. En fin, me interesaban, en lo más mínimo, todos tus pasos, todas tus acciones. Sentía que ya no me eras indiferente y participaba de cuanto hacías. ¡Ay! Harto conoces lo que se siguió a estos comienzos.»

La misma Mariana Alcofarado cuenta lo que sucedió: «Me acabaste con la porfía de tus galanteos, me embrujaste con tus finezas, me rendiste con tus juramentos, me dejé arrebatar de tus palabras.» Ahora que ya sabe el cruel desenlace de sus amores, se recrimina porque «me pareciste digno de mi amor antes de que me dijeses que me amabas, me mostraste una gran pasión, me sentí deslumbrada, me arrebató mi violenta inclinación. Sin cuidar a valerme de todo valor y sin intentar saber si hubieras hecho por mí algo extraordinario.»

María Eugenia había sentido el mismo súbito interés cuando vio a su tío en el puerto de La Habana. Le vio subir por la pasarela del barco, nada más atracar, seguido de varios criados muy peripuestos; vio que el capitán se acercaba respetuosamente a saludarle y comprobó por unos breves comentarios que entre ellos había alguna relación de negocios. Tal vez asuntos de piratería, pensó. Fueron demasiadas emociones confabuladas: el mar turquesa, el calor, la piel brillante de los esclavos negros, la flagrante luz, la euforia de haber llegado, la casaca de hilo blanco que vestía su tío, la libertad, la lejanía. El Nuevo Mundo palabra por palabra.

Luego, durante el viaje, desde el coche que la llevaba, tirado por caballos de color negro que supo traídos de España en un barco que a punto estuvo de naufragar, suceso que había aumentado el nerviosismo innato de los corceles, le vio cabalgar a su lado durante todo el trayecto. Ahora, meses después, embriagada de amor y de trópico, se preguntaba si ella sería capaz de hacer alguna cosa extraordinaria por su tío, como la monja portuguesa. Su temperamento tenía poco que ver con el de Mariana Alcofarado, en quien encontraba cierta pasión por el sufrimiento. En el internado había discutido violentamente con sus compañeras la frase final de la primera carta de la monja: «Ámame siempre, y haz padecer más a tu pobre Mariana.» A ella, esta resignación, que admiraba tanto a sus compañeras, le pareció una majadería enfermiza y casi un pecado. «Yo no estoy dispuesta a demostrar mi amor sufriendo, sino todo lo contrario», se decía sin entender muy bien lo que decía.

Hay una frase castellana muy expresiva: «Le tiene sorbido el seso», que se emplea en situaciones que tienen que ver con el amor, como la seducción o cualquiera de sus modalidades, pero que no pueden confundirse con él. Ni siquiera a mí, que aprendí el amor en los boleros, oyendo aquello de «amor es un algo sin nombre que obsesiona a un hombre por una mujer», me resulta creíble. Debemos, pues, concluir que hay en el amor un interés desmesurado por el objeto amoroso, pero que no todo interés desmesurado es amor.

La importancia que tiene esta intensificación del interés da origen a muchos espejismos amorosos, porque el sentirse interesado en algo es una tensión que libera del tedio, un premio al que casi todo el mundo responde alborozado. Pero de esto hablaré más adelante. Estamos dispuestos a entregar nuestro corazón a cualquier situación o persona que *intensifique* nuestra vida.

¿En qué consiste esta intensificación? Es una buena y complicada pregunta. La vida intensa supone un abrillantamiento de las cosas, la aparición de valores claros, bien definidos, absorbentes en todas las situaciones. Y también una euforia, el vuelo del tiempo, la ligereza, el olvido de los pequeños disgustos y baches de lo cotidiano. La intensidad no tiene por qué ser agradable: en unas encuestas realizadas después de la Segunda Guerra Mundial, los encuestados reconocían que los tiempos de la guerra habían tenido una intensidad que, una vez pasada, despertaba en ellos una cierta melancolía.

La llamada de la aventura es la promesa de una intensificación de la vida. También la intensifica la ruleta rusa, el asalto a bancos, el juego de la bolsa y muchas cosas más. El amor procura una experiencia intensa, pero no toda experiencia intensa es amor.

3

Si el deseo no es suficiente criterio, ni tampoco el interés, ni la intensidad, ¿por dónde seguirá buscando el lector? Mis alumnos suelen buscar siempre en el mismo sitio y decir que se quiere a una persona cuando su ausencia o lejanía provoca tristeza. Parece que este criterio es bastante de fiar. Lo garantiza el mismísimo San Juan de la Cruz, persona muy seria:

> Descubre tu presencia,
> y máteme tu vista y hermosura;
> mira que la dolencia
> de amor, que no se cura
> sino con la presencia y la figura.

A pesar de todo, la eficacia de este criterio resulta precaria. Se puede sentir una gran nostalgia por lo mismo cuya presencia nos desagradó.

«¡Mademoiselle Albertina se ha marchado!», así comienza Marcel Proust *La fugitiva.* Durante cientos de páginas nos ha contado que ya no amaba a Albertina, que sólo la soportaba por la molestia que le producía. «Hace un momento, analizándome, creía que esta separación sin habernos visto era precisamente lo que yo deseaba, y, comparando los pobres goces que Albertina me ofrecía con los espléndidos deseos que me impedía realizar, había llegado, muy sutil, a la conclusión de que no quería volver a verla, de que ya no la amaba. Pero aquellas palabras –"mademoiselle Albertina se ha marchado"– acababan de herirme con un dolor tan grande que no podría, pensaba, resistirlo mucho tiempo.»

El protagonista admite que hasta un momento antes de conocer la noticia, «yo creía que no amaba a Albertina; creía que lo había analizado todo exactamente, sin olvidar nada; creía conocer bien el fondo de mi corazón. Pero nuestra inteligencia, por lúcida que sea, no puede percibir los elementos que la componen y permanecen ignorados, en un estado volátil, hasta que un fenómeno capaz de aislarlos les imprime un principio de solidificación. Me había equivocado creyendo ver claro en mi corazón. Pero este conocimiento, que las más finas percepciones de la inteligencia no habían sabido darme, me lo acababa de traer, duro, deslumbrante, extraño, como una sal cristalizada, la brusca reacción del dolor».

Así pues, para Proust es el dolor de la ausencia lo que nos revela la profundidad de los sentimientos. Esto es verdad, pero lo que no está tan claro es a qué sentimientos se refiere. Porque puede ser la desaparición de un hábito, la alteración de las costumbres establecidas, la vanidad herida, la pérdida de una posesión, un vago sentimiento de inseguridad, componentes sin duda del amor pero que pueden también acompañar a otros afectos, incluido el odio. Hay en el torturador una ligazón con su víctima, a la que no quiere perder porque en esa relación cruel, en ese contramor, en ese amor negro, encuentra justificada su vida o exaltada su ambición de poder. Podemos concluir que la tristeza por la ausencia es una característica del amor, pero que no toda tristeza motivada por la ausencia es amor. Al parecer, los criterios que descubrimos son más seguros en lo que niegan que en lo que afirman. Tenemos que seguir buscando.

4

El siguiente criterio parece definitivo: siento que amo a una persona por la alegría que experimento cuando está presente. Ésta fue la definición que Spinoza dio del amor: «El amor es una alegría acompañada por la idea de una causa exterior» *(Ética,* III, prop. LIX). Ahora sí que parece que hemos dado en el clavo y con la clave. Si la alegría es la experiencia de que mis proyectos y fines se van realizando, amar a una persona es darse cuenta de que ella constituye la realización de mis metas, de que resulta imprescindible para la consecución de mis anhelos. Por eso ocupa un papel tan importante en la vida del amante: es su culminación.

Lo único que no me deja tranquilo es que una persona tan perspicaz como Kant ponía el amor en todo lo contrario. Amar no es el sentimiento que me une a aquellos que son imprescindibles para mis fines, sino que amo a una persona cuando sus fines se vuelven importantes para mí. En el concepto spinoziano de amor hay todavía un protagonismo exclusivo del Yo, del amor propio, que necesita ser aclarado porque a veces coexiste con sentimientos muy poco amorosos.

Un sádico puede sentir una gran alegría al someter a su víctima. Tal vez se reconozca irremediablemente sometido a su influjo, y hasta es posible que cumpla todos los demás criterios amorosos –interés, intensidad, desdicha por su ausencia, placer por su presencia–, pero la satisfacción tiene su origen en el sufrimiento de la otra persona. Y eso sólo puede llamarse amor si estamos dispuestos a confundir para siempre su significado.

Hay un efecto del amor más profundo que la alegría. Me refiero a esa plenitud un poco vaga que expresamos con frases tópicas como «da sentido a mi vida», «justifica mi existencia», y cosas así. Le dejo a Sartre que se lo cuente.

Ya he dicho que para Sartre la relación con el Otro aparece en la mirada, y en la mirada amenazante, sobre todo. El prójimo me mira y como tal retiene el secreto de mi ser. Sabe lo que soy. Así el sentido profundo de mi ser está fuera de mí, aprisionado en una ausencia: el prójimo me lleva ventaja. Este comienzo, que reduce el amor al amor de un avergonzado ontológico, lleva a un callejón sin salida, porque ante la capacidad del prójimo para anular mi propio ser sólo cabe adoptar dos posturas: volverme contra el prójimo, para, a mi vez, hacerle depender de mi mirada, o intentar asimilarme su libertad. Ésta es la solución amorosa. El amor va a librarme de la vergüenza, del miedo, del absurdo, de esa relación conflictiva que es siempre la relación con los demás.

Así se produce la gran transmutación, el gran sosiego. «En vez de sentirnos, como antes de ser amados, inquietos por esa protuberancia injustificada e injustificable que era nuestra existencia, en vez de sentirnos de más, sentimos ahora que esa existencia es recobrada y querida en sus menores detalles por una libertad absoluta a la cual al mismo tiempo condiciona y que nosotros mismos queremos con nuestra propia libertad. Tal es el fondo de la alegría del amor, cuando esa alegría existe: sentirnos justificados de existir.»

Para Sartre, este hermoso panorama es un espejismo, y la razón que da es muy curiosa. Para que el amor de otra persona justifique nuestro ser, debe mantenerse como subjetividad no complicada, como un ojo divino que desde su lejanía nos justifica amorosamente. Pero he aquí que ese ser amante, si verdaderamente ama, quiere ser, a su vez, amado. Y esto, a Sartre, le parece contradictorio. «Yo exijo que el otro me ame y pongo por obra todo para realizar mi proyecto; pero si el otro me ama, me decepciona radicalmente por su amor mismo; yo exigía de él que fundara mi ser como objeto privilegiado manteniéndose como pura subjetividad frente a mí; y desde que me ama, me experimenta como objeto y se abisma en su objetividad frente a mi subjetividad.»

Sospecho que Sartre fue un impostor.

5

Todos los sentimientos de que he hablado tienen que ver con el amor, pero dejan de lado el aspecto más sorprendente e innovador, el que introduce un cambio radical en el sistema dinámico de nuestra afectividad. Aparece un descentramiento colosal, injustificado, que hemos de considerar un fenómeno originario y fundamental, ya que no puede derivarse de otro. El caso es que la persona amada comienza a ser valorada por sí misma, con independencia de los efectos que causa en el amante. No es ya que, como decía Spinoza, el amante vea en la otra persona la causa de su alegría o de su felicidad. Es algo más: desea, necesita, aspira a la felicidad de la otra persona.

Ortega lo subrayó con su elocuencia más rebuscada: «Ahora entrevemos en qué consiste esa actividad, esa como laboriosidad que, desde luego, sospechábamos en el odio y el amor, a diferencia de las emociones pasivas como alegría o tristeza: el amor, en cambio, llega en esa dilatación visual hasta el objeto y se ocupa en una faena invisible, pero divina, y la más actuosa que cabe: se ocupa en afirmar su objeto. Piensen ustedes lo que es amar al arte o a la patria: es como no dudar un momento del derecho que tienen a existir; es como reconocer y confirmar en cada instante que son dignos de existir. Odiar es sentir irritación por su simple existencia. Amar una cosa es estar empeñado en que exista; no admitir, en lo que depende de uno, la posibilidad de un universo donde aquel objeto esté ausente.»

Ha aparecido la gran novedad sentimental que no se puede derivar de ningún otro sentimiento. Como dijo Aristóteles, «amar es querer el bien para alguien» *(Ret.* 1380b). Éste es el último criterio del amor, que es distinto de los demás. Los otros, de una manera o de otra, beneficiaban al sujeto, mientras que ahora es el objeto amoroso el beneficiado. Hay, pues, dos direcciones distintas en el amor, una que comienza en la necesidad del sujeto, que hace aparecer el objeto amado como valioso; y otra en que el objeto valioso se destaca con una gran autonomía, que aparece, sin embargo, solo en el sentimiento. Es, por lo tanto, un sentimiento que concede la gran libertad.

Ambas direcciones del amor se dan en la infancia. El niño necesita de su madre, se alegra con su presencia, acude a su amparo, quiere estar protegido por su afecto. El amor de la madre hacia el niño es distinto. No se puede decir en estricto sentido que necesite de él, que le quiera porque le proporciona a ella la felicidad, sino que lo más característico de ese amor, su movimiento más fundamental, quiere precisamente lo opuesto, la felicidad del niño. Que esa felicidad aparezca como motivo urgente de su comportamiento, como gran deseo que la impulsa a la acción; eso es lo que constituye precisamente la peculiaridad de este nuevo sentimiento amoroso.

Los investigadores que han estudiado la empatía han comprobado que el desligamiento del amor propio aparece poco a poco en la vida del niño. Hoffman ha distinguido varias etapas en este desarrollo. A los pocos días de vida el niño siente un malestar contagiado al experimentar el malestar de otro niño. Todo parece indicar que el niño siente su propio malestar, no el del otro. Después comienza a sentir una simpatía más descentrada, prosocial, que va a hacer que se interese por el bienestar de otra persona. Es este fenómeno el que posteriormente va a favorecer o intensificar la educación, reuniendo otros varios sentimientos que afirman con energía los valores del objeto. Por ejemplo, la admiración o la experiencia estética parecen sentimientos muy poco subjetivos, ya que el protagonismo lo lleva la propia prestancia de la cosa. Al hablar de la experiencia estética tendemos a verla como una mera contemplación del objeto bello, y lo mismo sucede en la admiración. En la relación amorosa también aparece la definitiva independencia de los valores del ser amado respecto del sentimiento. El amante ve con claridad en la persona amada las razones de su amor. Por eso experimenta su amor como un destino irremediable. Browning escribe a Elizabeth: «Todo lo que yo quiero decir es que te amo con un amor que te separa a ti de tus cualidades, lo que en ti es esencial de lo accidental en ti.» Max Scheler decía algo parecido: «Amar es descubrir el valor más alto de esa persona, valor que tal vez no esté realizado todavía. Es un movimiento hacia ese valor.» No es verdad, por supuesto. Es una ilusión irremediable.

Cada uno de los niveles amorosos que he señalado –el deseo, el dolor de la ausencia, el gozo en la posesión, la afirmación de la existencia ajena y la necesidad de su felicidad– pueden llamarse, sin duda, *amor*, sabiendo que sólo el nivel último, que integra a los demás, alcanza la totalidad de la experiencia. Se trata de una experiencia integradora y por ello muy compleja.

Cuando la persona amada alcanza esa autonomía asombrosa, aparece otra característica del amor que Sartre también contó, aunque de manera sesgada. Quien emerge de ese sentimiento es un ser dotado de una cualidad muy especial. El sujeto quiere ser querido por esa persona. Pero solamente después de alcanzar, en el propio sentimiento, su autonomía. El sujeto quiere ser amado precisamente por esa persona libre, independiente, valiosa en sí. Surge así un carácter contradictorio del sentimiento: amar, entre otras cosas, significa querer ser amado. Si hacemos una sustitución en la frase –parecida a las que se hacen en matemáticas– aparece un fenómeno muy curioso. Atienda el lector para no perderse en el trabalenguas.

Hemos quedado que «amar = querer ser amado». Si sustituimos esta palabra, resulta que «amar = querer que el otro quiera ser amado por mí». Si todavía realizamos otra sustitución, tenemos que «amar = querer que el otro quiera que yo quiera que el otro me ame». Así podemos llegar a un círculo interminable de solicitaciones de amor. El sentimiento se introduce en un juego interminable de espejos paralelos, que Sartre consideraba como prueba de imposibilidad, pero que también puede interpretarse como prueba de perduración.

6

¿Qué tiene que ver todo esto con lo que he explicado acerca del balance sentimental? A pesar de sus características tan peculiares, el amor cumple las mismas condiciones que los demás sentimientos. Hay componentes objetivos y subjetivos en el amor. De lo contrario no se podría explicar por qué queremos a una persona y no a otra, por qué no todo el mundo quiere a la misma, o por qué hay quien es incapaz de querer a nadie.

Empezaré por la primera partida del balance: la situación real. El amor está siempre sometido a la Fortuna. Sólo podemos amar a las personas que tenemos cerca, si no queremos hablar de amores alucinados como el de Adrienne Mesurat. Puede darse una actitud amorosa ante la realidad entera, pero estoy hablando de amor a una persona. Y este amor, tal vez, no tenga ocasión de manifestarse. Es uno de los aspectos trágicos de la existencia humana.

Pasaré al segundo ingrediente: las necesidades, deseos o proyectos. Parece que la necesidad de ser querido es absoluta para los niños y que las afectividades no estragadas necesitan amar a alguien. Fromm ha insistido dramáticamente en esta necesidad. Castilla del Pino ha escrito que el amor es una actitud básica. «En efecto, amar-ser amado, aparte de constituir por sí una actitud, un tipo de relación sentimental entre sujeto y objeto, contamina la totalidad del *self* y le hace adoptar otras actitudes que juzgamos de carácter secundario. Así, verbigracia, la alegría resulta ser una actitud derivada de la conciencia de ser amado, y lo mismo la euforia, la seguridad o la confianza.»

La realización amorosa satisface la necesidad, el deseo o el proyecto amoroso, lo que irá acompañado de alegría. En esto tenía razón Spinoza. Pero mientras el enamorado tenga conciencia de la precariedad de su situación, sentirá inquietud o angustia. Esta contradicción ha sido recogida en todas las descripciones del amor, al menos en nuestra cultura. Platón mencionaba una genealogía muy sugerente. Decía que Eros era hijo de Penia y Poros, es decir, de la riqueza y la pobreza. Y esta estructura contradictoria aparece en la poesía de todos los siglos.

La tercera partida del balance está formada por la memoria personal, las creencias y expectativas básicas. Los estudios sobre el apego infantil parecen indicar que es en esa edad temprana cuando el sujeto adquiere la capacidad de experimentar sentimientos amorosos. El estilo afectivo que se aprende es muy poderoso, pero no irreversible. Es lo que he llamado una creencia. Ya me he referido a ella con distintos nombres, como el de seguridad básica, o urdimbre primaria. Incluye los modos de interpretar los mensajes que nos vienen de las personas y la manera de responder sentimentalmente. Es muy difícil que una personalidad despreciativa, o desconfiada, o llena de miedo, pueda mantener una relación amorosa sin complicaciones, a no ser que, como veremos en el capítulo siguiente, esa relación sea capaz de alterar alguna de las creencias básicas del sujeto.

Las creencias acerca del amor son también un componente real del sentimiento. No tiene la misma textura el sentimiento de quien cree que el amor es efímero que el amor de quien piense que puede durar siempre. Interpretará de distinta manera cada experiencia. Si creo que el amor acaba por aburrimiento, interpretaré cualquier momento de tedio como un síntoma de la esperada evaporación del amor.

Las formas concretas que adoptan estas creencias pueden ser muy distintas. Los cínicos, como La Rochefoucauld, lo tuvieron muy en cuenta: «Hay gentes que no habrían estado nunca enamoradas si no hubieran oído hablar nunca del amor.» La protagonista de la novela de Charles Duclos *Las confesiones del Conde...* confiesa: «Había leído algunas novelas y me pareció que estaba enamorada.» Los proyectos concretos, el rostro que se espera que tenga el amor, lo que va a producir después decepciones o sorpresas, dependen de las culturas o de los momentos históricos, o, en último término, de preferencias biográficas.

La última partida del balance se refiere al *self.* Hace siglos que Aristóteles dijo que cada cual ama de acuerdo con lo que es. Y, a veces, lo que uno es o cree ser aparece como un impedimento insalvable para el amor. Una vez más voy a contarles una historia.

Rilke se considera incapaz para toda relación amorosa. En una carta a la princesa de Thurn und Taxis escribe: «Yo no podría ser nunca caritativo experimentado ni recibir inspiraciones del corazón. Yo no soy un amante, eso es algo que me llega desde fuera, quizá porque nadie me ha trastornado por completo, ¡quizá porque no quiero ni a mi madre! Soy un hombre extremadamente pobre que se encuentra frente a este ser rico por el que otro menos prudente y débil que yo hubiera podido dejarse seducir y desarrollarse sin límites. Todo amor supone para mí esfuerzo y tensión.»

Rilke escribió cartas incansablemente, por eso casi todo nuestro conocimiento sobre él es un conocimiento epistolar. A Lou Andreas-Salomé le dice: «Mi hijita tiene que vivir en casa extraña, mi esposa trabaja y depende de otras personas que se ocupan de su instrucción y yo no puedo ser útil a nadie ni ganar nada. A veces tengo la sensación de que, de todos modos, no podría dar nada a los dos seres que más debería querer ni podría protegerles. ¡Es tan poco lo que sé, y tan mal he aprendido a ocuparme de los demás! Es tanto el trabajo que me da mi propio yo de día y de noche que a veces siento hasta hostilidad hacia los que tienen derecho sobre mí. Las relaciones entre los seres humanos son tan difíciles que uno tendría que concentrar toda su atención en ellas, hacer de creador a cada instante, pues cada instante pide algo nuevo, exige ciertas tareas, plantea problemas y crea necesidades.»

¿Qué temía Rilke de los seres humanos? Si hacemos caso a los cuadernos de Malte, temía precisamente ser amado. En esta obra hace una dramática interpretación de la parábola evangélica del hijo pródigo. «Difícilmente me convencerán de que la historia del hijo pródigo no es la leyenda del que no quería ser amado. Cuando era niño, todos le querían en la casa. Creció sin conocer otra cosa, y se acostumbró a su blandura de corazón, porque era niño.»

Pero de muchacho quiso suprimir sus costumbres. No lo habría podido decir, pero cuando vagabundeaba fuera todo el día y ni siquiera quería llevar consigo a los perros, era porque también le querían, porque en sus miradas había observación y participación, expectación y preocupación; porque tampoco delante de ellos se podía hacer nada sin alegrar o molestar. Entonces decidió marcharse. «Marcharse para siempre. Sólo mucho después comprenderá claramente cuánto se había propuesto no amar nunca, para no poner a nadie en la terrible situación de ser amado.»

7

Últimamente en la Bahía de Batabanó se pensaba mucho en el amor. María Eugenia porque estaba enamorada y se devanaba los sesos buscando un modo de enamorar a su tío. Don Nepomuceno porque sabía que María Eugenia estaba enamorada de él. Él estaba dispuesto a enamorarse, pero no hasta estar seguro de que María Eugenia le querría para siempre.

El señor de Cárdenas era pesimista a este respecto. «¿Por qué termina una novela de amor con el casamiento?», se había preguntado muchas veces. «¿Por qué es absurdo un tomo suplementario, como en Fielding, que prolonga la historia, por mano de un chapucero, dentro del matrimonio? ¿Por qué los celos, como dolor de los enamorados en medio de sus alegrías y esperanzas, son antes del matrimonio un incentivo pero dentro del matrimonio un castigo?» En fin, hablándose a sí mismo con lenguaje de novela, don Nepomuceno se contestaba: «Porque el fin de los dolores del amor es al mismo tiempo el fin del amor.» Se corrigió: «Nadie quiere sufrimientos, quiere diversión. El fin de la diversión en el amor es al mismo tiempo el fin del amor.»

Lo que preocupaba al señor de Cárdenas preocupa a mucha gente en nuestra cultura: la duración del amor. Queremos que el amor sea perdurable e intenso. ¿Son posibles ambas cosas a la vez?

Habían terminado de cenar cuando María Eugenia dijo: «La carta que recibí hoy era de una amiga mía, Carolina de Velasco, que ha venido a La Habana acompañando a su hermano, que ha sido nombrado ayudante del gobernador. Se llama Carlos, y es un joven muy apuesto a quien conocí en España. Me invitan a pasar unos días en su casa para asistir a las fiestas que van a dar para celebrar su llegada. ¿Crees que debería ir, tío?»

Escrutó la cara de su tío deseando captar algún gesto descifrable. ¡Cómo hubiera deseado verle enfadado, prohibiéndole ir, de mal humor, encolerizado, en una palabra, celoso!

Don Nepomuceno respondió enseguida, muy sonriente, tal vez demasiado sonriente: «Desde luego, sobrina. Te vendrá muy bien que te corteje el ayudante del gobernador. Incluso puedes hacer un buen matrimonio.» Luego, como si cambiara de conversación, continuó: «He leído una divertida anécdota en las *Lettres de Mr. l'Abé Le Blanc*. En París atribuyen a lord Mordaunt una frase muy aguda: "Los ingleses se ahorcan por pasar el tiempo."»

María Eugenia supo que aquel comentario tenía una segunda intención, pero no logró descubrirla, lo que la amostazó ligeramente. Aprovechó el cambio de platos para reflexionar. Dijo: «Hoy hace mucho calor», y se ahuecó un poco el cuello del vestido. Luego dijo, por decir algo: «Dicen que los ingleses tienen muy mal oído. Será por eso por lo que se aburren tanto. Vivir, tío, es como bailar.»

No comprendió por qué aquella frase tan tonta produjo tanta impresión en su tío, que se quedó meditabundo, mirándola fijamente pero tal vez sin verla. «¿Habré dicho algo importante sin querer?», se preguntó.

8

Dejaré a don Nepomuceno reflexionando sobre cómo poner el amor a salvo del aburrimiento, y me vendré a este apartado para meditar sobre lo mismo. El aburrimiento es la más terrible de las pestes. Madame du Deffand lo conoce muy bien cuando escribe: «Es como la helada que hace morir todas las plantas. Es un gusto anticipado de la nada, pero la nada es preferible. Es la más espantosa de las enfermedades del alma: ella sola da idea de los suplicios del más allá. Es un mal temible e inevitable para aquellos que han sido agitados por las pasiones y sufren la privación de ellas.»

Montesquieu se hace eco de estas ideas en su *Essai sur le gout,* afirmando que si hace falta orden en las cosas, hace falta también variedad. Sin ella el alma languidece, porque las cosas parecidas le parecen las mismas. Es preciso hacer ver al alma las cosas que no ha visto, es preciso que el sentimiento que se le proporciona sea diferente del que acaba de sentir.

Vistas así las cosas parece que el aburrimiento o la rutina o la carcoma de la cotidianeidad son los grandes enemigos del amor, si es que definimos el amor como un modo exaltado e intenso de vivir. Por lo visto hasta ahora, hay muchos sentimientos distintos dentro de la gran familia de los sentimientos amorosos. Unos son efímeros y otros constantes, unos apasionados y otros reposados, unos egoístas y otros generosos. Desde el punto de vista práctico, lo importante es que cada uno reconozca lo que siente, sin caer en la trampa de pensar que con poner un nombre al sentimiento se aclara su experiencia. E intentar averiguar también lo que la otra persona siente, para evitar sustos. Desde un punto de vista teórico, en cambio, podemos juzgar los distintos tipos de amor y evaluarlos. Pero de eso hablaré en el último capítulo de este libro.

En este momento, me interesa, lo mismo que a don Nepomuceno Carlos de Cárdenas, averiguar si hay alguna forma de amor que sea interminable pero no aburrida. Los teólogos católicos, que tuvieron que explicar la vida eterna como una felicidad amorosa, insistieron en la contemplación. Creían que estaban siguiendo a Aristóteles cuando no hacían más que copiar a Platón y su mundo ideal. No fueron capaces de elaborar una atractiva imaginería celestial. Basta leer el *Apocalipsis* de San Juan para comprobarlo.

Y, sin embargo, hay un episodio de la historia de la moral cristiana que me llama mucho la atención, a pesar de su carácter anecdótico, y que me sugiere una vía de solución a este problema.

En los catecismos que hasta hace poco se estudiaban en las catequesis o en las escuelas figuraba una relación de pecados capitales y de las virtudes contrarias. Esto tiene interés para nuestro asunto, porque los pecados tenían una conexión estrecha con las pasiones y estas listas eran el precipitado de una larguísima tradición de análisis de la vida afectiva. Pues bien, una de esas parejas de contrarios estaba formada por la pereza y la diligencia. «Contra pereza, diligencia». No habría nada llamativo en esta oposición, que parece tan obvia, si no fuera porque *diligencia* procede del verbo *diligere,* que significa *amar.* Lo que está diciendo el catecismo es que lo contrario de la pereza es el amor.

Esta relación, que a mí me parece tan sorprendente, tiene una historia que a mí me parece más sorprendente aún. Resulta que en las versiones más antiguas no figuraba la pereza, sino un estado de ánimo que se llamaba *acidia.* Contra acidia, amor. Según el Damasceno, la acidia era «una tristeza molesta» que de tal manera deprime el ánimo del hombre que nada de lo que hace le agrada. Va acompañada de cierto tedio en el obrar, por esto algunos dicen que la acidia es la indolencia del alma en empezar lo bueno. San Isidoro piensa que de la acidia proceden la ociosidad, la somnolencia, la indiscreción de la mente, el desasosiego, la inestabilidad, la verbosidad y la curiosidad. De nuevo, una genealogía.

No salgo de mi asombro. Resulta que en este campo semántico se unen el tedio y la vagabunda inquietud del espíritu, la *evagatio mentis.* «Ningún hombre puede mantenerse en la tristeza», escribió el sabio Tomás de Aquino *(De malo,* 11, 4), y cuando se encuentra en ese estado de tristeza que es el tedio, la acidia, que él oponía a la caridad, el hombre se esfuerza en evadirse. Ésa es la *evagatio mentis* que se revela en la verbosidad (abundancia de palabras en la conversación), la curiosidad (un insaciable afán de novedades), en la inquietud (interna falta de sosiego). Es curioso que estos rasgos figuren muchos siglos después en la descripción que Heidegger hace de la «existencia cotidiana». Pero todavía es más curioso que el castellano haya unificado todo en una palabra equívoca. «Vago» significa perezoso y también impreciso. Pero «vagar» significa ir de un lado para otro. La fonética ha sido en este caso sapientísima. El vago es el que no trabaja pero no para de moverse en el vacío. Fantástico.

No crea el lector que me he ido por las ramas. Aunque no me importaría mucho porque tal vez lo importante esté en las ramas. Tal vez la oposición entre aburrimiento/pereza y amor nos revele algo importante. Tal vez el gran criterio consista en distinguir entre *amores perezosos* y *amores diligentes.* Hablando de otras cosas, Plotino distinguió una belleza perezosa, que encanta pero no mueve, y una belleza activa, que hace ambas cosas. Procuraré no perderme en este cruce de hilos, pero es que se me acaba de cruzar otro. Platón mantiene que amar es crear en la belleza. Y Ortega decía en el texto que cité antes que el amor era laborioso. Y Erich Fromm en un texto multieditado y archileído dice que el amor genuino es activo (él escribe productivo). Prefiero llamarle *creador* porque así puedo utilizar para analizarlo todo lo que sé sobre la inteligencia creadora. ¿Será el amor uno de los componentes de esa poética de la acción que ando buscando desde hace tiempo? Un hilo más se une a la maraña. Me lo lanzan George Lakoff y Mark Johnson, que estudiaron en un estupendo libro «las metáforas de la vida cotidiana». Una de las que estudian es: «El amor es una obra de arte en colaboración.»

Vuelvo a mi asunto. Entreveo que un determinado nivel del amor es creador, activo, nada perezoso, pero no acabo de ver con claridad cómo se organiza todo esto, así que me vuelvo a Batabanó para ver si al señor de Cárdenas le ha cundido más.

9

Don Nepomuceno Carlos de Cárdenas era, ya lo saben, un kantiano caribeño. Todo lo europeo al llegar al trópico se descompone un poco o, mejor dicho, se recompone a su manera. Así pasaba con las composiciones de Bach que tocaba la orquesta de cámara que había organizado con sus esclavos. Sonaban a danzón o a bolero, menos cuando las dirigía un ex organista de la catedral de Zaragoza, que daba a todas las fugas un vago aire de jota.

El señor de Cárdenas había elaborado un vitalismo kantiano y barroco, al que se encomendó para pensar en el amor. Su propósito moral era «alcanzar la verdadera humanidad». Le parecía que Kant no se había atrevido a exponer claramente sus ideas, porque en unos libros habla del deber con verdadera exaltación y de los imperativos categóricos como normas supremas, pero en otros dice que «el acto de vivir bien que mejor parece concordar con la verdadera humanidad es una buena comida en buena compañía» *(Antropología,* párr. 88). Don Nepomuceno había unificado ambas propuestas y consideraba que el colmo de la vida buena era una buena comida, en buena compañía, hablando del imperativo categórico. Lo de buena comida no hay que interpretarlo en sentido pantagruélico, sino kantiano. El filósofo había escrito: «En una mesa en la que la multitud de los platos sólo se ha enderezado a tener largamente juntos a los convidados, pasa la conversación habitualmente por tres fases: contar las novedades del día, argüir y bromear.»

La comida era sólo el pretexto para la conversación, la música de fondo.

Cuando estaba pensando cosas tan kantianas, oyó a María Eugenia decir que vivir era como bailar. El baile dura mientras dura la música que le mueve. La metáfora del baile encantó a don Nepomuceno porque aunaba la regla kantiana y la exaltación caribeña. Es preciso aprender a bailar para bailar bien.

Se le ocurrió que todas las confusiones del amor provienen de considerarlo un estado. «Estoy enamorado» es una descripción estadiza y paralizante. Es más una postura que un modo de ser o de sentir. Estoy enamorado, estoy de pie, estoy sentado. Poca cosa. Don Nepomuceno pensó que el amor no era un estado sino una actividad. No era una niebla anímica como la melancolía, ni siquiera una luz brillante como el gozo. Ésos eran tornasoles cambiantes. El amor se parecía más al pensamiento, al juego, al baile, al deporte, a la recogida de la zafra, a la construcción de un ingenio para subir el agua de los pozos, a escribir poesías o la *Crítica de la razón pura*. Pensó que Aristóteles había sido muy perspicaz al afirmar que la felicidad era una actividad, pero muy miope al identificarla con el pensamiento solo.

Al llegar aquí mezcló de nuevo a Kant con otras muchas cosas. Kant había sido un poco mezquino al decir que sólo había dos sucesos que despertaban la admiración del hombre. Fuera de nosotros, el cielo estrellado. Dentro de nosotros, la ley moral. Habría que añadir un tercer suceso, interior y exterior a la vez: la contemplación de una persona cuyos fines se confunden con los míos no por obligación, sino con alegría. Le extrañaba que Kant no lo hubiera visto. En el fenómeno cognitivo había encontrado como referencia lejanísima la cosa-en-sí. Don Nepomuceno, alumbrado por el amor naciente, el vino de oporto y otras lámparas cordiales, veía con claridad que en el fenómeno amoroso aparecía, también en la lejanía, la persona-en-sí.

«¿Quieres que paseemos por el jardín, María Eugenia?»

Los magnolios del jardín, traídos de la Florida pantanosa y encantada, estaban en flor. El olor llenaba los caminos, brumoso y detenido como una siesta. Una canción lejana, melancólica y rítmica, venía y se alejaba con el vaivén del aire. El señor de Cárdenas seguía meditando. El conocimiento no alcanzaba nunca la cosa en sí, ni tampoco, por supuesto, la persona en sí. Una y otra habitaban un país inalcanzable. Tampoco el sentimiento podía saltar del sujeto hacia el objeto. La realidad es como el horizonte. La prisa por llegar a él no hace más que apresurar su alejamiento.

Le pareció que estaba a punto de encontrar la piedra filosofal. Sin darse cuenta, aceleró la marcha. María Eugenia se detuvo y le vio alejarse. Se abanicó apasionadamente, como hacía todas las cosas, y esperó.

Lo que nos une con la realidad es la acción, pensó don Nepomuceno Carlos de Cárdenas. La potencia unitiva del amor, de la que hablaban los antiguos, no es el sentimiento, es la acción compartida. Eso lo une todo: conocimiento, sentimiento, acción, pasión, los fines propios, los fines ajenos. Al fin creyó saber lo que era el amor: «El amor es el deseo de hacer cosas juntos. Vivir, sobre todo.» Miró a su lado y vio que María Eugenia no estaba. Se dio la vuelta. A lo lejos, junto a un magnolio de hojas charoladas y flores marfileñas que enlimonaban el aire, María Eugenia le esperaba, abanicándose furiosamente. Fue hacia ella.

EN TORNO AL FUEGO

EH: Me parece disparatado que digas que el amor no es un sentimiento.

JAM: No lo he dicho. Desde que empezamos la expedición vengo diciendo que los sentimientos se dan en el campo de la acción. Surgen de los deseos, producen deseos, reorganizan la vida mental, incitan a obrar. También la alegría da ganas de hacer cosas. Ortega decía que la palabra *alegría* procede de *élaphos,* que significaba ciervo en griego. El que está alegre corre y salta como un ciervo. Euforia, otra manifestación del gozo, significa *llevar bien.*

No se me ocurre decir que el amor es sólo el deseo de hacer cosas juntos. A los componentes de una banda de forajidos les gusta asaltar bancos juntos, y no tiene por qué existir un gran amor entre ellos. Sólo digo, como don Nepomuceno, que dadas todas las otras condiciones del amor, las ganas de crear juntos es un elemento a considerar, y muy importante para prever su evolución.

EH: Has mencionado a Adrienne Mesurat, que no sé quién es.

JAM: Es la protagonista de una estremecedora novela de Julien Green, que lleva ese mismo nombre. Adrienne se enamora locamente –en sentido literal– de una persona a la que sólo ha visto de lejos. La novela cuenta detalladamente la historia de esta fascinación.

EV: Hay un poema de Ana de Noailles que me gustaría que comentáramos. Enfrenta la apertura al mundo de la mirada infantil, curiosa e incansable, con la actitud del muchacho que se enamora por primera vez. Aconseja a los niños y dice:

Enfants, regardez bien toutes les plaines rondes,
la capucine avec ses abeilles autour,
regardez bien l'étang, les champs, avant l'amour,
car après l'on ne voit plus jamais rien au monde.[1]

JAM: Creo que se refiere a ese estado de fascinación que describió Ortega. Cuando la atención está irremediablemente concentrada en el objeto amado, evidentemente sólo se ve una persona en un mundo desierto. Pero luego hay otras formas de relación amorosa con el mundo. Por ejemplo, una persona puede ser intermediaria entre la otra y la realidad. Hay de hecho un talante amoroso, una actitud amorosa, que intenta inventar pretextos para el amor. Prolonga la admiración. Se da en muchos poetas.

1. Niños, mirad bien las llanuras que os rodean / la capuchina con sus abejas alrededor / mirad bien el estanque, los campos, antes del amor, / porque después ya no se ve nada en el mundo.

Un libro como las *Odas elementales* de Neruda es la prueba. Cada cosa se convierte en memoria del mundo. Os recuerdo la oda al pan:

> y en el pan
> busco
> más allá de la forma:
> me gusta el pan, lo muerdo,
> y entonces
> veo el trigo,
> los trigales tempranos,
> la verde forma de la primavera,
> las raíces, el agua,
> por eso
> más allá del pan,
> veo la tierra,
> la unidad de la tierra,
> el agua,
> el hombre,
> y así todo lo pruebo
> buscándote
> en todo.

EH: Has dicho actitud. ¿Qué es eso? Que yo recuerde es una palabra que no ha aparecido hasta ahora.

JAM: Es verdad, aunque hablé de ella en *Ética para náufragos.* Se trata de una disposición voluntaria de la inteligencia que suscita, controla y dirige las operaciones mentales para conseguir un estilo determinado de ocurrencias. Se diferencia del carácter, que también es un estilo fijo de ocurrencias, porque es voluntaria. Se diferencia de los hábitos porque no está automatizada, aunque puede acabar estándolo y convertirse en un hábito del corazón o de la cabeza. Su importancia dentro de la economía vital deriva de que es el punto donde la inteligencia negocia con los sentimientos. Por ejemplo, adoptar una actitud cínica supone convertir los sentimientos de escepticismo, desprecio y afán de escandalizar en sistemas de producción de significados. Es posible que en su inicio el sujeto no sienta esos sentimientos, pero tenemos una gran habilidad para simular voces. Con la actitud poética sucede lo mismo. Consiste en inventar significados nuevos, libres y que produzcan en el espectador esa euforia peculiar que llamamos sentimiento estético. Lo mismo pasa con el amor. Hay una actitud amorosa, que toma del amor su estatuto de forma *a priori* de la afectividad, es decir, su función de hacer posible una determinada aparición de la realidad.

EH: Me gusta la idea de amor no perezoso. Sirve para integrar ese amor al menos dentro de una gran idea de la creación. Tienes razón en una cosa: los sentimientos son estados donde se transborda de una motivación a otra. En el sentimiento amoroso termina un plan y comienza otro. Es preparación para actuar.

JAM: Gran parte de los teóricos actuales consideran que la preparación para la acción es una de las características esenciales del sentimiento. Moviliza nuestras energías de otra forma. Nos abre las ganas, como un aperitivo. O nos las cierra.

EH: Tal como lo has explicado podrías patentar un test de enamoramiento. Estoy segura de que te forrarías. Los distintos tipos de amor se definirían, o se reconocerían, por las diferentes ganas que suscitaran. ¿No es así?

JAM: Pues sí, así es. Y me parece muy bien la posibilidad de forrarme.

EV: Podemos empezar a hacer el inventario de las ganas.

JAM: De acuerdo. ¿Qué deseos aparecen cuando quieres a una persona?

EV: Hay que distinguir si se trata de un amor sexual o no.

JAM: Habíamos quedado en llamarlo test de enamoramiento, de modo que nos limitaremos al amor sexual.

EV: Entonces, el primer deseo sería tener relaciones sexuales con ella.

JAM: Bien, más cosas.

EH: Deseo de tener contacto físico no sexual. Por ejemplo, gestos de ternura.

JAM: Continuemos.

EV: Ganas de estar juntos.

EH: Ganas de comunicarse. Interés por escuchar lo que piensa o siente, lo que le ha sucedido en el trabajo o subiendo la escalera. E interés por contarle lo que pienso o siento.

EV: Deseo de que la otra persona me quiera. Y deseo de que ella quiera que yo le quiera.

EH: Ganas de hacer cosas juntos: jugar, viajar, hablar, contemplar cosas divertidas, estar sin hacer nada. Ganas de hacer cosas que produzcan alegría a la otra persona.

EV: Deseo de posesión.

EH: ¡Ya salió el hombre de las cavernas!

JAM: Vale la pena pararse ahí. ¿Qué entiendes por poseer, aparte de hacer el amor? En fin, es muy tarde ya y el fuego se está apagando de cansancio.

9. JORNADA SEXTA: CRÍTICA DEL MUNDO AFECTIVO

1

El estudio de los sentimientos podría terminar aquí. Disponemos ya de un plano del laberinto, de un croquis esbozado e imperfecto que nos permite transitar por él sin extraviarnos. Los sentimientos, ya lo sabemos, son una evaluación del presente que procede del pasado y nos empuja hacia el futuro. Son frutos de la memoria, de la realidad y de la anticipación. Derivan de nuestras tendencias e implantan tendencias nuevas. Están influidos por los recuerdos y a su vez organizan la memoria. No en vano nos *acordamos* de las cosas, y al usar esta palabra derivada de *cor,* corazón en latín, estamos mencionando las raíces afectivas del recuerdo.

Los sentimientos brotan de nosotros «como el calor de un alimento caliente», dijo Rilke. Vivimos esa emanación afectiva como agradable o desagradable, activadora o deprimente. Buscamos unos sentimientos y huimos de otros. Funcionan como sensores de dirección, que nos dicen si vamos por buenos o malos andurriales, animándonos a persistir o a cejar, a luchar, a escondernos, a pavonearnos, a claudicar.

Todo esto ya está explicado y podríamos dar por acabada nuestra exploración. Al fin y al cabo, no ha sido más que una descubierta. Pero nos queda un último pasadizo por explorar. Una galería cuya entrada descubrimos nada más comenzar el viaje. Los sentimientos cumplen una función adaptativa, en eso están de acuerdo la mayor parte de los expertos. Nos ayudan a dirigir la acción, y son fenómenos naturales genéticamente diseñados. A pesar de lo cual los sometemos a crítica. Todas las culturas han diseñado un modelo afectivo, fomentando unos sentimientos y prohibiendo otros. Consideramos que la estructura de nuestra personalidad afectiva puede ser un obstáculo para la felicidad o para la perfección moral. Rechazamos unos sentimientos porque nos hacen desgraciados; otros, porque nos hacen malos. No sólo sentimos, sino que juzgamos nuestra vida sentimental.

Este asunto me llena de perplejidad. Me parece sorprendente y trascendental. Siento al estudiarlo la misma admiración que sentiría un biólogo al que se le permitiera contemplar el nacimiento de la vida. Creo descubrir aquí un fenómeno originario, la aparición de una nueva clase de experiencias. La inteligencia humana va a transfigurar nuestras operaciones afectivas de la misma manera que ha transfigurado nuestras operaciones intelectuales. Todo sigue igual y distinto. No podemos prescindir de nuestros sentimientos porque forman la textura de nuestro ser, pero aspiramos a *vivir por encima de nuestros sentimientos*. De la misma manera que la inteligencia encuentra posibilidades nuevas en las cosas materiales cuando integra sus propiedades reales en proyectos inventados, y hace que el petróleo vuele y que las caedizas piedras mantengan en alto espiritadas bóvedas y que el agua embalsada produzca luz, así actúa también en nuestra vida sentimental. Los deseos nos lanzan más allá del deseo, el anhelo de felicidad más allá del placer, los sentimientos más allá de los propios sentimientos. Experimentamos miedo, oímos sus voces en los sótanos de la conciencia apremiándonos a huir o a escondernos y, sin embargo, decidimos aguantar. La ira nos atrae hacia su remolino, pero no queremos ceder a su poderosa fascinación. La sexualidad nos impulsa hacia lo genérico, pero el amor nos lleva hacia lo individual.

Pretendemos utilizar nuestros afectos como utilizamos el mar. No podemos alterar sus mareas, ni el encrespamiento de su oleaje, pero podemos utilizar su fuerza para navegar. Construimos un rumbo afectivo usando las fuerzas irremediables de nuestra afectividad básica.

¿Qué pretendemos con ello? ¿Cuáles son los criterios con que evaluamos los sentimientos? Hay dos. Unos sentimientos nos sumergen en la desdicha y nos gustaría librarnos de su nefasto influjo. Queremos mantener la exaltación y la alegría, y librarnos de las tristezas, del desánimo y del aburrimiento. En este capítulo estudiaré las consecuencias de este afán de cambiar. El segundo criterio es más sofisticado. Tiene un carácter moral y nos sirve para separar los buenos sentimientos de los malos, sin que por el momento sepamos de dónde nos viene esta peregrina idea.

Creo que, sin buscarlo, hemos descubierto la fuente de la moral. Las teorías éticas se han dividido en dos grandes grupos irreconciliables. Uno tiene como idea central la felicidad. El otro, el deber. Ninguno de los dos acierta a fundamentar la moral. Quienes la identifican con la búsqueda de la felicidad explican fácilmente la motivación ética. ¡Cómo no vamos a buscar nuestra felicidad! En cambio, les resulta difícil justificar la universalidad de las normas porque cada cual encuentra su felicidad donde puede. A las éticas del deber les ocurre todo lo contrario. Justifican la universalidad de la norma, pero no saben cómo convertirla en motivo para actuar. ¿Quién quiere los deberes? Sería estupendo que nuestra exploración de los sentimientos sirviera para aclarar el fundamento de la ética.

2

El ser humano ha deseado siempre alterar su estado de ánimo. ¿Es posible cambiar nuestro balance sentimental? Desde niños aprendemos técnicas para hacerlo, que funcionan con eficacia cuando los sentimientos son superficiales. Si mi irritación procede del cansancio, me basta con descansar para que desaparezca. Si estoy aburrido, puedo buscar compañía, salir a navegar, o jugar al tenis. Algunos miedos se desvanecen si consigo reírme de ellos. Sin embargo, todos somos conscientes de las limitaciones de estas estrategias.

El lector ya conoce los ingredientes de nuestro balance sentimental: unos son *coyunturales,* y cambian de caso en caso; otros son *estructurales, y* dependen de nuestro carácter, que funciona así como un destino biográfico. En muchas ocasiones los sentimientos son adecuados a la situación real y la única solución para cambiar realmente nuestro estado de ánimo sería cambiar lo que nos sucede. Unas veces es posible hacerlo y otras no, porque hay situaciones reales irresolubles. De estos casos hablaré más tarde. Otras veces la situación puede cambiarse pero el sujeto en vez de enfrentarse con ella prefiere cambiar por otros medios su propio sentimiento. Aquí entran en juego, a veces, soluciones cosméticas, como el alcohol, los tranquilizantes, los estimulantes. Alteran el resultado del balance sin cambiar las partidas, como hacen los malos contables. Otras veces se producen comportamientos que alteran algunas de las partidas sentimentales. Saber en cada momento cuál es la mejor forma de resolver el problema suele ser difícil. Supongo que el lector conocerá la antigua plegaria de la serenidad:

> Que Dios me conceda serenidad
> para aceptar las cosas que no puedo cambiar,
> valentía para cambiar las que sí puedo,
> y sabiduría para ver la diferencia.

Al escuchar las historias terribles de abusos familiares, de crueldades o violaciones, soportados durante años, todos nos preguntamos por qué las víctimas no acudieron a la policía para denunciar el hecho. En muchos casos, el miedo a hacerlo era tan fuerte que optaron por la peor solución: cambiar su sistema afectivo para amoldarse a tan terrible estado.

En este caso, como en muchos otros, entran en juego los componentes estructurales. A una persona cobarde le faltarán fuerzas para enfrentarse a la situación. Una persona optimista superará con buen ánimo las dificultades. Una persona agresiva puede desbaratar su mundo familiar con sus intemperancias. Como ha ocurrido tantas veces a lo largo de este libro, el estudio de los sentimientos, de sus causas o efectos, nos conduce hasta la personalidad.

Nuestro estilo de sentir es depresivo, furibundo, exaltado, melancólico, abúlico, optimista, pesimista, amoroso, híspido. Éste es el caso que más me interesa, cuando no son las cosas sino el modo como interpretamos las cosas lo que nos hace felices o desdichados. Así sucede en esas ocasiones que Fernando Pessoa describe en su poesía, cuando nos invaden oscuras desolaciones tal vez porque es grande el alma y la vida pequeña, y tan sólo alcanzamos hasta donde el brazo llega y tan sólo vemos hasta donde alcanza el mirar. Entonces:

> ¡Qué profunda inquietud, qué desear otras cosas
> que no países ni momentos ni vidas,
> qué desear tal vez otros modos de estados de alma
> humedece por dentro este instante tan lento y lejano!

Hay personalidades que parecen poco dotadas para la felicidad, porque en cada bache ven un precipicio y en cada decepción una tragedia. No tienen ilusiones e incluso las desdeñan, como el mismo Pessoa en el *Libro del desasosiego:* «El cansancio de todas las ilusiones... Su pérdida... La inutilidad de tenerlas... El antecansancio de tener que tenerlas para perderlas... La amargura de haberlas tenido... La vergüenza intelectual de haberlas tenido, sabiendo que tendrían tal fin...» Pessoa armó minuciosamente la trampa donde se iba a meter.

Otras personalidades, en cambio, tienen una mirada aguda para percibir lo estimulante. Basta comparar los versos de Pessoa con los de Walt Whitman:

> ¡Ay, vivir un poema de nuevas alegrías, siempre!
> ¡Danzar, aplaudir, exultar, gritar, saltar, brincar, seguir viviendo, seguir flotando!
> Ser marinero del mundo, en dirección a todos los puertos.
> Ser un barco (mirad las velas que extiendo al sol y al aire).

Un barco desbordante y raudo, lleno de palabras ricas, lleno de alegrías.

¿Quién no prefiere la alegría a la tristeza, la serenidad a la angustia, el ánimo a la depresión, la exaltación a la melancolía, el amor a la envidia, la generosidad al odio, la intrepidez a la medrosidad? Lo malo es que al llegar a la edad adulta nos encontramos con un estilo sentimental hecho que, como he explicado, configura el núcleo duro de nuestra personalidad. Parece que hay personas que experimentan sentimientos positivos, agradables y estimulantes con más frecuencia que otras, y que estas diferencias significativas en el tono afectivo son estables durante largos periodos de tiempo. Al menos eso dicen Diener y Larsen. En una palabra, las personas difieren en su habilidad general para ser felices, y para algunos autores, como Jahoda, la habilidad para disfrutar de la vida es un criterio de salud mental.

En este punto comienzan los problemas. Aquí sólo voy a tratar tres. ¿Está tan claro que haya que cambiar un modo de sentir sólo porque produzca desdicha? ¿Se puede realmente cambiar? ¿Tenemos un modelo claro del cambio que nos gustaría conseguir? A responder a estas preguntas va a estar dedicado el resto del capítulo.

3

Rainer María Rilke no quiso cambiar. Necesitaba el sufrimiento para crear, dice una de sus biógrafas, aunque después niega que fuese un «masoquista» como mantuvo el doctor Simenauer, y que «gozara renunciando», como supone Lou Andreas-Salomé. Cuando su esposa, Clara, al igual que Lou Andreas, le aconsejan que se someta al psicoanálisis, se niega porque supone que si se deshiciera de sus sufrimientos perdería también su capacidad creadora. Al fin y al cabo había escrito «es un privilegio poder sufrir hasta el fin, para conocer de la vida hasta sus más íntimos secretos». El 14 de enero de 1912 dice en una carta al doctor Emil von Gelbsattel, médico psicoanalista: «Si no me equivoco, mi mujer está convencida de que es una especie de dejadez por parte mía lo que me impide hacerme analizar conforme al aspecto piadoso de mi naturaleza (como dice ella); pero esto es falso; es precisamente, por así decirlo, mi piedad lo que me impide aceptar esta intervención, ese querer poner en orden mi interior, esa cosa que no forma parte de mi vida, esas correcciones en tinta roja en la página escrita hasta ahora. Ya lo sé, estoy mal, y usted, querido amigo, ha podido ya comprobarlo; pero créame, estoy tan lleno de esta maravilla incomprensible e inimaginable que es mi existencia que, desde un principio, parecía imposible y, no obstante, continuaba, de naufragio en naufragio, por caminos cuajados de las más duras piedras, que si pienso en la posibilidad de no volver a escribir, me trastorna la idea de no haber trazado sobre el papel la línea maravillosa de esta existencia tan extraña.»

Rilke no quería cambiar su modo de sentir porque temía que «si expulsaba a mis demonios interiores, alguno de mis ángeles, aunque fuera el más pequeño, quedaría aterrado», y su capacidad de crear se resentiría. No voy a entrar en las ideas que Rilke tenía de la inspiración, que me parecen herencia de una concepción mitológica del quehacer poético. Sólo quiero llamar la atención sobre el hecho de que la búsqueda del cambio afectivo debe cuidar de no perder más de lo que gana. El dolor físico es un acontecimiento odioso que debe paliarse cuanto antes, pero su abolición completa acarrearía consecuencias dramáticas, como lo demuestran los casos de insensibilidad congénita al dolor. Estos sujetos, aparentemente afortunados, sufren lesiones terribles al carecer de un sistema de alarma. No sufren, pero se destrozan y mueren (L. D. Cohen y otros: «Case report. Observation of a person with congenital insensitivity to pain», *Journal of Abnormal and Social Psychology*, 51, 1995).

Con la aparición de la farmacología cosmética y de las drogas que alteran el estado de ánimo se ha planteado una interesante polémica acerca de las ventajas e inconvenientes de eliminar todos los sentimientos desagradables. Heidegger, para quien el sentimiento de la angustia revela nuestra verdadera condición, se habría subido por las paredes al pensar que pudiéramos alienarnos con un fármaco. Más que indignación provocan risa las circunspectas discusiones de algunos psicoterapeutas sobre la conveniencia de dejar sufrir durante cuatro o cinco días a las personas que hayan experimentado una grave pérdida, antes de euforizarlas químicamente.

La complejidad del sentimiento, resultado de múltiples partidas subjetivas y balance de nuestro ajustamiento a la realidad, exige una cuidadosa atención a las condiciones del cambio. Los sentimientos nos revelan significados de la realidad que acaso sea suicida o monstruoso aniquilar. Es precisamente esta necesidad de saber lo que conviene cambiar, y, en su caso, si es posible hacerlo y cómo, lo que aconseja que pongamos la inteligencia al servicio del sentimiento y de sus sugerencias.

El caso de Jean-Paul Sartre es completamente distinto al de Rilke. Siendo muy joven, escribió a una muchacha: «No he nacido con un carácter afortunado, salvo la inteligencia. Hay en mí un carácter de solterona, estúpidamente sentimental, asustadizo y blando. Esas tendencias tienden a reaparecer a cada instante y al suprimirlas mantengo una actitud artificial. Nunca soy auténtico, pues siempre busco modificar, recrear. Nunca tendré la dicha de actuar con espontaneidad.» Comentando este texto, profundo y patético, podría exponer gran parte de las paradojas del sistema sartriano, o, lo que es igual, de Sartre, ya que como confesó explícitamente no distinguía entre una cosa y otra. La libertad, que es espontaneidad, le obligaba a actuar sin espontaneidad. Citaré un texto de la autobiografía que escribí de él.

> «A los doce años ya se sabe si te resignarás o no. Yo no me resigné. ¿Mi carácter era detestable? Lo cambiaría. ¿Me sentía sometido a los demás? Acabaría sometiéndoles con mi seducción. ¿Estaba decepcionado por mi fealdad? No sería feo ni un día más. Me elegiría atractivo y lo conseguiría desplegando mi ingenio. Todo se resumía en una palabra: crear. He profesado siempre un cartesianismo de la creación. Invento, luego existo.

Fuera de mí sólo hay trampas peligrosas. No podía contar con nadie ni con nada. Tuve que ser mi propia causa. Fui mi propio autor y por eso nunca quise depender de nadie. No quiero que me hagan favores. Me resulta insoportable la idea de que me ayuden. No he pedido ayuda en mi vida.»

Hasta aquí hay dos casos opuestos que tienen, sin embargo, un rasgo común: la creencia en la posibilidad de cambiar. Les distanciaban muchas cosas. Rilke fue aparentemente resignado y pasivo. Sartre, aparentemente rebelde y activo. Ambos buscaron sin duda la felicidad, pero uno quiso encontrarla profundizando en la desdicha que le permitía crear; y otro creando, para cambiar un carácter que le condenaba a la desdicha. En ambos casos, lo que sirve de criterio del cambio es la idea de felicidad, una idea tan vaga que sorprende que pueda servir para algo. Más tarde volveré sobre este complicado asunto.

4

El segundo tema que quería tratar es la posibilidad del cambio. A lo largo de este libro he relacionado la personalidad con la memoria personal, que es un híbrido de biología e información. Los esquemas operativos que nos proporcionan ocurrencias intelectuales y afectivas son estructuras neuronales cargadas de información biográfica. En ellos actúan determinismos genéticos y determinismos aprendidos.

J. A. Gray sostuvo que la tendencia a sentir con mayor facilidad afectos positivos o negativos depende de diferencias neurológicas e individuales. Los extravertidos serían más sensibles a las señales de recompensa, reguladas por el «sistema de activación conductual», mientras que los neuróticos son más sensibles a las señales de castigo, controladas por el «sistema de inhibición conductual». Aquéllos están dispuestos a soportar el esfuerzo con tal de alcanzar la recompensa, mientras que éstos prefieren eludir el esfuerzo aunque ello implique renunciar al premio. Como dice el refrán castellano, perdonan el bollo por el coscorrón.

Los trabajos de Davidson demuestran que las diferencias individuales en la predominancia de un lóbulo frontal u otro reflejan y predicen rasgos importantes del estilo afectivo. La mayor activación del lóbulo frontal izquierdo favorece los afectos positivos, mientras que el lóbulo frontal derecho parece responsable de síndromes depresivos.

Estas condiciones fisiológicas intervienen en la trama de nuestra personalidad, pero no son el único factor. El niño aprende muchas respuestas sentimentales, algunas de las cuales ya he mencionado. Vive en una realidad que desconoce y va construyendo sentimentalmente su mundo, contando con su ambiente familiar como punto de referencia. Sus sentimientos configuran un mundo que después actuará con independencia provocando sentimientos. Aprende miedos, aprende el optimismo o el pesimismo, aprende el apego o el despego, la benevolencia o la generosidad, pero lo hace, desde luego, desde sus determinismos genéticos.

En su reciente libro *The Role of Emotions in Social and Personality Development* (Plenum, Nueva York, 1995), Carol Magai y Susan McFadden han estudiado la emoción y el cambio personal, que consideran un tema de interés permanente para la literatura y la medicina. Los cambios producen sorpresa, incluso miedo, porque gran parte de nuestra vida está organizada para preservar la continuidad. Las rutinas, contra las que tantas veces protestamos, garantizan cierta estabilidad en un mundo caótico. Al mismo tiempo, la posibilidad del cambio excita la imaginación. Todas las psicoterapias intentan producirlo. Estas autoras defienden que es la emoción lo que proporciona el lazo de continuidad en la vida, bajo la forma de un rasgo de personalidad. También proporciona el dinamismo motivacional del cambio, tanto si este proceso sucede en un contexto terapéutico como si ocurre durante una crisis vital.

Han distinguido dos tipos de cambios personales: uno gradual, casi imperceptible, y el otro dramático. Una crisis produce siempre intensas emociones. Clasifican los cambios que aparecen en la literatura. Eran historias de amores apasionados, de conversiones religiosas y políticas, de alteraciones causadas por experiencias de la guerra, por traumas personales, por la lucha contra el aburrimiento. Analizando los materiales disponibles descubrieron un patrón común en los mecanismos y procesos implicados en el cambio personal. Fenómenos cognitivos y afectivos aparecen en la siguiente secuencia: sorpresa, desequilibrio emocional, evaluación, reflexión y, al menos potencialmente, cambio personal.

William James ya advirtió que el sentimiento era el origen del cambio. Habló de la conversión religiosa en su libro *The Varieties of Religious Experience* (1902), donde mantenía que «las causas de la diversidad humana residen fundamentalmente en nuestra diferente susceptibilidad a la excitación emocional, y en los diferentes impulsos e inhibiciones que ella acarrea». Hizo una distinción, sin duda muy tosca, entre los temperamentos sanos y los enfermos, atendiendo a los sentimientos de felicidad o malestar que provocan. Él mismo se identificó como una *sick soul,* una de esas personas cuyo carácter tiende a organizarse alrededor de emociones negativas. Sin embargo, reconoció la dificultad de vivir sintiendo tales emociones. Esos individuos, escribió, tienen que experimentar un «segundo nacimiento que les permita ser felices». Uno de esos segundos nacimientos está proporcionado por las conversiones religiosas, que son vividas como la emergencia de una felicidad desconocida. En su obra *The Transformed Self,* Chana Ulmann describe sus investigaciones sobre un numeroso grupo de convertidos religiosos, en las que emplea entrevistas semiestructuradas y medidas de emoción y actitudes. El estudio incluye miembros de distintas religiones, desde el cristianismo a Hare Krishna. Afirma que la experiencia puede fundarse en un cambio de ideología, pero que se parece más a una experiencia de enamoramiento, es decir, a un cataclismo afectivo. Lo importante para nuestro tema es que normalmente la conversión sucede después de un periodo de torbellino emocional. El 80 % de los casos estudiados incluye un considerable malestar durante los dos años anteriores. El estado emocional más frecuentemente descrito es la angustia (67 %), la furia (25 %)

y el miedo (22 %). En este periodo los sujetos estaban absortos en sí mismos sin ningún tipo de preocupaciones hacia los demás. Sorprendentemente, el sentimiento de culpabilidad sólo fue mencionado por un 15 %.

Otra característica interesante es que un porcentaje grande de conversos había tenido una infancia desdichada. De la conversión emerge una relación nueva que tiende a implicar 1) una figura paterna que proporciona orden y protección, 2) un grupo que ofrece un amor incondicional y el apoyo de una comunidad, y 3) un amor absoluto, un objeto trascendental que sirve como figura de apego.

Un converso típico fue Tolstói, que había sufrido una infancia particularmente dramática. Perdió a su madre a los dos años y su padre y posteriormente un tío se encargaron de su educación. Dos años antes de su conversión experimentó cinco pérdidas significativas: la muerte de tres de sus hijos y de dos tíos. Vivió un periodo de intensa desesperación que le llevó a pensar en el suicidio. Sin embargo, al explicar su conversión, dio más importancia a su repentina identificación sentimental, compasiva, con los campesinos hundidos en la miseria.

Para describir estos cambios drásticos en la terminología de ingredientes afectivos que he propuesto, habría que decir que cambian fundamentalmente las creencias que el sujeto tiene sobre la realidad y sobre sí mismo. De ahí el sentimiento de seguridad, de ser valioso y querido, de estar comprometido en la realización de un mundo ideal, y muchas cosas más. Hasta dónde cambia esta conversión los rasgos más profundos de la personalidad es cosa que habrá que estudiar con detenimiento.

5

Más interés que esos cambios dramáticos tienen los cambios graduales que pueden conseguirse por medios educativos o terapéuticos. En cualquier tratado de modificación de conductas o de psicoterapia pueden encontrarse las técnicas más utilizadas. Son centenares y muy pocas de ellas están bien corroboradas. Mencionaré algunas porque apoyan la teoría de las partidas del balance sentimental que he expuesto y pueden ser apoyadas por ella.

Un grupo de terapias intenta cambiar la situación real en que vive el sujeto. Así interpreto, por ejemplo, todos los métodos de la Escuela de Palo Alto, que están basados en la teoría de la comunicación. Estos investigadores consideran que gran parte de los trastornos afectivos tienen su origen en fallos de comunicación. Han estudiado con mucha atención lo que llaman situación de «doble vínculo», en la que se están emitiendo mensajes contradictorios que llenan de perplejidad y angustia al sujeto. No hace falta decir que los tratamientos farmacológicos también pretenden cambiar la situación real. En este caso la situación fisiológica del enfermo, origen de trastornos afectivos.

La mayor parte de los procedimientos de cambio intentan reeducar los impulsos, el sistema de creencias, la opinión que el sujeto tiene sobre sí mismo, o todo a la vez. Voy a mencionar algunos elementos comunes, sin entrar en la explicación detallada de estos métodos.

Todos pretenden conseguir una reestructuración afectiva, que para ser profunda ha de afectar a lo que he llamado memoria personal. Los esquemas afectivos y cognitivos que la forman tienen la consistencia y el dinamismo de los hábitos y no pueden cambiarse de manera inmediata. Casi todos los procedimientos educativos o reeducativos necesitan la cooperación del sujeto. En muchos de los protocolos de acción se insiste en que el sujeto tiene que estar muy motivado para que el procedimiento resulte eficaz. Esta advertencia resulta con frecuencia impertinente, porque en muchos casos los problemas están provocados precisamente por una falta de motivación.

El único agarradero seguro para cualquier cambio es la acción. Don Nepomuceno Carlos de Cárdenas estaba en lo cierto. No dominamos nuestros sentimientos, pero sí podemos dirigir nuestros actos concretos para construir con ellos nuevos hábitos o reestructurar los antiguos. No todos, desde luego. La acción es la gran productora de cambios.

Su eficacia es doble. En primer lugar, la simple realización de un acto es un elemento real que influye en nuestra vida mental. Pero, además, y tal vez habría que decir «sobre todo», la conciencia de ser autores de la propia acción, de poder alterar aunque sea brevemente la rueda del destino, aumenta el sentimiento de eficacia –la cuarta partida del balance–, que, por lo que sabemos, ejerce una influencia definitiva en todo proceso de cambio.

De ahí la importancia dada a los programas de autocontrol. Los investigadores han desarrollado métodos concretos de entrenamiento. Pero me interesa sobre todo el énfasis que ponen en la necesidad de actuar. Aristóteles, hablando de la formación del carácter y de la creación de hábitos, dijo que una golondrina no hace verano. Los reforzamientos, la reestructuración cognitiva, los métodos de autoinstrucción, el entrenamiento para resolver problemas, el adiestramiento en habilidades sociales, el aprendizaje de nuevos modos de afrontar las situaciones, son métodos que actúan por repetición.

En los últimos años, el interés por la educación afectiva se está despertando, aunque tiene el sueño profundo y se toma su tiempo para hacerlo. Están ensayándose varios programas para ayudar a los alumnos a mejorar la conciencia de los propios sentimientos, el control de las emociones, la utilización creadora de los afectos, la ampliación de la empatía y la mejora de las relaciones sociales. Un buen resumen lo encontrará el lector en el libro de Daniel Goleman *Inteligencia emocional* (Kairós, 1996). Al final de su estudio comenta: «Hay una anticuada palabra para designar los temas incluidos en la inteligencia emocional: carácter.» Todo lo que he dicho en este libro confirma esta opinión.

6

Los cambios personales son lentos y limitados. Martin Seligman, un psicólogo interesado por estos temas al que ya conocen, ha escrito un libro titulado *What You Can Change and What You*

Can't (absurdamente traducido al castellano como *No puedo ser más alto, pero puedo ser mejor,* Grijalbo, 1995), terciando en el contencioso abierto entre las psicologías biológicas que creen que nada se puede cambiar y las psicologías optimistas que piensan que todo es cambiable.

Me interesan más los procedimientos educativos que los terapéuticos, porque éstos sólo entran en juego cuando los problemas se han ahondado peligrosamente. Lo importante es ayudar a dirigir el dinamismo del desarrollo, que también es un cambio. Pero todo procedimiento educativo está dirigido por una meta. ¿Hay algún estilo sentimental más adecuado que otro, más deseable? ¿Con qué criterio podemos evaluarlo? Hemos de preferir la personalidad afectiva que nos haga más accesible la felicidad o que al menos nos ponga menos obstáculos. Definirla ha sido una preocupación esencial de los éticos de todos los tiempos. Ahora han entrado en la cancha los psicólogos, que empiezan a estudiar no sólo los trastornos afectivos sino también las experiencias felices, me temo que con bastante simpleza.

Los especialistas suelen considerar que la personalidad extravertida determina sentimientos positivos. Parece que los extravertidos se ríen más, se sienten más felices, es más fácil inducir en ellos estados de ánimo positivos, son muy sensibles a los premios y menos sensibles a los castigos, tienen más habilidad, o ponen más empeño, en experimentar acontecimientos positivos y en encontrar un entorno que se los ofrezca.

Como nada es perfecto, los expertos temen que si este estado de gracia informa al individuo de que su mundo personal está bien, quizás se entregue a la indolencia. Piensan lo mismo que el refranero, que el hambre agudiza el ingenio y que la saciedad sólo produce sueño. Si las cosas son así, tenemos mal remedio porque habremos de elegir entre la insatisfacción o la estolidez. La idea viene de muy lejos, como nos muestra una divertida anécdota de la historia de los temperamentos. Los medievales consideraban que los sanguíneos eran alegres, animados, misericordiosos, muy reidores y habladores. Así dice Beda el venerable, nada menos. Pero Galeno los consideraba «simples y estúpidos», «incapaces de permanecer despiertos mucho tiempo».

Esta idea empapa nuestra cultura. Pensamos que sólo el malestar es creador. El bienestar es pancista, perezoso, está contentito, saciado, satisfecho, sestea, desdeña el esfuerzo. O sea, que en el fondo pensamos lo mismo que pensaba Rilke. O infelices o vulgares. Éste parece ser nuestro sino.

No se trata de llevar la contraria a la mayoría. Es que esa creencia me parece clamorosamente falsa. Por poner un ejemplo, el amor es una satisfacción laboriosa, ya lo he dicho. Erich Fromm escribió en 1974 un brillante artículo titulado «El hombre, ¿es perezoso por naturaleza?», en el que se encrespaba contra la idea de la pereza innata del hombre. Le parecía una excusa inventada por los tiranos. «Si hay jefes e instituciones que quieren dominar al hombre, su arma ideológica más eficaz será convencerle de que no puede confiar en su propia voluntad y entendimiento.» El automenosprecio es el comienzo de la sumisión.

Incluso los animales encuentran placer en la actividad. Los Harlow nos han contado que «dos monos trabajaron en resolver un rompecabezas durante diez horas seguidas a pesar de no recibir ni premios ni castigos». Utilizaron la expresión «móvil interno» para expresar que la misma actividad era el móvil.

Los seres humanos soportamos muy mal la inactividad. Hay, sin duda, personas perezosas para quienes cualquier esfuerzo supone una aflicción, pero posiblemente en estos casos actúa algún elemento físico y psicológico que bloquea o entorpece el impulso natural hacia la acción. Nos preocupa ver a un niño que no juega, ni se mueve, ni se relaciona, y algo semejante debería sucedernos al ver a un adulto haragán. Retomaré el tema de la acción dentro de un par de párrafos.

Silvan Tomkins ha propuesto un modelo de personalidad afectiva que me interesa reseñar. Distinguió cuatro clases de organizaciones emocionales. *Monopolística,* en la que un sentimiento domina la vida de un sujeto, por ejemplo la envidia o el miedo o la depresión. *Intrusiva,* en la que un elemento menor de la estructura de la personalidad desplaza un sentimiento dominante. Por ejemplo, la vergüenza producida en situaciones específicas. *Competitiva,* cuando una emoción compite continuamente con otras en la interpretación de la información, como al encontrarse el miedo y el orgullo. El orgullo percibe ofensas, pero el miedo no quiere darse por enterado. Por último, la personalidad *integrada,* en la que ningún sentimiento domina tiránicamente la conciencia del sujeto.

Según Tomkins, la personalidad afectivamente equilibrada aparece cuando el aprendizaje de los sentimientos se hace mediante recompensas y no mediante castigos. El aprendizaje de los sentimientos es recompensador cuando los padres del niño le ayudan a evitar las situaciones afectivamente negativas, pero sin enseñarle a suprimir las experiencias negativas cuando ocurren. En este caso, los padres colaboran para atenuar el malestar, compartiendo su experiencia y ayudando al niño para que afronte las causas de la aflicción, e intentando que no se produzcan innecesariamente. En cambio, el aprendizaje punitivo ocurre cuando los padres amplifican el sentimiento negativo del niño en vez de reducirlo. Por ejemplo, si los padres regañan a un niño por su torpeza no hacen más que agravar su malestar. Esto es lo que dicen los psicólogos sobre el modelo ideal de personalidad afectiva. Voy a intentar ir un poco más allá.

7

El mejor carácter será el que haga más accesible la felicidad. Hasta aquí todos de acuerdo. Más difícil será coincidir en una definición de felicidad. En *Ética para náufragos* he distinguido una *felicidad objetiva* y una *felicidad subjetiva.* Aquélla es la situación en que todo ser humano quisiera vivir porque es la realización de un valor universalmente deseado, cuya pérdida nos produciría desdichas sin cuento. Ese valor es la posesión de derechos. Se trata de la máxima creación de la inteligencia humana, la gran innovación. En la naturaleza no hay derechos, sino fuerzas reales que atraen, repelen, aplastan, expulsan, matan. En cambio nosotros hemos inventado la órbita de los derechos. Nos hemos empeñado hasta las cejas para convertirnos en miembros de una especie dotada de dignidad, es decir, poseedora de derechos.

Vivir en la órbita de la dignidad es la felicidad objetiva del ser humano. Cualquiera me dirá que eso no produce placer, y que no es una situación que pueda percibirse sentimentalmente. Eso se debe a que ya nos cuesta trabajo imaginar la carencia absoluta de derechos, lo que es sin duda una prueba de progreso social. Para el derecho romano, por poner un ejemplo tomado de una cultura con gran talento jurídico, el esclavo no era una persona, era una cosa. No podía, por lo tanto, ser sujeto de derechos, sino sólo objeto de ellos, igual que un árbol, que no tiene derechos pero pertenece a alguien que puede ejercer con él su derecho a cortarlo. Ser legalmente una cosa tuvo que ser una experiencia aterradora. No podían poseer nada, no podían contraer matrimonio y si sus dueños les abandonaban, no por eso recuperaban la libertad, como tampoco la recupera una herramienta desechada. Se convertían simplemente en *servus sine domino,* una cosa sin dueño de la que cualquiera podía apoderarse.

Cada sujeto construirá su felicidad privada sobre el suelo firme de la felicidad objetiva, que, como todos los cimientos, permanecerá casi siempre invisible y depreciada. Los derechos nos permiten alejarnos de la selva aún cercana, y tener la holgura vital suficiente para aumentar nuestro mobiliario sentimental. Las emociones de la naturaleza van a ser prolongadas por las emociones de nuestro nuevo espacio vital, del orbe creado por la inteligencia, donde la lucha por la supervivencia, el dominio por la fuerza, el determinismo inevitable de los instintos, son modulados, sustituidos, transfigurados por nuevas creaciones afectivas.

Por esta razón era lógico que un tratado de los sentimientos terminara con dos capítulos dedicados a la felicidad, objetiva y subjetiva, y al modo como cada una influye en nuestra vida afectiva. Uno –éste– trata de la felicidad subjetiva. Otro –el próximo– de la felicidad objetiva.

8

¿Cuáles son los ingredientes sentimentales de la experiencia de felicidad? Haré al lector un inventario apresurado.

El *sentimiento de seguridad*, que nos libra de los miedos y nos capacita para disfrutar de las relaciones personales. He contado cómo esta instalación básica en la realidad se va construyendo en la infancia.

El *sentimiento de plenitud.* Es una rasgo que figura en todas las descripciones de la felicidad, aunque pocos autores se dignan explicar lo que entienden por esa palabra. Pleno es lo que está lleno o completo del todo. Ortega lo relacionaba con otra palabra curiosa: *ocupación.* Hay ocupaciones felicitarias. ¿Qué es lo que se ha llenado cuando hablamos de la felicidad como plenitud? Lo más sencillo es decir que ha sido el deseo. Y este sentido tienen en etología los comportamientos consumatorios, entre los que se encuentran los placeres aunque no sólo los placeres. Pero si tomamos esta acepción, no podríamos hablar de plenitud, sino de plenitudes, porque los deseos son muchos, sucesivos y, en ocasiones, contradictorios.

Sin embargo, al hablar de la felicidad hablamos de plenitud en singular. «¿Qué es lo que constituye la excelencia de la vida bienaventurada?», escribe Séneca. «Su plenitud.»

Hay otra acepción de plenitud más interesante, a la que se refirió también Ortega: «Cuando pedimos a la existencia cuentas claras de su sentido, no hacemos sino exigirle que nos presente alguna cosa capaz de absorber nuestra actividad. Si notásemos que algo en el mundo bastaba a henchir el volumen de nuestra energía vital, nos sentiríamos felices y el universo nos parecería justificado. ¿Quién que se halle totalmente absorbido por una ocupación se siente infeliz? Este sentimiento no aparece sino cuando una parte de nuestro espíritu está desocupada, inactiva, cesante. La melancolía, la tristeza, el descontento son inconcebibles cuando nuestro ser íntimo está operando.»

A don Nepomuceno Carlos de Cárdenas le hubiera gustado leer a Ortega. De haber sido contemporáneos tal vez se habrían encontrado en las clases de los maestros neokantianos, leyendo a hurtadillas las obras de Nietzsche. Esa concentración gozosa en una actividad es lo que caracteriza el juego, el baile, el amor y otras fascinaciones del espíritu, que parecen anular el tiempo de tanto como lo achican.

De la *intensidad* ya he hablado. Es un rasgo esencial de la actitud poética, porque los poetas saben percibir la belleza sin cansancio y no temen la repetición, aunque a veces se quejen de todo. No necesitan perder las cosas para valorarlas.

La *alegría* es casi un sinónimo de la felicidad. La he definido como la conciencia de estar alcanzando nuestras metas. Por eso su anchura, largura y profundidad dependerán de las metas conseguidas. Sartre pensaba dedicar una parte de su ética a la alegría, que definía, no lo olvide el lector, como la conciencia de la libertad creadora. También Bergson consideraba que la alegría siempre va unida a la creación. Lo que todos los creadores buscan, sean artistas o poetas de la vida cotidiana, es «la ampliación de la personalidad por un esfuerzo que saca mucho de poco, algo de nada y añade sin cesar algo nuevo a lo que había de riqueza en el mundo». En una palabra, lo que produce alegría es *la creation de soi par soi.*

Esto enlaza con otro rasgo constante: el *sentimiento del propio poder.* Spinoza lo dijo con la tersura y frialdad de un teorema geométrico: «Cuando el alma se considera a sí misma y considera su potencia de obrar, se alegra.» Erich Fromm, un spinoziano convencido, lo explica así: «La felicidad es indicadora de que el hombre ha encontrado la respuesta al problema de la existencia humana: la realización creadora de sus potencialidades. Gastar energía creadoramente: lo contrario de la felicidad no es el dolor, sino la depresión.» Unido al sentimiento del propio poder, que es la euforia de la libertad creadora, de la capacidad de transformar las cosas, de transfigurarlas encontrando en ellas nuevas posibilidades vitales, va siempre el sentimiento de la propia estimación, que incluso el alexitímico Kant valoró sobremanera: «El hombre no debe renunciar a su dignidad, sino mantener siempre en sí la conciencia de sublimidad, de su disposición moral. La autoestima es un deber del hombre hacia sí mismo.» Para terminar, citaré una última variante del sentimiento de la propia valía, que comentaré en el próximo capítulo: la *autosuficiencia.*

Éste es el retrato de la felicidad subjetiva. Tal vez no la hayamos sentido nunca, o no la sintamos ya, pero esos rasgos los pensamos, los reconocemos, los deseamos. Actúa en el corazón del dinamismo sentimental que nos hace buscar una hoguera en la noche siempre encendida.

9

He hablado de la felicidad, pero ya sabe el lector que lo que busco no es un estado sentimental, sino una personalidad afectiva que facilite la felicidad. Tengo que volver una vez más a las partidas del balance *sentimental,* que son la infraestructura del afecto. Esta vez, por razones que luego diré, no comenzaré por la situación real, sino por los deseos.

¿Cuál sería la mejor estructura de nuestros deseos? En este terreno las opiniones están muy encontradas. Los estoicos aspiraban a prescindir del deseo para así librarse de la angustia. Quien no aspira a nada nunca puede ser defraudado. Esta solución no puede ser tomada al pie de la letra, porque somos seres irremediablemente proyectivos. Prescindir de los deseos equivale a perder nuestra dignidad. Es el deseo lo que nos mueve para ir más allá del deseo. Cuando los estoicos propugnaban la ausencia de deseos lo hacían en nombre de otro deseo, el deseo de serenidad, paz, sosiego, autonomía. No se libraban de ellos, solamente los seleccionaban.

La carencia de deseos nos condena a la abulia. La proliferación de deseos a la insatisfacción permanente. La codicia es insaciable, ya se sabe. Los deseos más fruitivos son los que se refieren a la actividad. Ése fue el descubrimiento de Aristóteles y siglos después de don Nepomuceno Carlos de Cárdenas. Los especialistas hablan de motivaciones externas e internas. Aquéllas se concretan en premios externos, éstas en el premio de la propia actividad.

El sistema de creencias más ajustado es el que procede de un apego seguro, que permite disfrutar de la novedad, que no ha aprendido miedos superfluos, y que percibe la realidad como algo no terminado todavía, que está esperando de la inteligencia su última definición.

Respecto del yo, la conciencia de su poder, la actividad, el empeño en transfigurar la realidad entera para llenarla de significados y posibilidades, proporcionan los fundamentos psicológicos de la autoestima y expulsan el abatimiento del ánimo, como he explicado ya con detenimiento.

Todos estos rasgos coinciden en un tipo de inteligencia que mis lectores ya conocen. Es la inteligencia creadora, encargada de construir la propia libertad, crear los esquemas apropiados para conocer la realidad e inventar posibilidades reales. Nada de esto puede realizarse sin contar con la acción, que es el enlace entre las posibilidades y la realidad, la función transustanciadora que cambia lo irreal en existente. A estas alturas no hace falta advertir que se trata de una *acción activa,* no pasiva. Es decir, una acción de la que el sujeto se siente autor, que no es, por lo tanto, mera respuesta a un estímulo.

Esta facultad de ser autor del propio comportamiento se llamaba tradicionalmente voluntad, concepto que ha desaparecido de los tratados de psicología de la acción. Yo tampoco lo uso, porque al definir la inteligencia humana como la capacidad de suscitar, controlar y dirigir las propias operaciones mentales, enfatizando por lo tanto su poder de autodeterminación, incluyo en la definición de la inteligencia las funciones que se solían atribuir a la voluntad.

La llamada educación de la voluntad queda incluida así en la educación de la inteligencia. Consiste en educar al sujeto para que sepa proponerse fines, motivarse a sí mismo y aguantar el esfuerzo. Las tres funciones aparecen en el ámbito de la afectividad. La incapacidad de inventar fines se da en la depresión, la apatía, el aburrimiento, el desánimo, que son, todos ellos, hábitos sentimentales. La capacidad de motivarse a sí mismo incluye el aprendizaje de la atención voluntaria, que está en el origen de la afectividad, el juego con los móviles internos, la eliminación de los bloqueos afectivos. Todo ser humano es un organismo deseante dotado de inteligencia. Cuando la capacidad apetitiva desaparece, hay que buscar una causa, biológica o psicológica. Posiblemente, una impotencia aprendida. Por último, la aptitud para mantener el esfuerzo, soportar el estrés, aplazar el premio, aguantar la novedad, son también rasgos sentimentales. Lo que llamábamos «fuerza de voluntad» no es más que una determinada gestión de nuestra afectividad. Un fenómeno complejo, una modulación de la inteligencia sentimental: la *inteligencia valerosa* que no renuncia a una meta por la dificultad que puede entrañar.

Lo que se llamaba un acto de voluntad –que consiste en entregar el control de mi acción a un proyecto elegido– es una síntesis de muchas actividades anteriores. Constantemente experimentamos solicitaciones distintas. En este momento atardece. Me gustaría salir a ver cómo el mar se engalana. Hay en la puesta del sol un guiño seductor y esquivo, muy distinto del pavoneo engreído del amanecer. Cada tarde luce el horizonte un atavío distinto. ¿Cómo será el de hoy? No saldré. Tengo que terminar este capítulo. Pero la incitación mantiene su fuerza. Lo hace de manera sutil, porque de pronto no me parece tan importante acabar el capítulo, ni siquiera escribir el libro, y se me ocurren muchas razones para marcharme. Fuera está ocurriendo todo lo importante y, además, mañana estaré más descansado y escribiré con mayor claridad. Quiero salir, pero sé que debo quedarme, por lo que busco una alianza de argumentos para seguir trabajando. El más importante es que me he comprometido a entregar el libro, pero otros colaboran también: es muy agradable sentirse capaz de terminar un argumento, después podré tomarme unas vacaciones, incluso voy a sentirme heroico por no salir a ver el mar. Esta confabulación de los motivos no es exactamente lo que los clásicos llamaban deliberación. Se parece más a una negociación astuta. Es la construcción voluntaria del comportamiento, que la inteligencia efectúa usando materiales deterministas, como hace siempre que crea.

Una de sus estrategias es, desde luego, el aprendizaje de automatismos del estilo de «hay que hacer lo que se debe», o «las promesas se cumplen», pero en el fondo de estos automatismos, imprescindibles por su eficacia, hay también un componente sentimental que ha hecho posible su aprendizaje.

Educar la voluntad no consiste en fortalecer un músculo imaginario, sino en educar la inteligencia afectiva.

EN TORNO AL FUEGO

EV: La noche está tan agradable que sólo apetece disfrutar de ella. O sea, más que hablar de sentimientos, sentirlos.

EH: Mira hacia otro lado, por favor. Yo quiero seguir hablando. Me interesa aplicar a Sartre los conceptos de carácter y personalidad. Da la impresión de que la personalidad, en su caso, podía ser tan sólo la representación de un papel.

JAM: Es muy posible. Al menos le preocupó mucho el tema de los actores. ¿Cómo distinguir entre un acto y un gesto? Desde luego es un buen ejemplo de lo que quiero decir. Suponiendo que fuera verdad que Sartre escribió y actuó contra sí mismo, suponiendo que representara, eso sería su personalidad, y el movimiento espontáneo sería el carácter.

EV: Hoy durante todo el camino me ha parecido ver el mundo doble. Hablas de «vivir sentimentalmente por encima de los sentimientos», hablas de que «el deseo de felicidad nos puede impulsar más allá de la felicidad», ayer nos acordábamos del barón de Münchhausen y de su método para sacarse del pantano. Todo esto me parece contradictorio o paradójico.

JAM: No me extraña que veas doble, porque sospecho que la inteligencia humana, que ya sabéis que es afectiva, tiene dos pisos. En el piso de abajo, que es lo que he llamado inteligencia computacional, están todos esos mecanismos que producen las ocurrencias, la memoria personal, por ejemplo. En el piso de arriba está el Yo ejecutivo, que no es más que la pequeña capacidad de autodeterminación que tenemos. Entre ambos pisos, digamos en la escalera que los une, están los fenómenos conscientes. Gracias a ellos subimos y bajamos de un piso a otro. Sucede que cada fenómeno puede considerarse desde dos puntos de vista. Desde el piso de abajo y desde el piso de arriba. Gran parte de las actividades computacionales son transfiguradas por la inteligencia del segundo piso. Aparece así la mirada inteligente, la memoria inteligente, el movimiento inteligente y, también, la sentimentalidad inteligente.

EH: Hay un caso de cambio muy interesante. El de Rimbaud. Es sorprendente el caso de un poeta que deja de escribir casi en la adolescencia. Me parece que en toda su poesía está presente la ensoñación del cambio. Es un *bateau ivre.*

JAM: No te puedo ayudar porque sé muy poco de Rimbaud, así que te escucho.

EH: Rimbaud empieza a escribir *Une Saison en Enfer* en abril de 1873. Tiene ya la idea de romper con el pasado y con todo lo que hasta entonces había valorado más y sobre lo que había edificado sus esperanzas. Para los alquimistas, el descenso al infierno simbolizaba la introspección. Una experiencia sobrecogedora. Rimbaud se había sentido incapaz de vivir la vida como la viven los seres humanos vulgares, a los que despreciaba profundamente. Se proponía crear su propia vida de nueva planta, imponiendo sus condiciones. Enid Starkie, en su biografía, dice más o menos: Destruiría todo lo que existía naturalmente en él; lo reconstruiría y transformaría la vida. Eso le llevó a rechazar todo lo que endulza la vida de las personas corrientes: trabajo, amor y esperanza. *«Quant au bonheur établi, domestique ou non... non, je ne peux pas.»* Cuando empieza a escribir ese libro cree que no tiene salvación. Al final renace la esperanza en que otro mundo exista y oye voces de ángeles: «He recuperado la razón. El mundo es bueno. Bendeciré a la vida. Amaré a mis hermanos. Éstas no son ya promesas infantiles.» Aparece de nuevo la metáfora del barco, pero el tono ha cambiado:

Quelquefois je vois au ciel des plages sans fin couvertes de blanches nations en joie. Un gran vaisseau d'or, au-dessus de moi, agite ses pavillons multicolores sous les brises du matin. J'ai créé toutes les fêtes, tous les triomphes, tous les drames.[1]

EV: Es sorprendente lo extendido que está el afán de cambiar. Deseo que, por lo demás, granjea pingües beneficios a un montón de desaprensivos. Me acordaba de ello cuando hablabas antes de segundo nacimiento. Las consultas de los parteros del segundo nacimiento, de la recuperación del niño interior, del grito originario, están abarrotadas.

JAM: Sí, por eso convendría ser tan críticos con los procedimientos psicoterapéuticos como lo somos con los farmacológicos. Poco a poco se va imponiendo la razón. Por hoy se acabó. Apagaré el fuego. Se está levantando el viento.

1. A veces veo en el cielo playas sin fin, cubiertas de blancas naciones jubilosas. Un gran navío dorado agita, encima de mí, sus pabellones multicolores bajo las brisas de la mañana. He creado todas las fiestas, todos los triunfos, todos los dramas.

10. JORNADA SÉPTIMA: BUENOS Y MALOS SENTIMIENTOS

1

En el capítulo anterior la crítica de los sentimientos se refería tan sólo a su aspecto positivo o negativo. Unos sentimientos resultan incompatibles con la felicidad subjetiva y, por lo tanto, el sujeto quiere cambiarlos cuanto antes. En este capítulo voy a tratar otro asunto aún más intrigante: todas las culturas han evaluado moralmente los sentimientos, a pesar de afirmar que eran movimientos naturales.

Los sentimientos cumplen una función adaptativa, nos ayudan a dirigir la acción. Son fenómenos naturales y muchos de ellos genéticamente diseñados. ¿Por qué entonces todas las culturas, todas las morales, todas las religiones han evaluado los sentimientos, considerando que unos eran buenos y otros malos, proclamando que había que fomentar unos y prohibir los otros? Siempre se ha juzgado a los hombres por sus talantes afectivos: «Ése es un hombre de malos sentimientos.» ¿Por qué malos? ¿Cómo podemos juzgar moralmente unos fenómenos naturales que, para mayor contradicción, se presumen involuntarios? Si yo no elijo mi amor, ni mi odio, ni mis miedos, ni mis alegrías, ¿tiene algún sentido someterlos a evaluación moral?

Hay varias contradicciones que han empantanado a todos los estudiosos de la vida afectiva:

• Primera contradicción: consideramos que nuestro modo de sentir y de desear es lo que mejor nos define. «Si quieres conocer a una persona», escribió San Agustín, «no le preguntes lo que piensa sino lo que ama.» Los afectos constituyen nuestro núcleo más personal y peculiar, mucho más que el modo de comportarnos o que el repertorio de nuestros conocimientos. Pero si esto es así, lo más propio nuestro no nos pertenece, escapa a nuestra voluntad.

- Segunda contradicción: los sentimientos, los afectos, los deseos, son irracionales y, sin embargo, fundan nuestra motivación. ¿Es posible, entonces, actuar racionalmente?
- Tercera contradicción: desconfiamos y a la vez elogiamos el sentimiento. La *insensibilidad* nos repugna en los otros y en nosotros mismos. Santo Tomás de Aquino, siguiendo a Aristóteles, considera que la incapacidad de disfrutar de lo sensible o de interesarse por ello no es sólo un defecto, sino un vicio, es decir, una verdadera carencia (2-2, 142, 1; 153, 3 ad 3).

La pasión enajena, pero sólo tiene valor lo que se hace apasionadamente, si damos crédito a Hegel: «Si llamamos pasión al interés en el cual la individualidad entera se entrega, con olvido de todos los intereses múltiples que tengo o puedo tener, y se fija en el objetivo con todas las fuerzas de su voluntad, y concentra en ese fin todos los apetitos o energías, debemos decir que nada grande se ha realizado en el mundo sin la pasión.»

No es de extrañar que con tantas contradicciones los psicólogos hayan oscilado entre considerar las emociones como adaptativas o como catastróficas. Por todas partes encontramos juicios contradictorios sobre la afectividad. Malo si las emociones se apoderan de nuestra persona, malo si las extirpamos. Malo si sentimos, malo si no sentimos.

2

Hay varios criterios que podemos utilizar para evaluar nuestros sentimientos desde el punto de vista ético, es decir, en cuanto que afectan a nuestra felicidad objetiva.

Primer criterio: *Son malos los sentimientos que anulan la libertad.* Ésta fue la gran preocupación de la época griega, del pensamiento oriental, de muchas de las grandes religiones. El griego siempre había sentido la experiencia de la pasión como algo misterioso y aterrador. Aristóteles compara al hombre en estado de pasión con los que están dormidos, locos o embriagados: su razón está en suspenso. Vuelvo a usar el espléndido libro de Adrados. *Enloquecer* viene a ser sinónimo de *enamorarse; estar loco* es *estar enamorado.* Indica el alejamiento de la normalidad, la entrada o la permanencia en una situación de comunidad estrecha con otro ser, el deseo de incorporarlo. El hombre enamorado vive dentro de un mundo extraño, semidivino, ajeno a la *sōphrosúnē* de la norma tradicional. Es como el poeta *áphrōn* (fuera de razón), *éntheos* (lleno de Dios), *kátokhos* (poseso) de que hablamos, como la bacante, como el adivino, como el profeta, como el guerrero, como el simple demente. Estos estados tienen una doble vertiente. De un lado provocan admiración, los que están inmersos en ellos sufren y hacen cosas extraordinarias. De otro, provocan miedo, sospecha, crítica: son algo que si fuera general haría imposible toda vida social. Va contra el ideal todo de la *sōphrosúnē:* temperancia, mesura. Indican debilidad, no saber controlar las fuerzas extrañas que se apoderan del individuo. Se les perdona, por ello, más fácilmente a las mujeres, que el tópico considera débiles, expuestas a toda clase de pasiones y apetencias, que a los hombres. El enfermo de amor puede romper todas las convenciones sociales: entre ellas, el matrimonio, cometiendo adulterio. Puede romper los límites entre parientes, cometiendo incesto; los límites entre el hombre y Dios, el hombre y el animal. Puede, por deseo exasperado o por celos, cometer toda clase de excesos: abusos, crímenes, venganzas, suicidio. La tragedia recoge muchas de estas historias. Y puede realizar, también, acciones excelsas.

Libertad significaba autonomía. El sabio griego deseaba ponerse a salvo de la tiranía de las cosas. No quería que le perturbasen ni la posesión ni la carencia. Por ello predicaba el desinterés, la *ataraxia,* la *apatheia.* Si todo lo que deseo me esclaviza, es mejor no desear nada. Si la esperanza es madre de la decepción, mejor vivir sin esperanza.

Esta misma aspiración a la autosuficiencia y la libertad está presente en muchas filosofías orientales. Dice Sri Khrisna: «Aquel que vive desprovisto de toda ansiedad, libre de deseos y sin sentido del "yo" y de lo "mío", alcanza la paz.» El itinerario propuesto por Patanjali, padre de la filosofía yoga, aspira a conseguir la liberación del hombre de su condición humana, conquistando la libertad absoluta. El profano está «poseído» por su propia vida, el yogui rehusa «dejarse vivir». Al flujo caótico de la vida mental, a la aparición incontrolable de las ocurrencias, responde con la fijación de la atención en un solo punto, primer paso hacia la retracción definitiva del mundo de los fenómenos. Para los occidentales, que concebimos la vida afectiva como aquello en que personalmente estamos implicados, nos resulta difícil saber qué tipo de emociones puede experimentar un sujeto que no tenga sentido del Yo. Me siento incapaz de decírselo.

3

En conclusión, el aprecio por la libertad hace desconfiar de todo tipo de esclavitud, y entre ellas, de la esclavitud afectiva. Avancemos un poco más. ¿Por qué valoramos la libertad? La respuesta no es tan evidente como puede parecer. El deseo no tiene especial interés en ser libre: tan sólo le interesa el objeto del deseo. Lo que pretende es la satisfacción, no la libertad. La valoración de la libertad tiene que proceder de un específico deseo de libertad, fundado en la percepción de la libertad como valor. No podemos confundirlo con la satisfacción producida por un comportamiento libre, ni con el malestar producido por su coartación. Los animales responden con una agitación furiosa a la coacción impuesta a sus movimientos, y lo mismo hace el niño pequeño, pero esto no es todavía la valoración de la libertad. En el ser humano adulto, las cosas cambian. Sentimos esa misma irritación por la inmovilidad impuesta, por la limitación de la libertad, por la prisión o el cautiverio. Sin embargo, para desear la *libertad* hay que ser capaz primero de pensar la libertad y de pensarla, claro está, como un valor apetecible.

Me interesa mucho que el lector comprenda la novedad de esta situación. El régimen de nuestra vida mental cambia porque la intromisión de la inteligencia en nuestra vida afectiva va a permitirnos distinguir entre los *valores vividos* y los *valores pensados.*

Entiendo por valores vividos aquellos que están dados en una experiencia sentimental, en la que me encuentro implicado, que afecta a mis metas vitales, que me satisface o mortifica. El valor deseable de una acción se percibe en el deseo, el valor amable de una persona se experimenta en el amor; la condición de obstáculo se vive en la impotencia o en la furia. Son percepciones cálidas, directas del valor, que no necesitan justificaciones ni tienen que estar fundadas en pensamientos explícitos. El sediento percibe inmediatamente lo atractivo, lo deseable, lo valioso, lo imprescindible del agua. Vive esa delicia sin prólogos ni aderezos retóricos. El enfermo renal, al que obligan a beber grandes cantidades de agua, actúa pensando en un valor cuya valía no siente. De ahí su esfuerzo.

Algo parecido sucede con el deseo de libertad. Las cosas que habíamos vivido como valiosas se presentan ahora en frío. Han transmutado su cálido atractivo en un «valor ideal», bueno pero sin calor. Ha desaparecido esa implicación violenta en que consistía el sentimiento. Pero el valor permanece aunque desaparezca el sentir. Sucede entonces un fenómeno interesantísimo cuyo enigma está oculto en el pasadizo que estamos recorriendo. Resulta que el deseo de libertad pone límites al resto de los deseos. Cuestiona, precisamente, el arrebato pasional. Esta retroacción crítica de un deseo sobre los demás resulta notable y peliaguda. Nos sitúa en un terreno muy sofisticado donde la propia dinámica del deseo, sus exigencias, son el origen de las normas éticas que van a limitar los deseos. El amor por la libertad va a poner barreras a otros amores. Lacan ya habló de este irremediable interés moralizador del deseo. Deseamos vivir más allá de él. Una paradoja que sólo se puede solventar distinguiendo dos niveles de deseos, una jerarquía no inventada por los moralistas, sino que está implícita en la estructura de la acción. El deseo de libertad obliga a rebajar el poder de los otros deseos.

Aparece una nueva consideración de la vida afectiva. Desde ella actuamos, ella nos proporciona el dinamismo de la acción, alumbra el mundo de los valores en el que, por una especie de limitación autoimpuesta, aparece un deseo de nivel superior que observa con recelo y hostilidad el poderío de las pasiones sobre el ser humano. Éste es el primer criterio de la vida sentimental, en el que encontramos la razón de la complejidad de nuestra vida: *El ser humano necesita vivir sentimentalmente, pero necesita también vivir por encima de los sentimientos.* Aspira a vivir de acuerdo con valores pensados, pero esta tensión entre valores pensados y valores sentidos le va a producir grandes quebraderos de cabeza y de corazón.

Hemos de poner la inteligencia al servicio del sentimiento para ayudarle a cumplir este proyecto.

4

El segundo criterio para evaluar los sentimientos atiende a *los efectos del comportamiento que fomenta.* El lector ya sabe que una de las funciones del sentimiento es disponer para la acción, cosa que hace por variados procedimientos: suscita deseos, moviliza la atención, activa ciertas zonas de la memoria. El sentimiento inicia así un circuito claramente prefijado.

Hay sentimientos que incitan a conductas perturbadoras de la convivencia. La furia es uno de ellos, el arrebato erótico era otro, pero en los recorridos antropológicos encontramos algunos más. Para los ifaluk, el excesivo aprecio a las propiedades era considerado un grave peligro. En las sociedades que necesitan una cooperación permanente, cualquier sentimiento que corte la corriente comunicativa –el odio, la envidia, la desvergüenza– son sentimientos condenables. Catherine Lutz, que ha estudiado la cultura afectiva de los ifaluk, nos ha contado muy bien cómo está relacionada con el sistema de valores. Por ejemplo, la moral del ifaluk se ocupa de la felicidad, pero con un especial sesgo que habría de sorprender a la investigadora americana, nacida bajo una constitución que defiende el derecho a la felicidad. El caso es que los ifaluk desconfían de la felicidad. ¿Es esto una perversión moral, un desarreglo psicológico? No. No es más que una concepción del hombre y un ideal de vida. Habitantes de un atolón aislado, azotado por los tifones, amenazados siempre por una naturaleza demasiado poderosa, los ifaluk conocen la precariedad de su existencia y organizan su vida sobre una interdependencia que a nosotros, educados en una cultura individualista, se nos antoja molesta. La cordura de Catherine Lutz quedó en entredicho cuando, después de ser adoptada por una isleña, dijo que prefería dormir en una cabaña aislada en vez de hacerlo junto a otras quince o veinte personas en una habitación. Los ifaluk no comprendían aquel enfermizo deseo de soledad.

Una sociedad tan integrada valoraba la amabilidad recíproca y evitaba cualquier cosa que pudiera alterar la paz. Cada persona estaba concernida por el bienestar de todas las demás y debía estar dispuesta a ayudar a quien necesitase socorro. Ser *ker,* estar feliz, significa estar satisfecho con uno mismo y con su situación, lo que le llevaría probablemente a desentenderse de los demás. Una de las cosas que ese individuo maleado por su felicidad podría hacer es pasear alrededor de sus propiedades, actividad que resultaba extremadamente sospechosa para el ifaluk. También podría no sentirse afectado por el *song* ajeno, lo cual es gravísimo. *Song* es el enfado que siente quien ha sufrido una mala acción y que sirve de advertencia al culpable. La eficacia del *song,* que dirige la vida moral de la comunidad, depende de que despierte en el responsable un cierto tipo de temor. Pero quien se siente feliz, *ker,* es inmune al miedo y eso le hará ser con frecuencia inmoral, petulante y ofensivo. No será *maluwelu,* que es el más alto cumplido que se puede dirigir a una persona adulta: dulce, pacífico y tranquilo.

Todos los sentimientos que interrumpen la comunicación han sido proscritos por alguna cultura. Greimas ha estudiado la avaricia como uno de ellos porque rompe la comunicación de los bienes económicos. Recuerde el lector con qué énfasis reprobaban los arapesh el hacer algo en propio provecho.

La universal condena del miedo confirma la complejidad de las evaluaciones sentimentales y el mecanismo en que se fundan. El miedo es un sentimiento natural. La aparición del peligro incita a la huida. La huida es, por lo tanto, una respuesta eficaz ante el peligro. Biológicamente no plantea ningún problema. ¿Qué otra cosa va a hacer el ciervo sino huir del leopardo? Es una respuesta eficazmente adaptativa para todos los animales, a excepción del hombre. *El ser humano quiere vivir por encima del miedo.* Un ejemplo más de nuestro afán de superar los sentimientos naturales. Todas las culturas admiten el miedo pero condenan la cobardía. La cobardía aparece cuando el miedo impide la defensa o el mantenimiento de algún valor que se considera imprescindible. Notable decisión: el ser humano considera bueno saltarse las prescripciones de la naturaleza. Ha pensado que algunas veces sería bueno no huir.

En esto están de acuerdo todas las morales, todas las religiones, todos los autores. Nietzsche se hizo portavoz de esa rara unanimidad moral cuando escribió: «¿Qué es bueno? Ser valiente es bueno.» A lo que entrañaba dificultad llamaban los filósofos medievales *lo arduo,* y opinaban que no era valioso por ser difícil sino al revés. San Buenaventura lo definió como lo grande, excelente y elevado. Para Tomás de Aquino, lo arduo es lo *«elevatum supra facilem potestatem animalis»,* lo que supera las facultades animales, que son facultades de lo fácil. ¡Fantástica idea! Siguiendo a Aristóteles, los escolásticos consideraron que enfrentarse con lo difícil, alejarse del grado cero, era propio de la magnanimidad, a la que definían como *«raisonnable emprise de hautes choses».*

La valentía supone un cierto desdoblamiento de la conciencia, en la que retiñen dos principios de acción: lo que deseo y lo que quiero. Deseo huir pero quiero quedarme. Deseo terminar este capítulo pero quiero redondear el argumento. Esta dualidad de niveles es lo que está complicando nuestro análisis de los avatares afectivos. En nosotros resuenan dos canciones distintas, hay una doble llamada, una doble incitación, un doble obstáculo: los valores sentidos nos llaman desde nuestro corazón, nuestra esencia afectiva; los valores pensados nos llaman desde nuestra cabeza, que es casi como si nos llamaran desde fuera. Cuando entrego el control de mi comportamiento a una u otra instancia, me decido. Atención a esta forma verbal: parece que lo que decido es la acción, pero esa voz media indica que la acción no sale de mí, que se remansa en mi propia subjetividad, y que al tomar una decisión sobre algo tomo una decisión sobre mí mismo: me elijo. El asombroso Platón dijo que la valentía era el puente que unía la razón con el deseo. Estoy de acuerdo, y también lo estoy con Aristóteles, para quien consistía en actuar *a pesar de.* Y también con Spinoza, que la entendió como el deseo que lleva al hombre a perseverar en su ser de acuerdo con los dictados de la razón. Y también con René Le Senne, cuando decía que superar el obstáculo era el principio de toda moralidad, y que el valor proporcionaba la energía para producir lo que la naturaleza no basta para determinar.

Spinoza dio en el clavo. La valentía consiste en el deseo de ser lo que se piensa que es mejor ser. Éstos son valores pensados. Son valores que pueden enfrentarse al sentimiento. La meditación ética surge como una meditación racional dentro del campo afectivo. Si sacamos a la ética de su campo nutricio, ganamos en claridad lo que perdemos de realidad. Acabamos hablando de una ética formal incapaz de enlazar con la acción.

La realidad humana se expande. Ya no trata de pervivir –a ese nivel funciona la capacidad adaptativa de los sentimientos–, trata de sobrevivir. Quiere sobre-salir, sobre-ponerse, vivir sobre sí misma. El lenguaje da fe de ello acuñando palabras enigmáticas y magníficas, como *sobreponerse, superarse, aguantarse, sobrevivir,* hallazgos lingüísticos que nada tienen que envidiar a la excelencia de Nietzsche cuando hacía decir a Zaratustra: «Ahora me veo a mí mismo por debajo de mí.»

En el capítulo anterior defendí que lo que llamábamos voluntad era la inteligencia valerosa. Como acabo de explicar, ella –la inteligencia valerosa– o su hija –libertad– son el origen de la ética.

5

Todavía hay otro criterio para discernir entre buenos y malos sentimientos. *Hay sentimientos adecuados o inadecuados respecto de un valor presente.* Con este criterio se confirma lo dicho anteriormente. Deseamos vivir por encima de nuestros sentimientos... sin salir del ámbito abierto por los sentimientos.

Un claro ejemplo de adecuación sentimental lo tenemos en la indignación. En castellano, la palabra *indignación* designa un sentimiento de furia desencadenado por la percepción de una situación injusta. El lector puede observar la complejidad de planos en que se mueve esta evaluación. Ante una situación injusta el sentimiento adecuado es la indignación. Un sujeto puede no sentirla por varios motivos. Porque no perciba la injusticia, porque la perciba pero le sea indiferente, porque la perciba y se alegre del daño causado a la víctima. En el primer caso, hay ignorancia culpable, insensibilidad, falta de sentido de la justicia. En el segundo, se da una falta de compasión y honestidad en el carácter. En el tercero, emerge un sentimiento destructor: el odio. En todos ellos hay algo que se puede criticar en el sujeto. Y ese juicio negativo es posible porque pensamos que lo injusto puede ser objetivamente discernido y que el sentimiento que corresponde a lo injusto es la indignación.

La *desvergüenza* es otro sentimiento inadecuado. El léxico castellano de la vergüenza es muy aleccionador. La vergüenza es temor de ser sorprendido en falta por la mirada ajena. Es, pues, un sentimiento que es mejor no sentir. Cuando no tengo nada que ocultar no temo la mirada del otro. ¿Por qué entonces la carencia de vergüenza –la desvergüenza– se considera un grave defecto? Porque no se refiere a la ausencia de vergüenza cuando no existe causa alguna que la justifique, sino a la falta de vergüenza cuando debería estar presente. Es, pues, el desprecio al juicio ajeno, el desinterés por la propia apariencia, un acto de marginación social que la sociedad juzga acerbamente.

Aristóteles ya mencionó la inadecuación de este sentimiento –o de esta falta de sentimiento–. «La desvergüenza implica desprecio y desdén, ya que sólo ante los que desdeñamos mucho no sentimos vergüenza» *(Ret.,* 1380a). «La vergüenza es un cierto pesar y turbación relativos a aquellos vicios presentes, pasados y futuros, cuya presencia acarrea una pérdida de reputación. Y que la desvergüenza es el desprecio o la insensibilidad ante esos mismos vicios» (1383b).

Teofrasto convirtió la desvergüenza en un carácter, lo que a estas alturas no extrañará al lector. «La desvergüenza es una osadía que se manifiesta en hechos y palabras censurables. El desvergonzado es un individuo de la siguiente calaña: jura a la ligera, tiene mala reputación e insulta a los potentados. De acuerdo con su comportamiento es un vago, un exhibicionista y un tipo capaz de todo. Por descontado, no le importa bailar el córdace sin estar bebido y sin llevar máscara en un cortejo. No le causa enojo estar al frente de una posada, ejercer de proxeneta o recaudador de impuestos; ni rechaza ninguna tarea por indigna que sea, sino que actúa de pregonero, sirve de cocinero y juega a los dados. Deja morir de hambre a su madre, es detenido por robar y, en consecuencia, pasa más tiempo en la cárcel que en su propia casa» *(Caracteres,* cap. VI).

Mencionaré para terminar otro sentimiento cuya ausencia se considera censurable: la *gratitud.* Se define como afecto a otra persona motivado por el reconocimiento de haber recibido un favor de ella, es decir, algo dado gratuitamente. Durante siglos se consideró que «quien no es agradecido no es bien nacido». El sentimiento de afecto se consideraba tan importante que los autores clásicos creían que debía durar el mayor tiempo posible. «La presteza en devolver», escribió Séneca, «no es propia de un hombre agradecido, sino del deudor» *(De los beneficios,* IV, cap. 40). Santo Tomás de Aquino hace una curiosa precisión: «En la gratitud debe tenerse en cuenta, lo mismo que al hacer el beneficio, el afecto y el don. En cuanto al afecto, la gratitud debe manifestarse enseguida de recibir el favor. ¿Quieres devolver un beneficio?, pregunta Séneca. Recíbelo con buen corazón. En cuanto al don mismo, debe esperarse a un tiempo en que la recompensa sea oportuna al bienhechor; pues si se quiere responder inmediatamente a un don o regalo con otro, tal gratitud no parece virtuosa. Porque, como dice Séneca, el que procura devolver demasiado pronto, es deudor contra su voluntad, y quien por fuerza debe es un ingrato *(Suma teológica,* II-II, q. 106, a. 4).

Como ya advertí, cada cultura organiza de una manera diferente los sentimientos. La cultura japonesa da una tremenda importancia a la gratitud, hasta el punto de convertirla en una amenaza o una tortura. Se llama *on* y es una deuda que debe ser pagada. No es una virtud, pero se convierte en virtud cuando el individuo se dedica a la tarea de expresar de modo activo su agradecimiento. Son obligaciones contraídas pasivamente: se reciben del emperador, de los padres, del amo, del profesor. No admiten una devolución precisa. No son relaciones contables sino absolutas. Se oponen a *giri,* que son las deudas que se pueden pagar con exactitud.

En nuestra cultura, la gratitud exige que algo sea reconocido como un favor capaz de despertar un afecto. En la actualidad, nuestras creencias sociales dificultan este sentimiento que se basa en la historia de uno que da y otro que recibe. Nuestras creencias igualitarias determinan, como era de esperar, nuestra vida sentimental, y se ha llegado a considerar que recibir un favor es humillante, y recibir un trato de favor, injusto. Las transacciones humanas se miden con el patrón de las económicas. Alguien da, alguien recibe, y devuelve o no. La deuda es una obligación contractual que no tiene por qué ir acompañada de un sentimiento. La sociedad moderna no quiere sentir gratitud.

A este rechazo ha colaborado otra creencia. La definición de favor implica que sea gratuitamente dado, es decir, sin interés ni beneficio del donante. Tiene que ser un acto de generosidad. Pero nuestro tiempo vive bajo la influencia de los maestros de la sospecha –Nietzsche, Freud, Marx–, que se empeñaron en descubrir una impostura por debajo de las aparentes buenas intenciones. Todos somos crédulos ante un truco de los pensadores ingeniosos que consiste en dar por evidente que la malicia es más perspicaz que la benevolencia.

Al convertir todo favor en un espejismo o en un engaño, la gratitud se convierte en un sentimiento para ingenuos, en una prueba de simpleza. Para que alguien la experimente tiene que poseer las creencias necesarias: ha de admitir la generosidad del otro y también la menesterosidad propia sin sentirse humillado. Sería interesante estudiar la manera como la gratitud ha estado históricamente relacionada con el amor. Quien recibía los *favores* de una dama debía experimentar gratitud ante un don nunca del todo merecido.

Pido perdón al lector por haberme entretenido explicándole cómo las creencias influyen en los sentimientos. Como corroboraba las tesis de este libro me ha sido imposible dejar escapar la ocasión. Pero le recuerdo que estábamos hablando de que los sentimientos son adecuados o inadecuados respecto de los valores presentes.

6

Ésta es la situación. A partir de nuestra vida afectiva hemos inventado valores y ahora queremos tener los sentimientos adecuados. Sentimientos que son, por lo tanto, creaciones nuestras también. Esta inadecuación entre los sentimientos reales que tenemos y los que nos parece adecuado tener, somete nuestra vida afectiva a una tensión que pueden enriquecernos o destruirnos.

Vamos a encargar a la educación que se esfuerce por adecuar la estructura afectiva personal a la estructura objetiva de los valores. Se trata de convertir un *valor pensado* en un *valor vivido*. Pondré un ejemplo poco discutible. ¿En que consiste, según los tratadistas clásicos, la educación del gusto? A partir de una selección de los valores estéticos se intenta que el educando los experimente, reconozca y disfrute como suyos.

El gran Hume aprovechó esta relación para ampliarla a otros ámbitos. Algunas especies de belleza –decía–, especialmente las de tipo natural, la belleza física, por ejemplo, se apoderan de nuestro afecto y de nuestra aprobación en cuanto se nos presentan por vez primera. Y cuando no logran producir este efecto, es imposible que razonamiento alguno pueda cambiar su influencia o adaptarlas mejor a nuestro gusto y sentimiento. Nadie puede convencerme de que es bella una mujer que no me gusta. Pero en muchas otras clases de belleza, particularmente las que se dan en las bellas artes, es un requisito emplear mucho razonamiento para llegar a experimentar el sentimiento apropiado; y un gusto equivocado puede corregirse frecuentemente mediante argumentos y reflexiones. Hay justo fundamento para concluir que la belleza moral participa en gran medida en este segundo tipo de belleza, y que exige la ayuda de nuestras facultades intelectuales para tener influencia en el alma. De esto sacaba Hume una consecuencia interesante. Hay sentimientos naturales y sentimientos artificiales. Consideraba que esta distinción era fundamental para la fundamentación de la moral.

Continuaré mi argumentación. Queremos, pues, vivir por encima de nuestros sentimientos. No nos fiamos de ellos. Ni la alegría ni el placer ni la tristeza nos parecen suficientes porque aspiramos a una alegría superior, a un placer más intenso, a un miedo sin cobardías. Esta insatisfacción continua nos impulsa a buscar nuevos estados sentimentales. Necesitamos que la inteligencia nos diga qué sentimientos debemos profundizar, cambiar, abolir. Lo que significa, desde la perspectiva del objeto, meditar sobre la versión del mundo que queremos dar a luz.

7

Esta tensión entre los valores pensados y los vividos explica el dinamismo creador de los sentimientos, muchas de sus contradicciones y algunos de sus problemas. Sus peripecias constituyen una de las páginas más apasionantes de la vida de las culturas y de la vida de las personas.

Vuelvo por última vez a las historias. Kierkegaard y Rilke, cada uno a su manera, consideran el amor como una tarea difícil. La distancia entre el amor pensado y el amor vivido les parece ardua de recorrer. Kierkegaard escribió una deliciosa obra, muy distinta del resto de su producción, titulada *Dos diálogos sobre el primer amor y el matrimonio.* En ella sostiene algo que parece contradictorio: «Sólo cuando amar sea un deber, sólo entonces estará el amor eternamente protegido.» Esta seguridad arroja fuera toda angustia y torna perfecto el amor. En cambio, en el amor que meramente tiene existencia, habita, por muy confiado que esté, la angustia de poder cambiar. ¿No es éste, de ordinario, el motivo de que el amor inmediato esté tan inclinado, sí, tan encariñado en poner a prueba el amor? Precisamente le acontece esto –escribe Kierkegaard– porque el amor, al no convertirse en deber, todavía no se ha sometido, en el sentido más profundo de la palabra, a «la prueba». El amante quiere probar al amado, el amigo quiere probar al amigo; desde luego que tal probación se funda en el amor, pero ese insistente afán de probar y ese deseo ansioso de que se le ponga a uno a prueba demuestran con todo que el amor, de un modo inconsciente, está inseguro.

Para Kierkegaard, el amor es una síntesis de libertad y necesidad que integra todo en una concentración superior. No debió de parecerle que el asunto fuera fácil cuando, en el último momento y por razones que desconozco, renunció a casarse con Regina Olsen, su enamorada. Le preocupó mucho la aparente oposición entre el amor y la costumbre, y gran parte de su obra estuvo dedicada a estudiar los modos de vida que nos salvan del aburrimiento. Éste es el tema de *La repetición,* libro en el que repite que no considera a los deberes enemigos del amor. Las intermitencias del sentimiento quedan anuladas por la firmeza de la decisión.

Pero ¿por qué mezclar el deber con el amor? ¿Por qué ese afán por ponerle a salvo de toda contingencia? ¿Por qué no permitir que el amor siga su evolución natural, sea interminable o efímera?

El asunto me parece muy interesante. En la actualidad, casi todo el mundo cree a pie juntillas que el amor no dura, o al menos dice creerlo, a pesar de lo cual cada fracaso amoroso, en vez de vivirse como una corroboración de la creencia, se siente como una decepción. Y es que en el enamoramiento se incluye como rasgo inevitable la presunción de que aquel sentimiento tan poderoso, tan vibrante, tan pleno, no puede ser efímero.

Ese valor vivido en un momento de entusiasmo –el sentimiento de intensificación de la existencia, la alegría de ser aceptado por quien parece dotado de una perfección objetiva, la euforia del éxito– puede convertirse en objeto de pensamiento, en valor pensado. La inteligencia encuentra en él atractivos que le hacen merecedor de la existencia. Entonces se convierte en ideal, dirigiendo la creación afectiva. Es bueno que el amor sea eterno, luego mi amor debe ser eterno, si es verdadero amor. Entran en juego los mecanismos habituales de la creación. Invento un proyecto y luego me empeño en realizarlo. Así sucede también en la creación sentimental.

El caso de Rilke es parecido al de Kierkegaard. Escribe a Friedrich Westhoff: «Tomar el amor en serio y padecerlo y aprenderlo como un trabajo, esto es, Friedrich, lo que les hace falta a los jóvenes. La gente también ha malentendido, como tantas otras cosas, la posición del amor en la vida; lo han hecho juego y diversión, porque creían que el juego y la diversión son más felices que el trabajo; pero no hay nada más dichoso que el trabajo; y el amor, precisamente por ser la suprema dicha, no puede ser sino trabajo. Así pues, quien ama debe intentar comportarse como si tuviera un gran trabajo: debe estar muy solo y entrar en sí y concentrarse y consolidarse: debe trabajar, debe llegar a ser algo.»

Aparece aquí otra vez la brecha entre el valor vivido y el valor pensado. En el horizonte está el valor pensado que sirve de canon, reclamo, meta al real. Por eso Rilke reprochaba al amor juvenil su «incitación a disiparse completamente». Piensa que los jóvenes que se quieren se arrojan uno a otro en la impaciencia y prisa de su pasión, y no observan qué defecto de mutua valoración hay en esa entrega sin despejar; sólo lo notan con asombro y desgana en el desacuerdo que brota entre ellos de todo ese desorden. Los deberes y tensiones del amor se parecen mucho a los que se dan en la creación poética, que también es espontaneidad trabajadísima. A Franz Xaver Kappus, el joven poeta al que escribió elocuentes cartas sobre la laboriosa espera de la inspiración, le dice que el amor a una persona es quizá lo más difícil que se nos impone, lo extremo, la última prueba y examen, el trabajo para el cual todo trabajo es sólo preparación. ¿No nos suena esto extravagante, quizás masoquista, a nosotros, hombres modernos que creemos que solo lo espontáneo es valioso?

Rilke se pone insistente. «Los jóvenes, que son principiantes en todo, no pueden todavía amar, deben aprenderlo. Con toda su naturaleza, con todas sus fuerzas, concentrados en torno de su corazón solitario, temeroso, palpitante hacia lo alto, deben aprender a amar.»

¿Resulta comprensible una concepción del amor tan trabajosa y esforzada? Las afirmaciones de Kierkegaard y de Rilke parecen contradictorias porque contradictorios son los conceptos de amor y deber, de amor y trabajo. Si hago una cosa por deber, no lo hago por amor, sin duda alguna. Si algo me exige un trabajo tremendo para mantenerlo, no puede ser amor. Pero Kierkegaard y Rilke fueron sutilísimos conocedores de la psicología humana y hay que tomar muy en serio todo lo que dicen.

Hay, en efecto, una razón para relacionar esos términos contradictorios. No hemos conseguido aún que las grandes energías amorosas nos sean naturales, nuestros pensamientos son más altivos que nuestros sentimientos. Nuestra inteligencia ha concebido modos de amor que aún no encandilan nuestros corazones. De la tensión entre los valores que pensamos, los valores que queremos sentir y los que sentimos realmente, surge ese concepto que nos parece impertinente de «los deberes del amor». Es tan sólo un síntoma de que nuestra capacidad de pensar sentimientos va por delante de nuestra capacidad de sentirlos. Los valores pensados pueden convertirse en motivos porque nos seducen desde lejos con una posibilidad que cambia nuestras creencias, estimula deseos dormidos o dispersos, permite evaluar la realidad de otra manera, o me permite comprenderme de forma distinta. Cambian, pues, las partidas de nuestro balance sentimental. O, al menos, pueden hacerlo. Así comienza la invención ética.

Llegamos al final. Nuestro recorrido del laberinto sentimental tiene que acabar levantando el plano del laberinto. Pero quedan por hacer tareas tan grandes como el mar y la luz. ¿Nos atreveremos a emprender animosamente la creación sentimental que reclaman nuestros desasosegados corazones? ¿Que esto implica una reforma de la inteligencia humana? Ya lo sé. Se trata de buscar la racionalidad poética que describí en *Ética para náufragos,* y con ello cambiar el régimen sentimental del náufrago haciéndole navegante. El riesgo de naufragio no desaparece, porque el mar es un abismo sólo superficialmente engalanado. Podemos, para colmo de males, perdernos. El agua es una llanura sin caminos y marcamos el rumbo guiándonos por la memoria de playas donde nunca hemos estado. Pero un velero con proa a barlovento es un brillante triunfo de la inteligencia sobre el destino. El mar insinúa en la noche que toda singladura es un fracaso, y en la mañana que navegar es ya un triunfo del espíritu. El buen navegante mantiene en las horas de luz la advertencia de la noche, y en las horas oscuras la esperanza del día.

EN TORNO AL FUEGO

EV: ¿Pero crees realmente que es verdad lo que dices?

JAM: Mirad, la verdad real sólo se da respecto de lo que ya existe. Todo lo que afirmo sobre la realidad lo afirmo porque me parece verdad. En cambio, respecto de lo posible, de la creación, de la ética, no debe aplicarse el concepto de verdad, sino el de bondad. Lo que importa es preguntarnos: ¿Sería bueno que fuera así?

EH: Hablas de la libertad como si no fuera una realidad, sino una creación, el fruto de un deseo.

JAM: Más que del deseo, sería fruto de un proyecto. Ya lo expliqué en *Teoría de la inteligencia creadora.* Lo que es una propiedad real del ser humano es la capacidad de autodeterminar sus operaciones mentales. Se trata de un poder minúsculo que puede agrandarse hasta lograr la libertad. Pero, antes de ser una realidad, la libertad es un proyecto que la inteligencia inventa, promulga y realiza con más o menos éxito.

EH: A la Münchhausen, claro.

JAM: Desde luego, a la Münchhausen. Me parece una imagen fantástica y esclarecedora. También para este libro. Estamos medio hundidos en el pantano y nos salvamos por los pelos.

EV: Hablas de crear una nueva cultura sentimental, ¿es posible hacerlo?

JAM: Es necesario. No sabemos aún lo que podemos sentir. Intento adivinar cómo serán los sentimientos de la humanidad dentro de cien años y no lo consigo. Podemos tener un futuro magnífico o terrible. Por eso me parece indispensable emprender una poética de la acción que invente un mundo más interesante y amable.

EH: ¡Pues ya me dirás cómo!

JAM: Pero no en este libro, porque mi editor lo rechazaría por exceso de páginas. Pero si queréis, me despido de los lectores y seguimos hablando.

Querida lectora o querido lector, hasta aquí hemos llegado. Tengo que decirles adiós, pero ya sabe que no me despido nunca del todo. Nos veremos, espero que pronto, en la *segunda navegación* por el mar de los sentimientos. Se llamará *Los planos del laberinto sentimental.* Hasta entonces.

Ya podemos reanudar la conversación. Os decía que...

APÉNDICE
LA VIDA SECRETA DE «EL LABERINTO SENTIMENTAL»

El vocabulario náutico atesora maravillas. Por ejemplo, la distinción entre «obra muerta» y «obra viva» de un barco. Obra muerta es la que emerge sobre la línea de flotación, lo que al espectador le parece más vistoso e importante. Obra viva es la que, bajo el agua, hace posible la navegación, soporta las presiones y tarascadas de las olas y mantiene clausurado el cuenco salvador. De los libros puede decirse lo mismo que de los barcos. Lo que se ve, lo que el lector ha leído, me parece a mí, que navego dentro, la obra muerta. Lo vivo son los campos de fuerzas que mantienen todo esto a flote.

Como a mí me divierte estudiar la génesis de las cosas, y ver no sólo el edificio hecho sino los cimientos, encofrados, vigas, cimbrias, andamiajes y otros artificios efímeros u ocultos, he pensado que al lector podría interesarle conocer el proceso de elaboración de este libro. Escribo, pues, una autobiobibliografía.

Al comenzar el libro, mi conocimiento del mundo afectivo se parecía a los mapas antiguos. Unas líneas de costa limitaban el mar ignoto. Había hablado de los sentimientos en *Teoría de la inteligencia creadora (TIC)* y en *Ética para náufragos (EPN).* Conocía el tratamiento filosófico de las emociones desde Platón a Sartre, y habría podido escribir una fenomenología de los sentimientos. *Ser y tiempo,* de Heidegger, o *El formalismo en la ética y la ética material del valor,* de Max Scheler, son obras clásicas sobre el tema. En castellano, conocía la obra de Zubiri. Su estudio de los sentimientos en

Sobre el sentimiento y la volición (Alianza, Madrid, 1992) no me gusta, pero en cambio me parece muy interesante el tratamiento que hace del sentir y la afección en su *Inteligencia sentiente.* De Juan David García Bacca leí dos escritos, inteligentísimos e ilegibles para el no habituado a su peculiar estilo: *Metafísica natural estabilizada y problemática espontánea* (FCE, México, 1963) *y Ensayo de catalogación ontológico-fundamental de los sentimientos* (Episteme, Caracas, 2, 1958). Pero no quería hacer un tratado fenomenológico.

Años antes había leído a Ribot, Janet, Bain, Höffding, Freud y otras figuras venerables. Siendo todavía estudiante, leí las obras de Rof Carballo y me atrajeron sus ágiles saltos desde la literatura a la fisiología. Reconozco mi deuda con *Urdimbre afectiva y enfermedad* (Labor, Madrid, 1961), *Violencia y ternura* (Espasa-Calpe, Madrid, 1987) y *Biología y psicoanálisis* (Desclée, Bilbao, 1972). Tal vez estudié antes la biología de las emociones que su psicología, lo que no es de extrañar porque, hasta los setenta, neurólogos y endocrinólogos estuvieron más interesados en la vida afectiva que los psicólogos. De esta historia me impresionaron algunos momentos clave: el descubrimiento de las funciones del lóbulo límbico por Papez, en 1937, su elaboración por MacLean y la crítica posterior hecha, entre otros, por LeDoux; las investigaciones sobre la formación reticular ascendente, llevadas a cabo por Moruzzi y Magoun, en 1949; el descubrimiento por Olds de los centros del placer, y los estudios posteriores de Rodríguez Delgado; el papel de los neurotransmisores en la vida afectiva; la influencia del lóbulo frontal en la vida emocional, estudiada por A. R. Luria, Joaquín M. Fuster y últimamente por Antonio Damasio en su libro *Descartes' Error* (Putnam's Sons, Nueva York, 1994), temas fascinantes que sólo puedo mencionar. Un buen resumen del estado actual de las investigaciones puede verse en el manual dirigido por M. Lewis y J. M. Haviland, que cito más adelante.

Los psiquiatras también permanecieron fieles, todo hay que decirlo. No podía ser menos, porque, según P. Thois, una gran parte de los trastornos reseñados en el DSM-3, la biblia del diagnóstico psiquiátrico, son alteraciones emocionales. En España ha tratado el tema con asiduidad Castilla del Pino, del que estudié cuidadosamente *Introducción a la Psiquiatría* (Alianza, Madrid, 1993), *La culpa* (Alianza, Madrid, 1973), *Un estudio sobre la depresión* (Nexos, Barcelona, 1991), *La envidia* (Alianza, Madrid, 1994), *Celos, locura y muerte* (Temas de Hoy, Madrid, 1995). Un interesante repertorio de temas.

Además de esto, conocía bien la semántica afectiva, por haber escrito con Marisa López-Penas el diccionario de los sentimientos que seguirá a este libro. El estudio del léxico es un trabajo muy cercano a la fenomenología, como vio Fernando Montero en su *Retorno a la fenomenología* (Anthropos, Barcelona, 1987), pues buscar el significado de una palabra se parece mucho a la búsqueda de una esencia. Greimas y Fontanille en su *Semiotique des passions* (Seuil, París, 1970) hacen un análisis del lenguaje pasional que a mí me parece que va más allá del lenguaje. Basta leer el subtítulo de la obra: *Des états de choses aux états d'âme.* Me interesó mucho el estudio de la cólera que hace Greimas en *Del sentido,* II (Gredos, Madrid, 1989).

Mi investigación comenzaba con un esquema de búsqueda muy vago. ¿Qué podría decir sobre los sentimientos si quisiera escribir un libro sobre ellos? Este tipo de formulaciones me resulta útil, porque el proyecto incoado, que es un vector dinámico, provoca la aparición de obstáculos, incertidumbres, desánimos, es decir, problemas. La introducción léxica al tema, posiblemente inevitable, ya me los había planteado, porque cada idioma codifica un sistema emocional distinto, lo que produce cierta sensación de mareo. Me había interesado mucho el libro de Catherine Lutz *Unnatural Emotions* (University of Chicago Press, Chicago, 1988), en el que niega vigorosamente la universalidad de los sentimientos. Además, confieso mi adicción a Anne Wierzbicka, una de las grandes semánticas de la historia, que mantiene algo semejante en *Semantic, Culture, and Cognition* (Oxford University Press, Nueva York, 1992), y en el interesante número del *Australian Journal of Linguistic* (vol. 10, 2, 1990) dedicado a la semántica de las emociones.

A pesar de mi admiración por ambas investigadoras, estaba seguro de que bajo tanta diversidad tenía que haber estructuras universales. Me guiaba por los descubrimientos hechos por Eleanor Rosch sobre la percepción y el léxico de los colores. Éste era uno de los problemas que me ocupó durante bastante tiempo. Me intrigaba otro asunto, también difícil: no sabía cómo relacionar los sentimientos con la conducta. Durante muchos años las emociones se han estudiado en los libros sobre motivación, pero de una manera fragmentaria y auxiliar. Las emociones servían como indicadores de los incentivos naturales. Charles N. Cofer, un especialista en procesos motivacionales, ha escrito un libro titulado *Motivación y emoción* (Desclée, Bilbao, 1988), donde muestra a las claras su confusión. «Las emociones se hallan unidas a menudo con la motivación», escribe. «Es lo que hacemos en esta obra. La lógica de esta unión no es del todo clara» (p. 82). Interpreto como un cambio en la situación el mejor tratamiento del tema en el libro de Johnmarshall Reeve *Motivación y emoción* (MacGraw Hill, Nueva York, 1994).

Así pues, comenzaba el libro con unos saberes dispersos y muchos problemas. En *TIC* había definido los sentimientos como «bloques de información integrada que incluye valoraciones». Esto me podía servir como hipótesis de trabajo. Tenía que comprobar si era verdadera.

INTRODUCCIÓN A LA MARAÑA

Necesitaba, ante todo, llenar los huecos de mi información. En castellano encontré tres libros sobre las investigaciones recientes. El dirigido por Agustín Echebarría y Darío Pérez *(Emociones: perspectivas psicosociales,* Fundamentos, Madrid, 1989), una recopilación de artículos importantes, editada por Luis Mayor *(Psicología de la emoción,* Promolibro, Valencia, 1988), y el tomo 8 del *Tratado de Psicología general,* de la Editorial Alhambra, que estudia las emociones junto con la motivación. El libro de William Lyons *Emoción*

(Anthropos, Barcelona, 1993) y *Teoría de los sentimientos* (Fontamara, Barcelona, 1982), de Agnes Heller, son dos buenos análisis filosóficos, pero insuficientes para mis propósitos.

Me fueron de mucha utilidad dos estupendos tratados, en los que colabora parte importante de los investigadores punteros. El más completo es el editado por Robert Plutchick y Henry Kellerman: *Emotion. Theory, Research, and Experience* (Academic Press, California, 1980-1990, 5 vols.), pero también es interesante el *Handbook of Emotions* (The Guilford Press, Nueva York, 1993), dirigido por Michael Lewis y Jeannette M. Haviland. Hay algunas compilaciones de artículos importantes, aunque con frecuencia repetitivos. Entre ellos selecciono: P. Ekman y R. J. Davidson: *The Nature of Emotion* (Oxford University Press, Nueva York, 1994), K. R. Scherer y P. Ekman: *Approaches to Emotion* (Lawrence Erlbaum Associates, Hillsdale, New Jersey, 1984), V. Hamilton, G. H. Bower y N. H. Frijda: *Cognitive Perspectives on Emotion and Motivation* (Kluwer Academic Publishers, Dordrecht, 1988), y C. E. Izard, J. Kagan, R. B. Zajonc: *Emotions, Cognition and Behavior* (Cambridge University Press, Nueva York, 1984).

Prefiero los libros sistemáticos, escritos por un solo autor. Recomiendo al lector los cuatro siguientes: primero Nico H. Frijda: *The Emotions* (Cambridge University Press, 1986). De este catedrático de Amsterdam me interesa, sobre todo, el importante papel que da a los *concerns* en la génesis de las emociones, a las que define como *action readiness changes in response to events relevant to the individual's concerns* (p. 371). Segundo, el libro de A. Ortony, G. L. Clore y A. Collins *The Cognitive Structure of Emotions* (Cambridge University Press, 1988); pretende demostrar que es posible una explicación de los antecedentes cognitivos de la emoción. Consideran los autores que «la mejor forma de estudiar las emociones es como un conjunto de grupos independientes basados en la naturaleza de sus orígenes cognitivos» (p. 13). Tercero, Keith Oatley: *Best Laid Schemes* (Cambridge University Press, Cambridge, 1992); es un tratado que da más importancia que los otros a la exposición literaria de las emociones. El concepto de «meta» es fundamental en su teoría. «Cada meta tiene un mecanismo que evalúa los sucesos importantes para ella. Cuando hay un cambio importante de las probabilidades de alcanzar la meta, el mecanismo de vigilancia distribuye a todo el sistema cognitivo una señal que puede ponerle en situación de responder a ese cambio. Los seres humanos experimentan esas señales, y la disposición activa que inducen, como emociones» (p. 50). Este autor había ya publicado dos trabajos muy interesantes en colaboración con P. N. Johnson-Laird, en *Cognition and Emotions* (1, 1987; 4, 1990). Recientemente ha escrito con Jenifer M. Jenkins *Understanding Emotions* (Blackwell Publishers, Oxford, 1996), que es una espléndida exposición ordenada y completa de estos temas, y el cuarto libro que recomiendo.

Leer es fácil y divertido. Lo difícil es saber qué hacer con lo leído.

¿SENTIMIENTOS NATURALES O SENTIMIENTOS CULTURALES?

Teniendo ya una visión de conjunto, me enfrenté con el problema de la universalidad de los sentimientos. Algunos autores –William James entre ellos– afirman que hay un número infinito, lo que resultaba desconsolador para mis propósitos. Afortunadamente, otros investigadores suponen que hay unas emociones básicas universales. Por ejemplo, Oatley y Johnson-Laird creen que hay cinco: tristeza, alegría, furia, miedo, asco. Plutchik admite ocho, determinadas por patrones innatos: miedo, furia, alegría, tristeza, amistad, asco, curiosidad, sorpresa. Panksepp identifica cuatro: expectación, furia, miedo, malestar. Schaver, seis: miedo, alegría, tristeza, amor, sorpresa, rabia. Ekman también seis, pero sustituye el amor por el asco. Campos, nueve: alegría, tristeza, furia, miedo, interés, vergüenza, culpa, envidia, depresión. Ortony defiende que no hay emociones básicas sino «emociones tipo» que derivan de los criterios de evaluación, y señala veintidós.

Tomkins propuso ocho sentimientos básicos: interés/excitación, alegría, sorpresa/susto, malestar/angustia, asco, ira/rabia, vergüenza/humillación, miedo/terror. Su discípula Carrol Izard ha defendido últimamente la existencia de doce: interés, alegría, sorpresa, tristeza, furia, asco, desprecio, miedo, culpa, vergüenza, timidez, hostilidad hacia uno mismo. Considera que son adaptativos, innatos. No aprendemos a sentir miedo o asco, sino sólo cuándo, dónde, y en respuesta a qué lo sentimos (C. E. Izard, «Stability of emotion experiences and their relations to traits of personality», *Journal of Personality and Social Psychology,* 64, 1993).

Lazarus ha dado su propia relación de emociones, describiendo el tema esencial de cada una. Furia (una ofensa), ansiedad (amenaza), miedo (peligro), culpa (transgresión moral), vergüenza (fallo en la consecución del yo ideal), tristeza (experiencia de una pérdida irrevocable), envidia (deseo de lo que otro tiene), celos (resentimiento hacia un tercero por la pérdida o amenaza de pérdida del afecto de otro), alegría (progreso hacia la realización de la meta), orgullo (conciencia de nuestro propio valor), alivio (la mejoría en nuestra relación con las metas), esperanza (temor de lo peor pero anhelando lo mejor), amor (deseo o participación en el afecto), compasión (movimiento hacia el sufrimiento del otro, con deseo de ayudarle) *(Emotion and Adaptation,* Oxford University Press, Nueva York, 1991, p. 122).

Me ha llamado mucho la atención el trabajo de Paul D. MacLean, un prestigioso neurólogo que ha estudiado la evolución cerebral de las emociones. Distingue seis afectos: deseo, miedo, furia, asco, alegría, amor (P. D. MacLean: «Cerebral evolution of emotion», en Lewis y Haviland, *op. cit.,* p. 79).

Los argumentos que se dan a favor de la existencia de un número limitado de emociones básicas son de varios tipos: neurológicos, lingüísticos, inductivos, culturales y evolutivos. Me interesan estos últimos, porque sospecho que la universalidad de los sentimientos puede deberse a la universalidad de las situaciones en que los sentimientos aparecen. Un resumen del debate, en el número de *Cognition and Emotion* dedicado a las emociones básicas (6, 3-4, 1992). Una revista imprescindible para los interesados en estos temas.

Plutchick ha descrito ocho situaciones: amenaza, obstáculo, unión con la pareja, pérdida de un ser querido, afiliación a un grupo, percepción de un objeto desagradable, exploración y sorpresa ante un objeto nuevo. Según J. P. Scott, los patrones de conducta están organizados alrededor de cada función importante, que tiene un sistema fisiológico subyacente. La función de las emociones es mantener la conducta por largos periodos y, desde el punto de vista del aprendizaje, reforzar la conducta adaptativa. Los sistemas de conducta son nueve y cada uno de ellos está relacionado con una o más emociones («The function of emotions in behavioral systems; a system's theory analysis», en R. Plutchick y H. Kellerman, *op. cit.).*

Oatley y Jenkins han resumido las funciones que sirven de base a los sentimientos, según varios autores. Las relacionadas con el *cariño* darían lugar a cuatro situaciones distintas: unión, interrupción, reanudación y pérdida. Provocarían, respectivamente, felicidad, ansiedad, alivio y tristeza. La segunda función sería la de *cuidar a los demás* y provocaría el amor o la atención. La *cooperación* se manifestaría en las relaciones de amistad, la realización de planes conjuntos, el intercambio, la sexualidad y la pérdida de la relación. Las emociones correlativas serían: felicidad, gratitud y tristeza. La *competición* da lugar a la furia, al miedo y a la vergüenza. La caza a la excitación, a la satisfacción y al miedo, cuando uno no es cazador sino presa. Por último, respecto de *cosas inanimadas,* puede darse la felicidad al encontrar una fuente de recursos, el miedo o el asco en el caso de la contaminación.

Pervin da la siguiente relación de metas: 1) autoestima, 2) relajación, diversión, amistad, 3) agresión, poder, 4) reducir la tensión y el conflicto, 5) afecto, ayuda *(Personality: Current Theory and Research,* University of Nebraska Press, Lincoln, 1983).

Todo esto me pareció muy interesante. Apelar a las metas me permitía resolver dos problemas de una tacada: la universalidad de los sentimientos y su relación con la acción.

Me interesó conocer lo que sucede en otras culturas, y me sumergí en la antropología. En el libro me he referido a los trabajos de Margaret Mead, a pesar de que son muy controvertidos. Lo he hecho por su claridad, y porque he encontrado datos semejantes en otros investigadores. Hay pueblos tan pacíficos como los arapesh. Por ejemplo, los cayapas, que viven en las tierras altas de Colombia y Ecuador (M. Altschuler: *The Cayapa: A Study in Legal Behavior,* Universidad de Minnesota, 1965). Su falta de conflictividad, sin embargo, está basada en el miedo. El cayapa vive huyendo de todo el que no es pariente suyo. Los lepchas de Nepal son otro ejemplo de sociedad pacífica. Entre ellos hay una gran cooperación. No sienten celos sexuales. A veces los hermanos practican una modalidad de poliandria que les hace compartir la misma esposa. Las primeras experiencias sexuales de los hermanos más jóvenes ocurren normalmente con la esposa de un hermano mayor. Es posible que la falta de agresividad del lepcha comience en la infancia. Los deseos físicos de los niños son satisfechos por cualquier miembro de la tribu. Los adultos tienden a considerarse miembros de una sociedad, no personalidades individuales. El escaso desarrollo del ego individual elimina la competencia y la agresividad en la vida ordinaria (G. Gorer: *Himalayan Village: An Account of the Lepchas of Sikkim,* M. Joseph, Londres, 1938). También son muy pacíficos los mbutis, estudiados por C. Turnbull en *The Forest People* (Doubleday/Anchor Press, Nueva York, 1961).

Hay también el *hit parade* de los violentos. Los jívaros y los yanomamos ocupan los primeros puestos (N. Chagnon: *Yanomamo. The Fierce People,* Holt, Rinehart and Winston, Nueva York, 1983).

Me quedaba por encontrar algún pueblo que emparejar con el tchambuli. En ciertos aspectos me recuerda al balinés. Según cuenta Geertz, los balineses han desarrollado una teatralidad traviesa (H. Geertz: «The vocabulary of emotion: a study of Javanese socialization processes», en R. A. Levine, *Culture and Personality: Contemporary Reading,* Aldine, Chicago, 1974). Me fueron de mucha utilidad R. A. Shweder: *Thinking Through Cultures* (Harvard University Press, 1991) y T. Doi: *The Anatomy of Dependence* (Tokyo-Kodansha, 1981).

Con los datos que aportan, me pareció suficientemente corroborado que 1) hay sentimientos universales, 2) hay modulaciones culturales, 3) la universalidad de las emociones básicas procede de la universalidad de las situaciones y problemas humanos.

Consecuencia interesante: si hay variaciones culturales, los sentimientos tienen que poder transmitirse mediante aprendizaje.

LA EVOLUCIÓN DE LA AFECTIVIDAD

Después de estudiar los grandes campos sentimentales en las diferentes culturas, me pareció importante averiguar cómo aparecen en la biografía personal. ¿Habría alguna secuencia constante, como la que descubrió Piaget en la evolución de la inteligencia? Afortunadamente, empieza a haber buenos estudios sobre este tema. P. L. Harris: *Los niños y las emociones* (Alianza, Madrid, 1989); C. Saarni y P. L. Harris: *Children's Understanding of Emotion* (Cambridge University Press, Cambridge, 1989). Son muy interesantes los artículos de R. N. Emde, L. A. Sroufe y C. Trevarthen incluidos en *Approaches to Emotion,* editado por Klaus R. Scherer y Paul Ekman (Lawrence Erlbaum, Hillsdale, New Jersey, 1984). En esta misma editorial está publicado el libro de A. N. Schore *Affect Regulation and the Origin of the Self* (1994), un ambicioso intento de estudiar la evolución neurobiológica de las emociones. Las últimas investigaciones sobre la evolución emocional del niño están recogidas en el recentísimo libro de L. Alan Sroufe *Emotional Development* (Cambridge University Press, Cambridge, 1996).

Mención especial merecen los trabajos de Bowlby. Fue John Bowlby quien sostuvo que el patrón de apego es central para el desarrollo emocional del hombre: «Lo que parece esencial para la salud mental es que el niño experimente una cálida, íntima y continua relación con su madre, en la que ambos encuentren satisfacción y alegría.» Durante toda la redacción del libro me ha molestado utilizar la palabra *apego,* con la que se suele traducir *attachment.* Aquí me voy a permitir sustituirla por *urdimbre afectiva,* una bella expresión de Rof. Lo inverso es la privación maternal. Bowlby piensa que los niños privados del amor maternal crecerán incapaces de formar relaciones emocionales satisfactorias cuando sean adultos y que el amor en los primeros años es tan importante para el desarrollo emocional como la nutrición lo es para el desarrollo físico. En 1935 Lorenz había descrito un patrón instintivo. Lo llamó *imprinting.* Propuso que había un periodo crítico durante el cual un mecanismo biológico reconoce las características de la madre, sin que esté especificado con precisión cuáles son los objetos aceptables. Ese efecto es irreversible. Cuando Robert Hinde y Julian Huxley comunicaron esta idea a Bowlby, éste se percató de que la última clave estaba en la etología y en la teoría de la evolución: «La principal estructura de la teoría del apego emergió como un todo a partir de esta primera intuición, y dio coherencia a todo lo que siguió.»

Al explicar las diferencias individuales, unos investigadores enfatizan la importancia de la urdimbre afectiva, y otros los elementos genéticos. La teoría de la urdimbre propociona la más desarrollada e influyente teoría sobre la manera como las relaciones entre padres y niños afectan a los patrones emocionales. Bowlby supuso que los niños van construyendo un modelo interno de las relaciones y de lo que esperan de ellas. ¿Se puede confiar en otras personas en los momentos de estrés? ¿Puede uno esperar ser confortado?

Esta idea de Bowlby confirmaba mi hipótesis sobre las creencias. La urdimbre es una creencia muy firme, que va a determinar la formación de la personalidad. Parece que todo encaja. El niño clasificado como poseedor de una urdimbre segura a la edad de un año, después, en los años preescolares, es más sociable y comunicativo con los adultos (P. Lutkenhaus, K. E. Grossmann y K. Grossman: «Infant-mother attachment at twelve months and style of interaction with a stranger at the age of three years», *Child Development,* 56, 1985). Waters y sus colegas han entrevistado a niños veinte años después de su primera evaluación. Encontraron que había una sustancial continuidad en las calificaciones. Dos terceras partes de los niños seguros o evitadores mantuvieron el mismo estilo, pero menos de las mitad de los ambivalentes lo conservaron.

Me topé con que los especialistas discrepan al evaluar la importancia del temperamento (los elementos innatos). Miyake, Chen y Campos encontraron que los niños que eran irritables al nacer solían tener un apego inseguro a los 12 meses («Infant temperament, mother's mode of interaction, and attachment in Japan: An interim report», en I. Bretherton y E. Waters [eds.]: «Growing points of attachment theory and research», *Monographs of the Society for Research in Child Development,* 50, 1985). Parece lo más probable que el estilo de urdimbre dependa del juego entre la conducta de los padres y el temperamento del niño. H. H. Goldsmith y J. A. Alansky han realizado una revisión de los estudios realizados sobre el tema y encontraron que ambos elementos –el cuidado y el temperamento– tenían una influencia en el estilo afectivo («Maternal and infant temperamental predictors of attachment: A metaanalityc review», *Journal of Consulting and Clinical Psychology,* 55, 1987).

El Minnesota Parent-Child Project ha estudiado durante más de trece años la influencia de los estilos de urdimbre en la evolución de la personalidad. Parece confirmarse que durante las edad escolar los niños seguramente apegados muestran mayor autoconfianza y autoestima, se comprometen con metas más altas y muestran mayor persistencia en esas metas, son menos dependientes y gastan más tiempo en actividades de grupo, y tienen amistades estrechas. Estas características, según los datos disponibles, se mantienen en la adolescencia. Parece confirmarse la existencia de modelos internos, pero nuevas relaciones poderosas pueden provocar el desarrollo de nuevos modelos. Algunos autores han encontrado relación entre el estilo de urdimbre y las relaciones amorosas posteriores. La urdimbre segura se ha asociado con experiencias de felicidad, amistad y confianza; un estilo de evitación, con el miedo a la proximidad, altos y bajos emocionales y celos; un estilo ansioso/ambivalente con preocupaciones obsesivas hacia la persona amada, un deseo de unión, una extremada atracción sexual y celos (J. A. Simpson: «Influence of attachment styles on romantic relationships», *Journal of Personality and Social Psychology,* 59, 1990).

Me quedé con la idea de que los sentimientos tienen que ver con el carácter y que el carácter comenzaba a configurarse en la infancia más temprana. Creo que me sentí un poco deprimido al pensar que iba a tener que tratar los temas de personalidad.

LOS SENTIMIENTOS, BLOQUES INTEGRADOS DE INFORMACIÓN

La literatura científica parecía confirmar la teoría que había avanzado en *TIC:* los sentimientos como bloque de información integrada. Una parte importante de los investigadores afirmaba que los sentimientos eran una «síntesis» de muchos elementos.

Para Robert Plutchick, la emoción es un proceso, un sistema de retroalimentacion en bucle que comienza con un acontecimiento significativo para la persona y acaba en emoción. En ese sistema intervienen la cognición, el arousal, los sentimientos, los preparativos para la acción, las demostraciones expresivas, la actividad conductual abierta. Ross Buck considera que la emoción es el resultado de un proceso sincrético. Un acontecimiento significativo desencadena dos procesos distintos. Uno, realizado por estructuras y vías subcorticales dependientes de la historia evolutiva, provoca una reacción inconsciente, instantánea. Otra vía cortical, dependiente de la historia social y cultural, biográfica, evalúa conscientemente el suceso. Ambas producen un *output* coordinado («Prime theory. An integrated view of motivation and emotion», *Psychological Review,* 1985, 92, 3, 389-412). Para H. Dahl las emociones son «unidades integradas de experiencias». Que un sentimiento no fuera un fenómeno primario sino una respuesta, me pareció verdadero y científicamente interesante. Silvan Tomkins, uno de los más prestigiosos investigadores en este campo, defiende la posibilidad de estudiar científicamente los afectos apelando, precisamente, a su carácter de respuesta, como puede verse en su oceánica obra *Affect Imagery Consciousness* (Springer, Nueva York, 1962-1992, 4 vols.). Lazarus cree que el núcleo de una emoción lo forman siete ingredientes: las metas personales, el *self,* la evaluación, el significado personal, lo que él llama «provocaciones», las tendencias y el enfrentamiento (R. S. Lazarus y B. N. Lazarus: *Passion and Reason,* Oxford University Press, Nueva York, 1994). Nico Frijda, profesor de la Universidad de Amsterdam, autor de la más completa monografía sobre las emociones, describe cuatro componentes: el afecto, la evaluación, la preparación para la acción y los cambios corporales *(The Emotions,* Cambridge University Press, 1986).

La capacidad integradora de la conciencia me ha interesado siempre mucho. Tal vez por influencia de Husserl pienso que la actividad consciente siempre es sintética. La conciencia temporal es un ejemplo patente. Unifico en el presente el rastro del pasado y la anticipación del futuro. ¿Qué ocurre cuando comprendo una frase? Que unifico significados parciales en una unidad superior. Síntesis, pues. La ciencias cognitivas admiten esta idea. En su libro *A Cognitive Theory of Consciousness* (Cambridge University Press, Cambridge, 1988), el psicólogo Bernard Baars menciona lo que él considera «el amplio consenso» de que la conciencia es el producto de una «sociedad distribuida de especialistas», equipada con una memoria de trabajo, llamada espacio de trabajo global, cuyo contenido es transmitido a todo el sistema» (p. 42). Tengo la idea de que la síntesis de la conciencia es parcialmente narrativa. Elaboramos historias.

Éste es el momento glorioso de la investigación: cuando los datos parecen corroborar las expectativas teóricas. También es el más peligroso, porque ¡los hechos son tan dúctiles!

LOS SENTIMIENTOS Y LA MOTIVACIÓN

La psicología actual también relaciona el mundo emocional con nuestras necesidades, tendencias, deseos, proyectos. Tomkins y su discípula Carroll Izard consideran que los afectos son el sistema motivacional primario. Oatley mantiene que las emociones evalúan la manera como un suceso afecta a nuestras metas. George Mandler, en *Mind and Body* (W. W. Norton and Company, Nueva York, 1984), ha defendido con vigor una teoría del «conflicto», que ya fue enunciada por Dewey. Las emociones surgen cuando nuestros impulsos son obstaculizados. Para Buck, la emoción es una lectura de los estados motivacionales. Un informe sobre cómo se están desarrollando. Las emociones –dice– informan constantemente del estatus de los estados motivacionales y movilizan los recursos corporales para gratificar los motivos y facilitar la adaptación (R. Buck: *Human Motivation and Emotion,* Wiley and Son, Nueva York, 1988).

La mayor parte de las teorías de la personalidad incluyen una teoría de la motivación. Algunas postulan un motivo, otras unos pocos motivos básicos, y algunas una jerarquía de motivos, por ejemplo Maslow. Kelly distinguía dos tipos de teorías de la motivación: *push and pull.* Las teorías del impulso utilizan términos como *drive,* motivo o estímulo. Las teorías de la atracción: propósito, valor o necesidad. Teorías de la espuela o de la zanahoria. Henry Murray, el inventor del famoso Test de Apercepción Temática, enfatizó el concepto de «necesidad», pensando que un importante aspecto de la personalidad es el modo como organiza las necesidades individuales.

La investigación más reciente permite, pues, hablar de los sentimientos como «respuesta», como manifestación consciente de una integración de muchos elementos. Uno de ellos, sin duda, nuestros deseos, necesidades y proyectos. Se me ocurrió así la idea de «balance». Es un resultado, un resumen que evalúa cómo nos van las cosas. Me pareció que la revisión de la literatura científica me corroboraba ese concepto. Pero conviene no echar precipitadamente las campanas al vuelo.

La idea de «evaluación» ocupa el centro de todas las teorías actuales sobre la afectividad, lo que me parece lógico. Yo había estudiado en *TIC* la evaluación como un momento indispensable de la actividad creadora, pero es evidente que aparece en todas nuestras conductas. Los primeros en introducir formalmente la idea de evaluación fueron Magda Arnold *(Emotion and Personality*, vol. 1: *Psychological Aspects,* Nueva York, Columbia University Press, 1960), y Richard Lazarus (R. S. Lazarus y S. Folkman, *Estrés y procesos cognitivos,* Martínez Roca, Barcelona, 1986). Sospecho que descubrieron el Mediterráneo, porque los tratadistas antiguos destacaron siempre el papel del conocimiento y la evaluación. Por ejemplo, Malebranche distinguía siete momentos en cada una de las pasiones: 1) el juicio que el espíritu hace sobre el objeto, y sobre la relación que tiene con nosotros, 2) una determinación actual del movimiento de la voluntad hacia ese objeto, si lo percibe como bien o como mal, 3) el sentimiento que conviene a la pasión, 4) las alteraciones del cerebro y los movimientos de la sangre, 5) la emoción sensible del alma, 6) el sentimiento de la pasión resultante, 7) un cierto sentimiento de dulzura que hace a todas las pasiones agradables.

Casi todos los especialistas admiten esa idea: hay una evaluación cognitiva previa al sentimiento. Algunos, sin embargo, como Zajonc mantienen una oposición radical. Algunas emociones se sienten automáticamente. Cognición y emoción son procesos diferentes (R. B. Zajonc: «Feeling and thinking: Preferences need no inferences», *American Psychologist,* 35, 1980).

La discusión sobre este asunto me parece extremadamente confusa. Schachter había causado gran impresión con unos experimentos que después fueron muy discutidos. Había inyectado a unos voluntarios adrenalina. Y la respuesta emocional –alegría o tristeza– dependió del ambiente –alegre o triste– en que se encontrara después el sujeto. En la emoción –afirmó– hay un arousal indeterminado que recibe su significado de un componente cognitivo (M.

F. Schachter y J. E. Singer: «Cognitive, social, and physiological determinants of emotional state», *Psychological Review,* 69, 1962).

Considerar que la «evaluación» de un suceso es una operación cognitiva es una superficialidad. La evaluación ha de hacerse apelando a algún criterio, y ese criterio ha de manejar «valores», es decir, restos de una experiencia no cognitiva sino afectiva. ¿Cuáles son los criterios? Según Ortony hay tres: las metas, las normas, lo que gusta/disgusta. Pero no es verdad que todas las normas sirvan para una evaluación sentimental. Las normas de etiquetado de los productos me dejan frío. Tienen que ser normas que se den en un contexto afectivo, y que puedan despertar miedo, vergüenza, culpabilidad. Klaus Scherer señala cuatro criterios: novedad, agrado/desagrado, capacidad de control, confrontación con las normas. La novedad y el agrado/desagrado son, en efecto, elementos evaluadores. Pero la capacidad de control o el enfrentamiento con normas provocan emociones si el sujeto está afectivamente relacionado con ellas.

Nancy L. Stein funda su teoría de la experiencia emocional en tres supuestos: 1) está basada en el conocimiento, 2) supone que la acción humana es intencional y dirigida a metas, 3) hay un proceso por el que la situación de las metas es monitorizado, 4) la evaluación y la solución de problemas ocupa un papel central en la experiencia emocional. Describen la alegría, la tristeza, el miedo y la furia como evaluaciones de la marcha de nuestras metas. Aunque sin demasiada claridad, admiten que para explicar la experiencia emocional hay que admitir la existencia de un sistema de valores que alerta al individuo acerca de las situaciones que pueden provocar dolor o placer. Gracias a él aparece el deseo de alcanzar o mantener un estado o de evitarlo. Otro proceso necesario tiene que permitir la percepción del cambio.

Stein y Trabasso precisan más al referirse a cuatro componentes: 1) el tipo de actividad cognitiva en marcha, 2) el nivel de arousal físico, 3) el estado emocional del sujeto, 4) el tipo de actividad que realiza. Todo esto interviene como una partida del balance (N. L. Stein, B. Leventhal, T. Trabasso: *Psychological and Biological Approaches to Emotion* (Lawrence Erlbaum, Hillsdale, New Jersey, 1990).

Discutiendo con tantos autores me pareció ir viendo la luz poco a poco. Me parece que las metas y proyectos influyen en nuestras emociones. Pero me parece también que la elección de metas es un proceso evaluativo, y que no son por lo tanto el fenómeno originario. Creo que hay tres tipos de experiencias valorativas elementales: placer/dolor, deseo/cumplimiento del deseo, sentimientos con desencadenante innato. El juego de estas tres, a mi juicio, va ampliando el ámbito de la evaluación. Los procesos de aprendizaje y la interacción de sentimientos entre sí van creando nuevos sentimientos. Los conocimientos, ideas, creencias, modifican los sentimientos, pero tienen que intervenir en un terreno ya afectivo.

LOS INGREDIENTES DEL BALANCE SENTIMENTAL

¿En qué momento de la investigación me encontraba? Había esbozado dos hipótesis (el carácter integrador del sentimiento y la conceptualización de esa integración como un balance). Las observaciones de mis colegas parecían confirmar ambas. Reducir las partidas del balance sentimental a cuatro me produjo tal satisfacción que llegué a temer que su apariencia de verdad no fuera más que una vanidad satisfecha. Pero lo cierto es que, de una u otra manera, estaban presentes en los sistemas teóricos de los especialistas más renombrados. Casi todos ellos enfatizan el papel de los deseos y las metas, como hemos visto. Ellis, Beck, Kelly, los teóricos de Palo Alto, han llamado la atención sobre las creencias, y el concepto de *working model* de Bowlby era muy parecido. Por su parte, Lazarus, Seligman, Bandura y otros muchos han trabajado sobre la influencia que la propia evaluación del *self* y de sus habilidades de *coping* ejercen sobre los sentimientos. Lo que me gustaba era haberlos organizado y, además, ver que esa unificación era coherente con cosas que ya había escrito sobre la memoria y el sujeto.

El tratamiento de las creencias me parece lo más novedoso y lo que me costó más trabajo precisar. Soy consciente de que utilizo una idea de creencia un poco peculiar. En cierto sentido, recojo la distinción de Ortega entre *ideas* y *creencias.* Aquéllas se piensan, en éstas se está. Pero voy más allá, porque las concibo como cualquier otro esquema mental aprendido y estable, sea cognitivo, muscular o afectivo. Representan las condicionantes subjetivas de nuestra experiencia.

Mi concepto de «creencia» tiene algunos puntos de contacto con la noción de *mem,* que acuñó Richard Dawkins en *El gen egoísta,* y que últimamente he visto recogida por Mihaly Csikszenmihalyi en *The Evolving Self* (Harper Perennial, 1993) y por Daniel Dennet en *La conciencia explicada* (Paidós, Barcelona, 1995). Consideran que ciertas ideas, técnicas, objetos se convierten en elementos estables que dirigen la evolución de una biografía o de una cultura. Por supuesto, los constructivistas sociales, que creen que las emociones son constructos sociales, tienen que admitir el aprendizaje de las emociones. Dos reputados defensores: J. Averill: *Anger and Agression. An essay on Emotion* (Springer, Nueva York, 1982); R. Harré (ed.): *The Social Construction of Emotions* (Blackwell, Oxford, 1986).

Hay una diferencia notable entre creencias, opiniones o juicios. No puedo elegir mis creencias. Tienen su propio proceso de formación y de demolición. Es precisamente a través del sistema de creencias como las culturas son asimiladas por los individuos. En este punto me fueron de gran utilidad dos libros que estudian la relación entre las estructuras individuales, esto es, las llamadas estructuras de la personalidad, y las sociales o culturales. Me refiero a *El proceso de la civilización,* de Norbert Elias (FCE, México, 1989), y *La personnalité de base* (PUF, París, 1966), de Mikel Dufrenne.

Lo importante es que la noción de creencia me proporcionaba el correlato objetivo del esquema. Esquema es la *noesis,* creencia es el *noema,* por decirlo en terminología husserliana. Esta unión, difícil de comprender, no hace más que poner de manifiesto un problema de enorme complejidad: la unión de la biología y la información. Pero el fenómeno del aprendizaje, que unifica ambas cosas, está ahí. Yo no me lo invento.

Esta concepción de la memoria como lugar de integración de los determinismos biológicos y de lo aprendido me enfrentaba con el núcleo duro de la personalidad, con el carácter. Pero estamos tan acostumbrados a hablar de la memoria como de una facultad, o como de un archivo, que identificarla con una estructura personal básica incluso a mí me resultó difícil. Sin embargo, creo que hay buenas razones para hacerlo. A. G. Greenwald ha relacionado el *self* con la memoria en *Self and Memory,* en Bower (ed.): *The Psychology of Learning and Motivation,* vol. 15 (Academic Press, Nueva York, 1981). Creo que la teoría de los constructos personales de G. A. Kelly se mueve en esta misma onda (G. A. Kelly: *The Psychology of Personal Constructs,* Norton, Nueva York, 1955).

Si el carácter se aprende, tiene que formar parte de la memoria. Pero si cada sujeto tiene propensiones para aprender una u otra cosa, los determinismos genéticos tienen que actuar también.

¿Han intentado coger una cereza de un plato de cerezas?

TEMPERAMENTO, CARÁCTER, PERSONALIDAD

Lo más divertido de las investigaciones es que se sabe dónde empiezan pero no dónde acaban. No se me había ocurrido que tendría que tratar los complicados temas de personalidad. Y menos aún que acabaría resucitando la vieja distinción entre temperamento, carácter y personalidad. Debí haberlo supuesto, porque los tres ingredientes internos del balance sentimental (deseos, creencias, *self)* forman una estructura subjetiva que se parece mucho a lo que los psicólogos llaman personalidad. La semejanza resalta, por ejemplo, al compararlos con los rasgos principales de la personalidad que propone Walter Mischel: 1) valores subjetivos, preferencias, metas, 2) el modo como un sujeto construye y procesa la información referente a sí mismo, a los otros y a los sucesos del mundo, 3) las expectativas sobre las consecuencias de la acción, 4) las competencias cognitivas y conductuales, 5) los sistemas autorreguladores y la capacidad del sujeto para mantener los planes a largo plazo (W. Mischel: *Personality and Assessment,* Wiley, Nueva York, 1968; «Personality dispositions revisited and revised», en L. A. Pervin [ed.]:

Handbook of Personality. Theory and Research, Guilford, Nueva York, 1990).

Albert Bandura, cuyas obras he utilizado con asiduidad, también relaciona «mis» ingredientes estructurales con la personalidad. En su teoría de la personalidad hay tres elementos centrales: 1) elementos cognitivos en el aprendizaje, 2) creencias en la autoeficacia, 3) metas y normas. Me resultaron muy útiles *Pensamiento y acción* (Martínez Roca, Barcelona, 1987) y *Agression: A Social Learning Analysis* (Prentice-Hall, Englewood Cliffs, 1973). Según mis noticias, está preparando un libro sobre *Self-Efficacy: The Exercice of Control.*

La literatura sobre personalidad es abrumadora. La teoría de los cinco grandes factores parece alcanzar una aceptación bastante amplia entre los partidarios de una teoría de rasgos. Pero ésta no es la única teoría. Lo que me pareció encontrar en el fondo de todas ellas era un estilo afectivo personal como organizador de la personalidad, más que un estilo cognitivo. Por ello me interesaron los autores que defienden un enfoque emocional de la personalidad. Por ejemplo, Carroll Izard, quien considera la personalidad como una organización compleja que integra seis subsistemas: homeostático, impulsivo, emocional, perceptivo, cognitivo y motor *(Emotions in Personality and Psychopathology,* Plenum Press, Nueva York, 1979). Plutchick propone una teoría de la emoción que interpreta los rasgos de personalidad como derivados de las emociones. La obra de Laurence Pervins, por ejemplo *The Science of Personality* (John Wiley and Sons, Nueva York, 1996), es un buen ejemplo del interés actual por una teoría afectiva de la personalidad. Cita un expresivo texto de S. Tomkins: «Ha sido necesaria la revolución cognitiva para que el estudio de la cognición se emancipara. Ahora se requiere una revolución afectiva para emancipar este tema radical del innegable imperialismo de la teoría cognitiva.» Me declaro partidario de esta revolución.

¿De qué debería ocuparse una teoría afectiva de la personalidad?, se pregunta Pervin. En primer lugar, de un número mayor de sentimientos, considerando no sólo la intensidad de un afecto, sino los patrones de relación entre ellos. En segundo lugar, deberían ocupar un puesto central y no ser un mero acompañamiento o consecuencia de los impulsos, cogniciones o cosas semejantes. En tal teoría, los afectos tendrían un lugar nuclear en la organización de la personalidad, enfatizando la influencia de la emoción en el pensamiento, la acción y la motivación» (p. 310). En esta línea está el libro de María Dolores Avia y María Luisa Sánchez Bernardos *Personalidad: aspectos cognitivos y sociales* (Pirámide, Madrid, 1995).

Este enfoque me parece un avance, pero tímido y confuso porque mezcla cosas heterogéneas. Por ejemplo, Pervin define la personalidad como «la interacción entre la estabilidad y la variedad mediante la cual el sujeto mantiene su coherencia y sus metas mientras responde a las demandas de una situación particular». Aquí aparecen elementos fijos, elementos vigentes (metas), elementos cambiantes (situaciones). Ya sabemos que los sentimientos son el balance que los integra. Pero, además, aparece la acción, un elemento más. Para evitar la confusión me parece útil distinguir varios conceptos:

Constitución heredada, esquemas biológicos = *temperamento.*

Constitución + hábitos aprendidos = *carácter.*

Carácter + comportamiento = *personalidad.*

La personalidad no sería tanto un modo de ser cuanto un modo de actuar. Una persona puede ser cobarde pero comportarse valerosamente. Aquello sería el carácter. Esto la personalidad. Está claro que el empleo de uno, dos o tres conceptos para explicar las diferencias individuales procede de supuestos básicos. Si la personalidad está determinada por el temperamento, el temperamento puede identificarse con la personalidad. Si se admite que algunos rasgos son aprendidos, hay que admitir dos términos. Pero si, además, se admite la libre elección de un proyecto o de un modo de obrar, entonces hay que admitir tres: temperamento, carácter y personalidad.

¿Podría encontrar en la literatura científica apoyo para esta distinción?

EL TEMPERAMENTO

Sobre el temperamento como determinación biológica de la personalidad, encontré mucha bibliografía. Mencionaré unos cuantos autores. A. H. Buss y R. Plomin, en su *A Temperament Theory of Personality Development* (Wiley, Nueva York, 1975) y en *Temperament: Early Developing Personality Traits* (Lawrence Erlbaum, Hillsdale, New Jersey, 1984), identifican cuatro dimensiones del temperamento: emocionalidad, actividad, impulsividad y sociabilidad. Jerome Kagan ha estudiado el temperamento y su desarrollo en *Galen's Prophecy* (Basic Books, Nueva York, 1994). H. J. Eysenck ha relacionado su teoría con la teoría clásica de los temperamentos. Su obra es tan amplia y conocida que sería un gasto de papel intentar reseñarla aquí.

EL CARÁCTER

El concepto tiene una historia gloriosa... en filosofía. Carácter se dice en griego *ethos,* de donde procede *ética.* Para Aristóteles, el carácter decide acerca de lo que aparece como bueno o malo para el sujeto. Pero el carácter puede ser cambiado por los actos, que, al repetirse, se sedimentan en hábitos nuevos, segunda naturaleza.

El término *carácter* no aparece en la actualidad en los libros de psicología, por haberse disuelto en la personalidad. Sin embargo, paralelamente a este olvido, se va insistiendo cada vez más en el papel del aprendizaje en la constitución de la personalidad, lo que a mi juicio implica resucitarlo. La obra de Martin Seligman insiste en ello: *Indefensión* (Debate, Madrid, 1981), *Learned Optimism* (Pocket Books, Nueva York, 1992). Toda la polémica entre naturaleza y cultura puede traducirse en términos de temperamento y carácter. Se aprende la seguridad o inseguridad, el miedo, la curiosidad, la agresividad, la capacidad de amar, etcétera. Me interesaron mucho los trabajos de Carol Dweck sobre el aprendizaje emocional: «Self-theories and goals. Their role in motivation, personality, and development», en R. D. Dienstbler (ed.): *Nebraska Symposium on Motivation* (University of Nebraska Press, Lincoln, 1991).

¿Y la personalidad? Ha incluido todo sin distinguir lo suficiente. Esto hace que, por ejemplo, muchos psicólogos no sepan dónde colocar el *self.* ¿Es la personalidad? ¿Es la idea que el sujeto tiene de su personalidad? Creo que el *self* es la idea que el sujeto tiene de sí mismo. Una ocurrencia caracteriológica, es decir, aprendida. Un producto del yo ocurrente, por decirlo con la terminología de *TIC,* que tiene, sin embargo, un papel relevante porque a partir de esa ocurrencia el yo ejecutivo va a tener más o menos poder en su negociación con el yo ocurrente. Desde hace muchos años me preocupa el tema del acceso a la propia energía. Sospecho que lo que llamamos *self* juega un papel importante que merece una investigación intensiva.

El comportamiento intencional y su influencia en la memoria va a permitir los cambios personales. Al hablar de reestructuraciones, o de cambios de constructos, o de creencias, o de hábitos, estamos apelando al poder que el sujeto tiene sobre sus actos y, a través de ellos, sobre su memoria y, a través de ellas, sobre su carácter, y, a través de él, sobre su personalidad.

En fin, que después de darle muchas vueltas me decidí por la tríada conceptual: temperamento, carácter, personalidad. Ni que decir tiene que esto es poco más que un programa para investigaciones posteriores.

LOS SENTIMIENTOS CONCRETOS

No puedo mencionar salvo de pasada la bibliografía sobre sentimientos concretos. Citaré sólo algunos libros escritos por psicólogos. Me interesó leerlos para ver si invalidaban mi teoría. No lo hacían, o, al menos, no me pareció que lo hacían. Silvan Tomkins, en su monumental obra *Affects,* dedica el tomo I a los afectos positivos (interés, alegría, sorpresa), y los tomos II y III a los negativos (tristeza, angustia, vergüenza, humillación, furia, miedo). Sobre el miedo, la obra de Isaak M. Marks *Miedos, fobias y rituales* (Martínez Roca, Barcelona, 1991) da un resumen de las investigaciones actuales, y muy amplia bibliografía. Son muy importantes los trabajos de Grey. Para la vergüenza, es útil el libro de Kauffman *Psicología de la vergüenza* (Herder, Barcelona, 1994). Indispensables las obras de John Bowlby y Mary Ainsworth sobre el apego. Es interesante la obra de Janet Landman *Regret* (Oxford University Press, 1993). Sobre el asco, los numeroso trabajos de P. Rozin. Es clásica la obra de J. R. Averill sobre la furia y también la de G. Piers y M. B. Singer sobre la vergüenza y la culpa *(Shame And Guilt: A Psychoanalytic and a Cultural Study,* Norton, Nueva York, 1971). Eibl-Eibesfeldt, un antropólogo al que debo muchas cosas, ha escrito *Love and Hate* (Holt, Rinehart and Wilson, Nueva York, 1971). La obra de J. Dollard sobre la agresión continúa siendo un punto de referencia, aunque discutido *(Frustration and Aggression,* Yale University Press, New Haven, 1939). Me divirtió mucho la *Histoire de la pudeur,* de Jean Claude Bologne (Olivier Orban, París, 1986).

Últimamente se ha despertado el interés de los psicólogos por los sentimientos positivos. Los que he leído me parecen muy elementales. También me parece elemental el estudio que hacen de los sentimientos básicos R. S. Lazarus y B. N. Lazarus en *Passion and Reason* (Oxford University Press, 1994). Sobre la empatía puede verse el libro de Nancy Eisenberg y Janet Strayer publicado por Desclée, Bilbao. Respecto de la abrumadora bibliografía sobre el amor, resultaría ridículo seleccionar sólo un par de libros.

LA EDUCACIÓN SENTIMENTAL

A estas alturas de la investigación comenzó a preocuparme el tema de la educación sentimental. Ha estado presente en toda la historia de la ética. ¿Qué otra cosa es la filosofía estoica o epicúrea sino una educación de los sentimientos? Lo mismo podría decir de la ética de Spinoza. Su finalidad es librarnos de las pasiones mediante el conocimiento de sus mecanismos, para sustituirlas por los afectos, que son las pasiones purificadas por la inteligencia. Mis excursiones por la antropología me habían enseñado que la cultura podía provocar diferentes estilos sentimentales porque la afectividad del ser humano es influida por la educación. Lo difícil es conocer los procedimientos para llevar a cabo esta educación. Me pareció muy sugerente el trabajo de P. N. Stearns y T. Haggarty «The role of fear: Transitions in American emotional standards for children, 1850-1950», *The American Historical Review*, 96, 1991.

Estos autores revisaron 84 manuales para padres publicados entre 1850 y 1950, así como la literatura popular dirigida al niño. Antes de 1900 destacaban tres aspectos: advertencias a los padres sobre los peligros de suscitar miedo en sus niños; silencio sobre el tema de tratar con los miedos infantiles; historias infantiles dirigidas a inspirar valor estando dispuestos a actuar correctamente a pesar del miedo. Entonces ocurrió un cambio: «Se dijo a los padres del siglo XX que no sólo debían evitar asustar a sus niños como procedimiento disciplinario, sino también que debían dominar sus propias emociones para que no dieran señales turbadoras.» El doctor Spock, en su influyente manual, describe los miedos infantiles como necesitados de un manejo cuidadoso. La separación de los bebés despierta miedos y tiene que ser evitada. Si los miedos aparecen deberán ser llevados con paciencia y afecto. En los 40 las historias infantiles sobre niños que obran bien a pesar del miedo han desaparecido, para ser sustituidas por historias en que niños duros no sienten miedo en absoluto. En la sociedad americana controlar el miedo ha sido importante, en primer lugar porque así consigue uno ser un buen ciudadano y en segundo lugar un individuo eficaz. Como dijo el presidente Roosevelt: «La única cosa que tenemos que temer es el miedo mismo.» En una transformación de la idea del Juicio Final, la película *Defendig your Life* describe la otra vida como un tribunal con sus abogados. En vez del pecado, es el juicio sobre la importancia que el miedo ha tenido en su vida lo que determina si una persona es buena o mala. En Occidente se piensa que las emociones son en gran parte involuntarias, excepto el miedo, y que es generalmente mejor expresarlas. Se considera que la salud se resiente si se suprimen las emociones y se sospecha de quien está emocionalmente controlado en exceso. Por el contrario, en Japón muchas emociones y estados corporales son cultivados en algunas circunstancias pero controlados en otras. Matsumoto encontró que los americanos creían que el miedo debía ser controlado. En comparación con los japoneses, los americanos piensan que la furia y el asco eran más involuntarios. En América los individuos tienen derechos. En las culturas interdependientes el pueblo tiene obligaciones y se experimentan a sí mismos más completamente al cumplirlos. Como Ruth Benedict explicó en su libro sobre la cultura japonesa, ser sincero en América significa obrar de acuerdo con las propias convicciones. En Japón, la palabra por la que tradicionalmente se traduce sinceridad *(makoto)* significa algo diferente: cumplir una obligación social no de acuerdo con los sentimientos propios, sino haciéndolo completamente, de manera experta, sin conflicto interno. El concepto puede parecer extraño a algunos, pero se pueden construir puentes hacia él. El concepto de absorción completa en lo que uno está haciendo ha atraído a los occidentales a la filosofía zen.

EL CAMBIO

Las teorías científicas deben ser verificadas por aplicaciones prácticas. Ése es uno de los criterios que las garantizan. En psicología, la clínica y la pedagogía proporcionan esa corroboración. Ésta es una de las razones que me llevó a estudiar el cambio afectivo.

Las religiones, las técnicas de meditación, la literatura, la psicoterapia, los moralistas se han ocupado permanentemente del problema del cambio, de la conversión, de la transformación, de la curación de los sentimientos. En el centro de todo proceso de cambio están las emociones. El terapeuta intenta trabajar con el paciente para dar sentido a sus síntomas, mientras que el médico intenta directamente aliviar el sufrimiento.

Lo primero que sorprende al profano es la enorme cantidad de psicoterapias. Varios cientos. Casi todas implican emociones, como puede verse en el libro de L. S. Greenberg y J. D. Safran *Emotion in Psychotherapy,* Guilford, Nueva York, 1987. Me intrigó el asunto. ¿Por qué son las emociones el centro de la psicoterapia? Greenberg sostiene que hacer explícitas las emociones da un sentido a los esquemas sobre los que están basadas, un sentido de claridad y control en la vida, y una idea de adonde enfocar la atención. Oatley y Jenkins dan tres razones: 1) las emociones señalan las metas o los intereses. A lo largo de la vida tratamos con muchas metas y muchos proyectos. Las emociones nos indican que alguna meta está siendo afectada. Una emoción puede ser nuestra mejor clave para conocer la importancia que para nosotros tiene esa meta. Una de las tareas de la psicoterapia, pues, es trabajar sobre tales claves para construir un modelo de la estructura de nuestras metas como parte de nuestro sentido del *self.* 2) Los hábitos emocionales son construidos en la vida. Construimos y habitamos una especie de teoría íntima, o esquema, que da sentido a lo que sucede y nos informa acerca de lo que hay que hacer, especialmente en relación con los otros. La terapia es el medio para ser más consciente de los términos y condiciones de nuestros esquemas y teorías y, quizá, para modificarlas. 3) Como las emociones básicas pueden ser confusas, y sin embargo suscitar poderosos anhelos, la terapia hace que las emociones se hagan más claras al expresarlas. Se convierten en intencionales y conscientes.

Siempre me ha preocupado la eficacia de estas prácticas. Este libro no se ocupa directamente del tema, pero es interesante consultar M. L. Smith, G. V. Glass, T. I. Miller: *The Benefits of Psychotherapy* (Johns Hopkins University, Baltimore, 1980). Seligman ha hecho un tratamiento accesible en su libro *What You Can Change and What You Can't,* que ya he mencionado.

No sé si fue Bandura quien me convenció de la importancia de la acción en psicoterapia. Ha contado que los tratamientos psicológicos habían intentado tradicionalmente cambiar la conducta humana mediante el habla. Su teoría mantiene que las emociones humanas pueden ser mejoradas de manera más eficaz dominando experiencias *(mastery experiences)* que mediante la conversación. Demostró que la maestría en un campo puede mejorar la capacidad de resolver otros problemas, al cambiar las «creencias» del sujeto acerca de su propia capacidad. Me encontraba de nuevo con el término creencias. Esto le servía para explicar la relación entre situación social y psicológica. Las condiciones socioeconómicas afectan al funcionamiento humano parcialmente a través de sus efectos sobre las creencias de la gente en su eficacia. Esta creencia determina sus aspiraciones, el esfuerzo que dedicarán y su aguante cuando los esfuerzos no consiguen alcanzar resultados rápidos. El concepto de autoeficacia se ha hecho muy importante en la psicoterapia (O'Leary: «Self-efficacy and health; Behavioral and stress-physiological medication», *Cognitive Therapy and Research,* 16, 1992).

TAXONOMÍA DEL CAMBIO

En este momento de mi exploración del laberinto empezó a interesarme un problema: ¿qué es lo que cambia cuando decimos que alguien cambia? No es lo mismo el cambio producido por una alteración fisiológica, por una reestructuración psicoterapéutica, por una desensibilización conductista, un gran amor, una conversión religiosa, una tortura continuada. Ya me había metido en otro laberinto.

Respecto a las posibilidades de cambiar, hay autores pesimistas y autores optimistas. Watson decía que a los treinta años la personalidad es como una estatua de yeso. Nancy Cantor ha contado su sorpresa al oír decir lo contrario. «Frecuentemente nos comportábamos como si los individuos "tuvieran" personalidades, olvidando que lo que la gente "hace" o intenta hacer, y con quién lo hace, puede definir y redefinir quiénes son y quiénes desean ser. Cuando escuché a Walter Mischel, lo que escuché no era el pesimismo tradicional de las teorías de la personalidad.» En efecto, Walter Mischel había arremetido contra la idea de que la personalidad era consistente, sugiriendo que lo importante era la situación, no los rasgos personales fijos. Comenzó así la controversia personalidad/situación, que dista mucho de estar zanjada. Mischel partía de un hecho evidente: una persona es sociable a veces y otras insociable; a veces sumiso y a veces dominante.

Hay, posiblemente, dos tipos de consistencia. El estilo de comportamiento puede mantenerse igual a lo largo de la vida o mantenerse igual a través de diferentes situaciones. Parece haber pruebas convincentes a favor de la estabilidad longitudinal. R. R. McGrae y P. T. Costa escriben: «A lo largo de treinta años, la mayor parte de los adultos han emprendido cambios radicales en la estructura de sus vidas. Se han casado, divorciado, vuelto a casar. Han cambiado de residencia varias veces. Y, sin embargo, la mayor parte de ellos no han cambiado apreciablemente los rasgos de su personalidad» *(Personality in Adulthood,* Guilford, Nueva York, 1990). Pero la consistencia en la personalidad que señalan estos autores se basa en una correlación estadística de cinco factores de personalidad. La correlación es de 0,6, lo que deja un amplio campo para la variabilidad. Una de las razones de la estabilidad puede ser que buscamos aquellos ambientes que refuerzan nuestra estabilidad.

Creo que la modificación de conducta puede cambiar tan sólo algunos comportamientos o, en el mejor de los casos, la personalidad. El carácter y el estilo afectivo que depende de él pueden cambiarse alterando alguno de los ingredientes del balance sentimental: la situación real (el entorno o la situación orgánica), las motivaciones, las creencias o la idea de sí mismo. El temperamento sólo pueden cambiarlo, posiblemente, alteraciones biológicas; por ejemplo, la enfermedad. Pervin y Kagan han llamado la atención sobre el hecho de que un rasgo heredado no quiere decir incambiable. El peso es heredado, lo que no quiere decir que no sea influenciado por el entorno y el comportamiento.

Para estudiar el cambio se han hecho estudios longitudinales y transversales. En 1992 la Convención de la American Psychological Association tituló una de sus sesiones: ¿Puede la personalidad cambiar? Pervin supone que hay cuatro tipos de cambio: 1) cambios absolutos y relativos, 2) cambio cuantitativo y cualitativo, 3) fenotípico y genotípico, 4) cambio continuo y discontinuo. Entre los estudios longitudinales está el dirigido por David Magnusson, que comenzó en 1965 y todavía está en curso: *Paths Through Life* (Lawrence Erlbaum, Hillsdale, New Jersey, 1988). Otros estudios son los de Jack y Jeanne Block. Estaban especialmente interesados en la evolución de los constructos personales: el ego-control (la expresión o inhibición de los impulsos, sentimientos y deseos, la capacidad para aplazar la acción) y el *ego-resiliency* (la flexibilidad o rigidez para adaptarse): J. Block: *Lives Through Time,* Bancroft, Berkeley, California, 1971). *The Minnesota Parent-Child Project* está centrado en el concepto de «apego», el paso de la infancia a la adolescencia.

Pervin se hace una pregunta interesante: ¿Las diferentes terapias producen diferentes cambios o hay sólo un cambio que se consigue a través de las distintas terapias? Los conductistas buscan cambiar las conductas mal adaptadas a través de los principios del aprendizaje, los psicoanalistas alterando los sentimientos a través del uso del análisis, y los cognitivos alterando las cogniciones. Nos faltan datos para saber lo que cambian y con qué eficacia lo consiguen.

Spinoza propuso una terapia de las pasiones que, al igual que las modernas, pretendía conseguir la libertad. De las técnicas que propone me ha interesado sobre todo la de convertir las pasiones en acciones: «Un afecto, que es una pasión, deja de ser pasión tan pronto como nos formemos una idea clara y distinta de ella.» «Clara y distinta» significa «adecuada», y una idea que es adecuada en mi mente es causada desde el interior y por lo tanto es una acción mía, no una pasión; así que su contraparte corpórea es también una acción, no una pasión. Muy interesante y muy actual.

Una revisión de las técnicas de cambio puede verse en los siguientes libros: Juan Mayor y Francisco J. Labrador: *Manual de modificación de conducta* (Alhambra Universidad, Madrid, 1991); Richard S. Lazarus y Susan Folkman: *Estrés y procesos cognitivos* (Martínez Roca, Barcelona, 1986); Giorgio Nardone y Paul Watzlawick: *El arte del cambio* (Herder, Barcelona, 1992); Aaron T. Beck,

A. John Rush, Brian F. Shaw, Gary Emery: *Terapia cognitiva de la depresión* (Desclée, Bilbao, 1983); Michael J. Mahoney y Arthur Freeman: *Cognición y psicoterapia* (Paidós, Barcelona, 1988).

Sospecho que todos los métodos de educación afectiva modifican alguno de los ingredientes sentimentales, o todos. Si esto fuera así, el estudio de estas técnicas y de su eficacia corroboraría la teoría defendida en este libro. La esperanza me mantiene.

LA EDUCACIÓN ÉTICA

Tampoco había pensado que un libro sobre los sentimientos acabara hablando de educación ética. ¡Es el colmo! ¡Nunca había pensado escribir sobre ética, y resulta que he escrito *EPN y* ahora me encuentro afirmando que la educación de la inteligencia afectiva desemboca en una educación ética! Ya veré lo que resulta de todo esto. Está claro que las investigaciones tienen su propio destino.

En todo el proceso de este libro, por lo demás muy laborioso, he disfrutado con la máxima satisfacción del investigador: ver que sus hipótesis se van confirmando, que sirven para organizar gran cantidad de información y que suscitan nuevos estudios. Son los momentos en que uno se felicita por poder dedicarse a estos menesteres. Ahora me queda la parte más azarosa. Comprobar que esa claridad no fue un espejismo precipitado y optimista.

ÍNDICE